21世纪高等教育规划教材

市场营销学

寇玉琴　主编

黄河水利出版社

内容提要

本书是21世纪高等教育规划教材，由郑州交通职业学院组织编写。全书共分12章，主要内容有：市场营销概述，市场营销环境分析，市场购买行为分析，市场细分与目标市场选择，市场营销调研与预测，市场竞争战略分析，产品策略，价格策略，渠道策略，促销策略，国际市场营销，营销方式和管理的新发展。

本书可作为高职高专院校市场营销专业的教材，也可供对市场营销感兴趣的读者阅读参考。

图书在版编目(CIP)数据

市场营销学/寇玉琴主编.—郑州：黄河水利出版社，2007.8

21世纪高等教育规划教材

ISBN 978-7-80734-244-1

Ⅰ.市… Ⅱ.寇… Ⅲ.市场营销学-高等学校-教材 Ⅳ.F713.50

中国版本图书馆CIP数据核字(2007)第123596号

出 版 社：黄河水利出版社

地址：河南省郑州市金水路11号 邮政编码：450003

发行单位：黄河水利出版社

发行部电话：0371-66026940、66020550、66028024、66022620(传真)

E-mail：hhslcbs@126.com

承印单位：黄河水利委员会印刷厂

开本：787 mm×1 092 mm 1/16

印张：14.5

字数：335千字 印数：1—3 100

版次：2007年8月第1版 印次：2007年8月第1次印刷

书号：ISBN 978-7-80734-244-1/F·79 定价：22.00元

郑州交通职业学院
教材编纂委员会

《市场营销学》编写人员名单

主　编　寇玉琴

副主编　冯善德　王全升

参　编　刘清云　魏月如

　　　　任华敏　肖志梅

前 言

市场营销学是20世纪初期产生于美国的一门专门研究市场营销活动及其规律的应用科学,这门学科建立在经济学、现代管理学等学科理论基础之上,并对近百年来西方工商企业市场营销实践经验进行了高度的概括和总结。目前,市场营销学在西方国家已被广泛运用于社会各个领域。作为反映现代市场经济条件下企业营销活动规律的市场营销学,其基本原理与方法对我国企业营销实践及探索建立具有中国特色的市场营销学同样具有十分重要的借鉴意义。

进入21世纪,我国社会主义市场经济体制逐步建立与完善,面向市场,以顾客需求为导向从事的市场营销活动,已成为一切营利性组织和非营利性组织的共同需要。研究市场营销的理论和运用,已不仅仅是工商企业和经济部门的事,而是包括文化、教育、卫生、科技在内的各行各业都在探讨如何针对目标市场的需要,组织好本单位的工作。目前,市场营销人才越来越为社会所急需;同时,学习和研究市场营销的人也越来越多,比如在高校,不仅是经济类院校,而且很多非经济类院校都开设了市场营销学课程,并且市场营销学已成为高校热门选修课之一。市场营销学已在中国备受青睐,成为竞争取胜的指南,受到社会各界的普遍重视和欢迎。因此,我们结合多年教学和实际工作经验,编写了《市场营销学》一书,希望通过市场营销学的教学,使学生比较系统、全面、客观地了解和掌握市场营销学的基本理论,吸收和借鉴当今国内外市场营销理论的新观点、新方法,并对市场营销学的主要内容有一个比较全面的认识,以适应社会发展和自身发展的需要。本教材主要有以下几个特点:

(1)强调针对性。目前高职高专院校使用的教材基本上是本科教材、原专科教材和成人高校教材或是其压缩版,不适合广大高职高专学生学习和使用。因此,本教材特别强调针对性,以“必需、够用”为度。

(2)注重技能性。依据高职高专教育的培养宗旨和人才培养模式的基本特征,围绕市场营销职业岗位的要求。着力于对学生综合运用营销理论分析、解决营销实际问题的能力培养。

(3)突出实用性。高职高专教育属于大众化教育,旨在培养适应我国社会主义市场经济体制下新型企业市场营销岗位第一线需要、具有市场营销综合能力的高等应用性专门人才。学生毕业后,绝大多数要进入营销岗位就业或者自己去创业。因此,本教材内容突出实用性。

(4)坚持前瞻性。一方面充分吸收本学科国内外最新教科书、最新科研成果和最新营销实践经验、举措与案例;另一方面把这些新内容与高职高专教育教学要求及学生的接受能力结合起来,以强化教材的科学性、先进性和适应性。

(5)体系新颖性。增加导入案例、中间案例、课后思考案例等栏目,设置课堂讨论题、思考题,以强化理论与实际的结合、学习知识与开发智力的结合、动脑思考与动手操作的结合，真正体现高等职业教育的特色。

本书内容除了反映笔者多年来学习、调查、教学体会和科研成果外，还参阅了美国菲利普·科特勒、伊·杰·麦卡锡等学者的市场营销学著作，同时还参阅了国内出版的有关专著、教材，参阅了报刊、互联网及有关企业资料，限于教材编写体例，不再一一说明，在此特深表谢意。

本书由寇玉琴担任主编，负责全书总体构架的设计、总纂、修改和定稿。具体分工为寇玉琴编写第一章、第八章、第九章、第十章，冯善德编写第二章、第三章、第四章，王全升编写第五章、第六章、第七章，刘清云、魏月如、任华敏、肖志梅等同志联合编写最后两章。由于水平有限，研究不够深入，书中肯定存在不少缺陷和错误，衷心希望专家、读者批评指正。

作　者

2007 年 2 月

目 录

第一章　市场营销概述

市场营销学是一门建立在经济科学、行为科学、现代管理理论基础之上的综合性应用科学。通过本章学习，主要了解与市场营销相关的概念，明确市场营销学的研究对象、性质和研究方法，认识市场营销观念的发展演变及其在新时代的新内涵，掌握市场营销在现代经济发展中的重要作用等，从而认清学好市场营销学对于社会和企业经营的重要性、必要性与紧迫性，同时也为学好本课程其他章节奠定基础。

本章要点：

- 营销与推销的关系
- 市场营销学的概念、性质和研究方法
- 4ps 及 6ps 战略
- 市场营销观念的演变及其市场营销新理论
- 市场营销在现代经济中的作用

市场营销学是在西方发达国家诞生并发展起来的，揭示了社会化大生产和商品经济发展过程中必然遇到的一些具有普遍意义的经济现象，并提出了一系列系统解决途径。它在总结了若干管理经验和经营方法的基础上，阐明了管理经营原理，具有普遍性意义。它不仅已经被发达国家商品经济发展的实践所验证，而且也为其他国家的经济发展提供了丰富的经验。在我国社会主义市场经济发展过程中，有些经验是可以吸收和借鉴的。正是由于市场营销学中的许多原理具有普遍意义，所以说，市场营销学是指导我国营利性组织和非营利性组织从事营销活动的一门应用科学。

第一节　市场营销与市场营销学

学习任何一门学科，首先要了解它的研究对象。我们学习市场营销学也不例外，必须先明确市场营销的内涵以及市场营销学的研究对象。

一、市场营销与推销

要了解市场营销，我们首先要搞清楚营销与推销的关系。过去很长一段时间，很多人把营销等同于推销，认为市场营销就是把产品推销出去，就是销售和促进销售。从理论到实践来看，这种认识显得相当偏狭。简单的事实是，如果企业不能生产出适销对路的产品，无论怎样推销，即便能够得益于一时，也绝不可能收效于长久。

现代市场营销学认为，推销是市场营销活动的一个组成部分，但不是最重要部分；推销是企业人员的职能之一，但不是最重要的职能。如果企业能搞好市场营销研究，了解购买者的需求，按照购买者的需求来设计和生产适销对路的产品，同时合理定价，搞好渠道选择、销售促进等市场营销工作，那么这些产品就能轻而易举地销售出去。

美国市场营销协会(AMA)定义委员会1960年给市场营销下过这样一个定义:“市场营销是引导货物和劳务从生产者流向消费者或用户的企业商务活动过程。”这一解释尽管较“营销=销售(推销)”的认识进了一步,但仍然失之于偏颇,并不能全面概括和准确表述现代企业营销活动的全过程。事实上,为了占领市场,扩大销售,实现企业的预期目标,企业不仅要进行引导产品流向消费者或用户这一段的经济活动,而且还要进行“产前活动”(如市场调研、产品开发)和“售后活动”(如售后服务、收集反映)。这就是说,市场营销活动既包括企业在流通领域内进行的活动,还包括生产过程中的产前活动和流通过程结束后的售后活动,不仅要以顾客为全过程的终点,更重要的是要以顾客为全过程的起点。

因此,我们认为,所谓市场营销,就是在变化的市场环境中,旨在满足顾客需要、实现企业目标的商务活动过程,包括市场调研、选择目标市场、产品开发、产品定价、渠道选择、产品促销、产品储存和运输、产品销售、提供服务等一系列与市场有关的企业业务经营活动。

案例1-1 “只有淡季的思想,没有淡季的市场”

“小小神童”洗衣机的问世,缘自一位上海女顾客给海尔的一封信。这位顾客在信中对市场现有的洗衣机大发了一通牢骚。她抱怨说,现有市场上众多品牌的洗衣机中,几乎千篇一律都是4千克至6千克的大容量洗衣机。而一般城市家庭大都是三口之家,特别是在夏季一家人换下的衣物,每天就只有那么几件单衣,用这种大容量洗衣机洗吧,耗水、耗电又费时,总觉得不太划算;而用手搓吧,一是城市生活节奏越来越快,工作压力也越来越大,时间和精力都顾不上,二是明明家里摆着台大洗衣机,用手搓总觉得又不甘心。

事实的确如此,我国洗衣机生产企业一般都认为每年的6~9月是洗衣机销售的淡季,原因在于这个季节的消费者使用洗衣机不多,购买者也不多,因此不必做很多努力,大多数销售人员都放假,在家休息。

海尔人敏锐地抓住了这一信息,张瑞敏明确提出:“只有淡季的思想,没有淡季的市场”。他立即吩咐科研人员进行研制开发,随后在全国率先开发生产了“小小神童迷你型即时洗洗衣机”,成功填补了机洗和手洗之间的空白,产品一推向市场,就深受广大消费者的欢迎。

目前,我国家电产品竞争十分激烈,各个企业各显神通,纷纷采取措施保持自己的竞争优势,有的大打价格战,有的提高产品科技含金量,有的开发新产品以满足消费者的需求……海尔集团面对我国竞争激烈的洗衣机市场,及时开发的“小小神童”迷你型洗衣机,一上市就十分火爆,其成功的原因主要体现了“以消费者为中心”的市场营销观念。

二、市场营销学

市场营销学由英文Marketing翻译而来,Marketing一词在英语里有双重含义:一是指一种经济行为、一种实践活动,即主要由企业等组织所进行的营销活动;二是指一门科学,即以市场营销活动为研究对象的科学。在英语里这个词用在不同场合有不同的含义,在中文里则需要加以区别,前者可译作“市场营销”或“营销”;后者则可译作“市场营销学”或“营销学”。

从Marketing的双重含义可知,市场营销学的研究对象主要是企业等组织在市场上的营销活动及其规律。具体地说,它主要研究卖方的产品或劳务如何转移到消费者或用户手中的全过程。当然,任何市场都是由买卖双方或供求双方构成的,市场是供给和需求的统一,但市场营销学不是在这个一般意义上来运用市场这一概念的。它是站在卖方(主要是商品生产者)的角度,作为供给一方来研究如何适应市场需求,如何使产品具有吸引力,定价合理,购买方便,使买方满意,从而提高产品市场占有率和企业经济效益的全过程。

在这里我们需要特别强调的是,以往很多人在理解市场营销学的研究对象时,仅仅把市场营销学与企业等营利性组织相联系,事实上,市场营销学不仅研究营利性组织的营销活动,而且也研究非营利性组织的营销活动。非营利性组织的市场营销研究在发达国家正方兴未艾。

案例 1-2　国外非政府公共组织营销的发展及趋势

20 世纪 60 年代,几位著名的学者先后阐述了市场营销理论也能应用于非政府公共组织,认为市场营销是一种涉及方方面面的社会活动,并不局限于推销一些生活消费品。政治家们的竞选运动、各大学的招生活动和出于各种目的的募捐都提示我们非政府公共组织的营销活动是客观存在的。

当市场营销观念进入非政府公共组织之后,很快就被普遍接受,一方面是各个组织的成本及竞争压力增加,另一方面是由于市场营销的效果的确不错。这就吸引人们来研究其应用。医疗保健、教育、艺术等领域的工作人员都十分欢迎市场营销,大力研究市场营销在各自领域的应用。紧接着图书馆员、政客、娱乐界人士、社会服务组织和慈善团体也对市场营销产生了兴趣。作为市场营销学者,看到应用领域如此之大,也加大了研究力度,力求做到既有坚实的理论基础,又有很强的可行性。

到了 20 世纪 80 年代末,非政府公共组织营销的发展趋于成熟,主要呈现出以下几个特征。首先,非政府公共组织营销的教材齐全,既有论述非政府公共组织营销一般理论的,也有讨论某一领域的,如保健、教育、社会服务等。第二,诞生了许多专业杂志,如《保健市场营销》、《健康市场营销》、《公共非营利事业论坛》、《公共政策及其市场营销》、《医院公共关系》、《专业服务营销》、《高等教育的市场营销》、《精神健康的市场营销》等。而图书馆科学艺术史、娱乐研究、职业病治疗,以及医院管理等各种刊物上均有市场营销方面的论文发表。第三,非政府公共组织营销的课程也受到了医院管理、行政管理、艺术管理、图书馆管理、法律等专业学生的欢迎,甚至各大名校的 MBA 也十分喜爱该课程。到 1995 年为止,70 多所大学开设了非政府公共组织管理方面的课程。第四,也是最重要的,各种非政府公共组织引进了大量的市场营销专家,仅仅在美国的医院系统中就有高级营销专员 2000 余人。而且,在各种非政府公共组织中,营销专家得到了人们的认同,也不再用其他头衔来掩饰,如发展主任、患者联络专员等,而是安排了专门的营销职位。此时,已经不再需要向非政府公共组织的主管强调市场营销的必要性了,也不用去向市场营销学者和学生解说非政府公共组织营销的价值,要做的只是如何去做得更好,在实践中去充分应用。

第二节　市场营销学的性质及研究方法

一、市场营销学的性质

(一)市场营销学是一门科学

市场营销学是否是一门科学？对此，国内外学术界有不同的见解。有的人认为市场营销学不是一门科学，而是一门艺术。他们认为，工商管理(包括市场营销学在内)不是科学，而是一种教人们如何进行营销决策的艺术。我们认为，市场营销学是一门科学，因为市场营销学是对社会化大生产及商品经济条件下工商企业营销活动经验的总结和概括，它阐明了一系列的概念、原理和方法。市场营销的理论与方法一直指导着国内外企业市场营销活动的发展。

(二)市场营销学是一门应用科学

美国著名市场营销学家菲利普·科特勒指出："市场营销学是一门建立在经济科学、行为科学、现代管理理论之上的应用科学"(《市场营销学原理》序言)，因为"经济科学提醒我们，市场营销是用有限的资源通过仔细分配来满足竞争的需要；行为科学提醒我们，市场营销学是涉及到谁购买、谁组织，因此必须了解消费者的需求、动机、态度和行为；管理理论提醒我们，如何组织才能更好地管理其营销活动，以便为顾客、社会及自己创造效用"(《市场营销学原理》序言)。

(三)市场营销学既包括微观营销学也包括宏观营销学

美国著名市场营销学家麦卡锡在其代表作《基础市场学》中明确指出，任何商品经济社会的市场营销均存在两个方面：一个是宏观市场营销；另一个是微观市场营销。宏观市场营销是把市场营销活动与社会联系起来，着重阐述市场营销与满足社会需要、提高社会经济福利的关系，它是一个重要的社会过程。宏观市场营销的存在，是囿于社会化大生产及商品经济社会要求某种宏观市场营销机构和营销系统来组织整个社会所有的生产者与中间商的活动，组织整个社会的生产与流通，以实现社会总供需的平衡及提高社会的福利。微观市场营销是指企业活动或企业职能，是研究如何从顾客的需要出发，将产品或劳务从生产者转到消费者手中，实现企业的盈利目标。它是一种企业经济活动的过程。本书着重探讨微观营销学。

二、市场营销学的研究方法

市场营销学的研究方法随着市场营销学的发展而发展。20世纪50年代前，对市场营销学的研究主要采用传统的研究方法，包括产品研究法、机构研究法、功能研究法。20世纪50年代以后，市场营销学从传统市场营销学演变为现代市场营销学。研究方法主要是现代科学方法，包括管理研究法、系统研究法及社会研究法。

(一)传统研究方法

传统研究方法在20世纪二三十年代较为流行，主要包括以下几种。

1. 产品研究法

这是以产品为中心的研究方法。它以产品为主体，对某类产品诸如农产品、工业品、矿产品、消费品及劳务等进行分别研究。主要研究这些产品的设计、包装、厂牌、商标、定价、分销、广告及各类产品的市场开拓。这种研究方法可详细地分析、研究各类产品市场营销中遇到的具体问题，但需耗费很多人力、物力和财力，而且重复性很大。

2. 机构研究法

这是以研究市场营销制度为出发点，即研究渠道制度中各个环节以及各种类型的市场营销机构，诸如代理商、批发商、零售商等市场营销问题。

3. 职能研究法

即从市场营销的各种职能，诸如交换功能（购买与销售）、供给功能（运输与储存）、便利功能（资金融通、风险承担、市场信息等）去研究市场营销。

（二）现代研究方法

1. 管理研究法

管理研究法是指从管理决策的角度来研究市场营销，因此也被称为决策研究法。

从管理决策的观点看，企业营销受两大因素的影响：一是不可控制因素，诸如人口、经济、政治、法律、物质、自然、社会文化等因素；二是可控制因素，1960 年美国著名营销学家麦卡锡在他的《基础市场学》一书中将此归结为著名的 4ps，即产品（product）、价格（price）、地点（place）、促销（promotion），企业为了满足目标市场的需要必须对 4ps 作最佳组合。

20 世纪 80 年代以来，随着国际市场竞争加剧，许多国家政府干预加强，贸易保护主义再度兴起，在此形势下，营销学理论有了新的发展，菲利普·科特勒在 1984 年提出了一个新的理论，即所谓“大市场营销”战略，他认为，企业能够影响自己所处的营销环境，而不该单纯地顺从和适应环境。因此，除营销组合的 4ps 之外，还应加上两个“p”，形成 6ps 战略（大市场营销战略），这两个“p”一是指权力支持（power），这里的权力不是指营销者的权力，而是指政府的权力或政府的力量，“权力支持”是指营销企业通过游说、谈判、提供有针对性的刺激因素等方式取得各方面的支持，扫除障碍，打开大门，“权力支持”的实质是把当地政府的权力看做是通过营销活动可以为我所用的因素。企业营销人员除必须掌握高超的游说本领和谈判技能外，还要注意政府的利益并提供相应的刺激因素。二是指公共关系（public relation），公共关系是通过各种途径，如为公共事业捐款、赞助城建工程和文化事业、利用有效的宣传媒介等在社会上树立良好的企业形象，通过舆论的力量去打开市场大门。

借助政府力量打开市场，比如 1950 年，法国白兰地酒公司曾借助美国总统艾森豪威尔的 67 岁寿辰，大张旗鼓地赠送两桶窖藏达 67 年之久的名贵白兰地酒作贺礼，从而使白兰地酒在美国市场长驱直入；我国天津的“飞鸽”牌自行车被送给来华访问的美国总统布什夫妇，从而使“飞鸽”牌自行车跻身于美国市场。近年来，很多外国政府领导人访问我国时，都要带一些工商界人士随同来访，目的就是想借助政府的力量和影响，寻求合作项目，打开中国市场。

总之，企业营销管理者的任务，就是要善于安排市场营销组合，善于作出市场营销组合决策,使企业的市场营销管理决策与外界不断发展变化的环境相适应,这是企业能否成功、能否生存和发展的关键。现在,西方市场营销学主要是运用这种管理决策法进行研究分析。本书所采用的研究分析方法,就是管理研究法。

案例1-3　百事可乐公司用智谋进入印度

百事可乐公司用智谋击败了其主要竞争对手——可口可乐公司而进入了印度这个拥有7.3亿人口(20世纪70年代统计数据)的巨大消费市场。原来可口可乐公司一直在印度软饮料市场上占优势,直到1978年,由于可口可乐公司未能协调好与印度政府等方面的关系,被印度政府禁止进入该国市场,最后不得不退出。后来,可口可乐和七喜公司虽都曾试图重新打入印度市场,但均告失败,而百事可乐公司却通过艰苦努力和有效的政治上的营销活动而获得成功。

百事可乐公司与一个印度集团组成了合营企业,并使其合营条件能够超越印度国内软饮料公司的反对和反跨国公司立法机关成员的反对,从而获得了印度政府的批准。百事可乐公司提出,它将帮助印度出口农产品,并使其出口额大于进口软饮料浓缩液的成本。此外,百事可乐公司保证,它不仅要在主要城市销售,而且要尽最大努力把产品销往乡村地区,百事可乐公司还提出把食品加工、包装和掺水处理等新技术提供给印度。显然,由于百事可乐公司给印度提供了一系列利益,使百事可乐公司能够赢得印度各利益集团的支持。

这个案例说明,企业要想成功进入某个特定市场,仅仅凭产品的物美价廉来争取新的买主是不够的,更重要的是当公司想要进入一个新市场时,就必须精通向当地有关集团提供利益的艺术,使其不设置市场障碍,开绿灯放行,这比满足目标消费者的需求更加重要。这就需要营销人员不仅为一般中介人(代理人、经销人和商人)服务并满足其需要,而且要为这一范围之外的第三方服务。所谓第三方,是指政府、劳工组织和其他利益集团等。它们往往会单独或者联合起来阻止一个企业进入某一有利的市场。这些第三方集团扮演着守门人的角色,而且其作用愈来愈重要。

2.系统研究法

这是通过对企业内部系统、外部系统,以及内部和外部系统如何协调来研究市场营销学的。企业内部系统主要是研究企业内部各职能部门,诸如生产部门、财务部门、人事部门、销售部门等如何协调,以及企业内部系统同外部系统的关系如何协调。后者主要研究企业同目标顾客外部环境的关系。内部与外部系统又是通过商品流程、货币流程、信息流程联结起来的。只有市场营销系统的各组成部分相互协调,才能产生高的营销效益。

3.社会研究法

社会研究法主要是研究企业营销活动对社会性利益的影响。市场营销活动,一方面促进了社会经济的繁荣,提高了社会及广大居民的生活水平;另一方面也造成了某些负面效应,诸如污染社会及自然环境,破坏社会生态平衡等。因此,有必要通过社会研究法,寻求使市场营销的负面效应减少到最低限度的途径。

第三节　市场营销观念的演变及其发展

一个企业的市场营销活动能否达到所预期的目标，关键在于营销观念正确与否。所谓市场营销观念，就是指人们对客观市场环境的认识而产生的一种组织市场营销活动的指导思想。它会在一定的社会经济环境下形成，也会随着这种环境的变化而变化。

一、市场营销观念的演变

从西方国家的经济发展来看，市场营销观念的演变迄今为止大致经历了生产观念、产品观念、推销观念、市场营销观念与社会营销观念五个阶段。

（一）生产观念（production concept）

所谓生产观念，就是企业的一切经营活动以生产为中心，围绕生产来安排一切业务，"以产定销"。

这是一种最古老的经营观念，它是在卖方市场条件下产生的。20世纪20年代以前，生产的发展不能满足消费者需求的增长，多数商品都处于供不应求的状态，许多商品都是顾客上门求购。这一时期的消费者最关心的是能否得到产品，而不是去注意产品的细小特征，于是只要有商品，质量过关，价格便宜，就不愁没有销路。在这种情况下，企业只要集中一切力量扩大生产、降低成本，生产越多，成本越低，取得的利润就越多，根本不用考虑销售问题。比如，成立于1869年的美国大粮食企业皮尔斯堡面粉公司，自成立一直到1930年的这60多年间，由于其产品供不应求，其经营活动都是围绕生产进行的，当时这个公司的口号就是"本公司旨在生产面粉"。20世纪初，美国福特汽车公司曾倾全力于汽车的大规模生产，以降低成本，使大多数美国人能买得起汽车，其生产的T型汽车十分畅销，根本无须推销兜售，以致亨利·福特曾傲慢地宣称："不管顾客需要什么颜色的汽车，我只有一种黑色的"。这就是当时生产观念的典型表现。我国改革开放前，由于产品供不应求，"生产观念"在工商企业中也很盛行，其主要表现是生产部门埋头生产，不问市场。商业企业将主要力量集中在抓货源上，工业部门生产什么，商业部门就收购什么，根本不问及消费者的需要，"皇帝的女儿不愁嫁"。

（二）产品观念（product concept）

产品观念是从生产观念中派生出来的又一种陈旧的经营观念。这种观念认为，消费者喜欢那些质量好的、价格合理的产品，企业应致力于提高产品质量，只要物美价廉，顾客必然会找上门来，无须大力推销。我国有些商谚如"好酒不怕巷子深"、"一招鲜，吃遍天"等，就是产品观念的反映。

奉行产品观念曾使许多企业患有"营销近视症"。这些企业将自己的注意力集中在现有产品上，集中主要的技术、资源进行产品的研究，他们看不到消费者的需求在不断发展变化，看不到消费者对产品提出了新的要求，看不到新的需求带来了产品的更新换代，总认为只要有好的产品就不怕顾客不上门，根本不去考虑市场上消费者是否真正需要和接受这种产品。

美国著名的爱尔琴钟表公司自1864年创立以来，至1958年以前在美国享有盛名，销售量一直上升，支配了美国的钟表市场。但 1958 年以后，消费者对手表的需求已发生了变化，他们需要那些经济、准确、方便、耐用、式样新颖的手表。当竞争者适应市场需求变化而投入产品生产时，该公司仍陶醉于自己的高质量手表孤芳自赏，从而导致了其经营的失败。

(三)推销观念(selling concept)

这种观念是生产观念的发展和延伸，从本质上看，推销观念仍然是一种“以产定销”的经营指导思想。推销观念认为：消费者通常不会因自身的需求和愿望而主动地购买商品。企业需要通过积极推销和进行大量促销活动，在销售刺激引导下，消费者才会采取购买行动。因此，企业必须注意运用推销术、广告术来刺激消费者的购买欲望。

推销观念产生于从卖方市场向买方市场的过渡时期，特别是 1929 年开始的资本主义世界经济大危机，使大批产品供过于求，销售困难，竞争加剧，人们担心的已不是生产问题而是销路问题。于是，推销技术受到企业的特别重视，推销观念成为企业主要的指导思想。

推销观念较之生产观念的变化在于，这种观念确认了推销的刺激作用，认为必须依靠推销的刺激，才能促使消费者采取购买行为。在供过于求的市场上，企业必须通过推销才能不断地扩大销售和盈利。这种观念仍然是建立在“我们能生产什么就卖什么”的基础上，仅着眼于对现有产品的推销。因此，这种推销观念必然导致企业以把产品推销出去为目的。这种观念指导下的企业往往不关心消费者的需求变化。因此，仍具有较大的局限性。

(四)市场营销观念(marketing concept)

市场营销观念的形成是企业经营观念上的一次“革命”，它是作为对上述各种观念的挑战而出现的一种崭新的企业经营观念。这种观念产生于 20 世纪 50 年代以后，当时社会生产力迅速发展，市场趋势表现为供过于求的买方市场，同时，广大居民个人收入迅速提高，消费者喜欢赶时髦、尚新奇、求便利，消费需求瞬息万变，企业之间产品的竞争加剧，许多企业开始认识到，必须转变经营观念，才能求得生存和发展。

市场营销观念认为，实现企业营销目标的关键在于正确确定目前市场的需要和欲望，并比竞争者更有效能和效率地满足消费者的需求。“发现需要并设法满足他们，而不是制造产品并设法推销出去”，“生产你能够出售的东西，而不是出售你能够生产的东西”。因此，“顾客至上”、“顾客是上帝”、“顾客永远是正确的”、“爱你的顾客而非产品”、“顾客才是企业的真正主人”等口号，已成为现代企业家的座右铭。概括起来说：顾客需要什么，企业就生产什么。这种观念抛弃了以企业为中心的指导思想，代之而起的是以消费者为中心的指导思想。

在营销实践中，人们往往把推销观念和营销观念混为一谈，很多营销人员认为加强产品的推销就是贯彻了营销观念。其实，这是一种误解，推销观念和营销观念有较大的不同，区别如表 1-1 所示。

表 1-1　推销观念与市场营销观念的区别

观念	起点	中心	手段	目的
推销观念	工厂	产品	推销与促销	通过销售获得利润
市场营销观念	市场	顾客需要	整体营销	通过满足顾客需要获得利润

从表 1-1 可知,推销观念注重卖方需要,以公司现有产品为出发点,要求大力推销与促销,以实现有利的销售。而营销观念则注重买方需要,以目标顾客以及他们的需要和欲望为出发点,通过融合和协调那些影响消费者满意程度的营销活动,来赢得和保持顾客的满意,从而获得利润。

西方企业的大量经营实践表明,在买方市场下,凡是真正接受和奉行营销观念的企业,其经营效益都较好,然而只有极少数公司真正无愧为营销观念的出色实践者。在这些公司里,营销文化已深深扎根于公司的每个部门,无论是营销部门,还是制造、研究开发、财务、人事、采购等部门都接受了"顾客是上帝"的观念,因而这些公司都能随时有效地对顾客需求的各种变化作出相应的反应,如美国的微软、IBM、麦克唐纳等公司都是运用市场营销观念并取得成功的范例。

案例 1-4　公交车消毒为了啥?

长期以来,公交车的卫生问题令乘客和公交公司大伤脑筋。虽然大家都意识到车厢内人来人往,扶手、座位等到处都隐藏着许多看不见的细菌,对乘客的身体健康会造成一定的影响,但很多公交公司始终缺乏一个切实有效的解决方法。最近,细心的市民在乘坐南京中北公司的公共汽车时一定会发现,在车厢内醒目位置处多了一张"定期消毒登记表"。原来,为了确保乘客身体健康,中北公司决定定期给车厢消毒,一个月 3 次。这张"定期消毒登记表"所折射出来的,正是他们这种全新的服务理念。这次,中北公司率先使用对人体无害的消毒液定期消毒,虽然花费了一定成本,但为乘客免去了"乘车之忧",赢得了一片赞誉。

在日益激烈的竞争中,得人心者才能得市场。企业要想创效益,关键是要以人为本,想顾客所想,急顾客所急,把实事办到消费者的心坎里,如此这般,也就离成功不远了。

(五)社会营销观念(societal marketing concept)

进入 20 世纪 70 年代以后,市场营销环境发生了许多变化:资源短缺、环境恶化、人口爆炸、通货膨胀、失业增加、社会服务被忽视等。在这种情况下,人们纷纷对单纯的市场营销观念提出了怀疑和指责,认为市场营销观念忽视了满足消费者个人需要同社会长远利益之间的矛盾,从而造成了大量资源浪费和环境污染等社会弊端。如美国饮料行业为满足美国消费者的需要,大量使用一次性瓶装。这种一次性瓶子既造成资源的大量浪费,又大多数不能有效处理,到处乱扔,造成环境污染。又如,快餐行业提供可口的汉堡包、油煎食品和肉馅饼,但这些食品缺乏营养,不利于健康。同时,出售时采用方便包装,因而导致了过多的包装废弃物;香烟生产能满足某些人的需要,却又使他们的健康受到损害,同时又污染环境,影响社会。正是在这样的背景之下,1971 年,杰拉尔德·蔡尔曼和菲利普·科特勒最早提出了"社会市场营销"的概念,促使人们将市场营销原理运用于保护环境、计划生育、改善营养等具有重大推广意义的社会目标方面。所谓社会市场营销观念,就是不仅要满足消费者的需要并由此获得企业的利润，而且要符合消费者自身和整个社会的长远利益，要正确处理企业利益、消费者利益与社会利益三者之间的矛盾，并把它们有机地结合起来。

案例 1-5　安利公司的社会营销观念

美国安利公司一向非常重视环境保护，生产的每一项日化产品都具有生物降解性能，不污染土壤和水源。公司从 1978 年开始已停止使用破坏臭氧层的氯氟化合物。安利产品多采用浓缩包装，因而较其他同类产品减少 50%～70% 的塑胶包装材料。安利公司自设种植园，专门为其生产的营养食品提供原料，在种植园里不使用农药和化学肥料。安利还全面停止利用动物进行实验。安利在世界各地积极赞助环保意识和绿色营销观念的推广，为此，1989 年获得了联合国环保组织颁发的“环境保护成就奖”。

二、市场营销理论新发展

管理大师杜拉克指出：“企业管理的根本任务只有两条——创新、营销”。被誉为营销学之父的美国著名营销学家菲利普·科特勒于 1981 年在美国市场营销协会成立 30 周年的大会上也指出：第二次世界大战之后，每十年都有一批新的营销概念产生，这些概念丰富了市场营销学的理论体系。他认为，随着社会的发展和企业的进步，市场营销学的概念不是太多了，而是太少了。

市场营销观念在经历了生产观念、产品观念、推销观念、市场营销观念、社会营销观念五个阶段之后，继续随着实践的发展而不断深化和丰富。特别是 20 世纪 80 年代以来，出现了许多新的营销观念与理论，如关系营销、绿色营销、服务营销、网络营销、知识营销、CS 营销、基准营销、非营利组织营销等新概念，这是全方位营销创新的表现方式及其发展趋向。网络营销、关系营销、绿色营销等在第十二章作介绍，这里我们就基准营销、CS 营销等作一简要介绍。

（一）基准营销

基准营销是在 20 世纪 80 年代后期发展起来的一种新型的营销管理方法，基准化的过程能为企业的行为提供一系列量化评价的客观标准。目前，基准化正在被世界上越来越多的企业所采用，它在帮助企业确定管理和营销基准的实践中取得了显著的效果。许多大企业通过基准化追求“更好”，从而确立和保持着相对更长久的竞争优势。

基准化(rench marking)是一种连续起作用的自我完善的管理过程。它对企业内部的行动、职能、经营等各方面进行全面的分析研究，并把本企业的情况与优秀企业的情况做比较分析，从而制定出一套管理和营销的基准，并以此来指导本企业的发展。基准化的全过程包括计划阶段、分析阶段、综合阶段、行动阶段、成熟阶段五个阶段。这种基准行动是企业全体员工的行动，它能使人们正视企业的现状与先进企业的差距，意识到危机所在与企业变革的需要。处于全球竞争的状态下，对所有企业而言都没有永远的成功。

（二）CS 营销

CS 是英语 Customer Satisfaction 的缩写，意为“顾客满意”。CS 成为一种潮流出现于 20 世纪 90 年代。

CS 营销战略的基本指导思想是：企业的整个经营活动要以顾客满意度为指针，最重要的就是要站在顾客的立场上考虑和解决问题，要把顾客的需要和满意放到一切考虑因素之首，以最有效的方式服务于市场，最大程度地满足顾客需要。企业实施CS营销战略，主要应从以下几方面入手。

1. 开发顾客满意的产品

CS营销战略要求企业的全部经营活动都要以满足顾客的需要为出发点，所以企业必须熟悉顾客、了解用户，既要调查他们的消费习惯和潜在的需求，又要分析他们购买的动机、能力和水平，还要研究他们的消费传统、习惯、兴趣和爱好。只有这样，企业才能科学地确定产品的开发方向和生产数量，准确地选择服务的具体内容和重点对象，把顾客需求作为企业的具体内容和重点。

2. 提供顾客满意的服务

也就是不断完善服务系统，最大限度地使顾客感到安心和便利。如在价格制定方面、包装方面、售后服务方面等。

3. 进行CS观念教育

对企业全体员工进行CS观念教育，使"顾客第一"的观念深入人心，使全体员工能真正了解和认识到CS行动的重要性，并形成与此相适应的企业文化，以及对顾客充满爱心的观念和价值观。

21世纪是以服务取胜的时代，它迫切要求我们企业的一切行为应满足顾客的需求。因为在信息社会，企业要保持技术上的优势和生产率上的领先已越来越不容易，企业必须把工作重心转移到顾客身上。

第四节 市场营销在现代经济中的作用

一、对宏观经济的作用

第二次世界大战后许多国家，如日本的经济发展经验表明，市场营销观念的转变和贯彻是经济迅速成长的一个重要原因。我国改革开放多年来的成功经验也表明市场营销在现代经济发展中发挥着重要作用，如市场营销可以解决生产与消费的矛盾，开拓市场，不断满足生活消费或生产消费的需要，有效地促进经济总量的增长，尤其在当前可以通过市场营销不断扩大内需。具体来说，它的作用主要表现在以下几方面。

（一）解决生产与消费在空间上的分离

空间上的分离主要是指产品的生产与消费在地域上的距离，它是由诸多因素造成的。在生产力还不发达的社会里，产品一般是当地生产、当地消费，生产和消费在空间上是不分开的。但随着社会的发展，生产力的提高，消费市场的扩大，就不能是或不仅仅是当地生产、当地消费的模式了，代之而起的是当地或异地消费或当地异地同时消费。这样，生产和消费在空间上分开了。

从农产品看，农产品的生产与消费在空间上发生矛盾。一方面，农产品由分散在全国广大农村的农民进行生产；另一方面，农产品的消费者分散在全国乃至世界各地。因此，农产品的生产与消费存在着突出的空间矛盾，比如我国四川存在"卖猪难"，湖北出现"卖粮难",而我国有些地方却急需"猪"和"粮"。

从工业品看,由于各国的地理条件、自然资源、交通情况及工业布局不同,加之各国的资源特点、国力水平以及经济发展目标的差异而实行不同的产业政策,如在一定时期内重点扶植某地产业,延续或抑制某些产业的发展,造成各国工业生产往往按行业集中于某一地区,而工业品的用户则分布于全国各地乃至全世界,这样,必然造成工业品生产者与工业品用户在地域上的分离。至于工业品消费者,更是散居全国各地乃至世界各地,因而工业消费品生产者与消费者在地区上的矛盾更加突出。

怎样解决上述矛盾?由宏观市场营销机构执行市场营销职能,把产品从产地运往全国乃至世界各地,以便适时适地将产品销售给广大用户。从此意义上讲,市场营销创造了地点效用。

(二)解决生产与消费在时间上的分离

这是指产品的生产者与消费者对产品的消费在时间上的差异。它是由工业品及农产品生产周期的特点引起的,工业品是常年生产,但广大消费者因自然条件的制约,使其消费呈现出不同的状况。对某些工业品是常年消费的,但对另外一些工业品却是季节性消费。农产品生产具有明显的季节性,但对农产品的消费却是常年进行的。产品生产与消费在时间上的差异,要求宏观市场营销机构向企业或农民收购产品,并对产品进行加工、分级和储存,以不断保证广大用户的需求。所以说,市场营销创造了时间效用。

(三)解决生产与消费在信息上的分离

生产与消费在信息上的分离是指生产者与消费者所拥有的不一致的信息。随着社会主义市场经济的进一步发展,市场随之不断扩大,生产者与消费者在空间上的分离加深,市场信息的分离也随之扩大,即生产者不了解谁需要什么产品,在何时、何地需要,在什么价格水平上愿意购买,而消费者则不知道谁能提供自己需要的产品,在何地、何时、何种价格水平上提供。因此,这种生产与消费信息的分离,要求宏观市场营销机构进行市场营销调研,并通过广告媒体传递市场信息。

总之,市场营销的根本任务,就是通过努力解决生产与消费的各种分离、差异和矛盾,使得生产者方面各种不同的供给与消费者或用户方面各种不同的需要与欲望相适应,实现生产与消费的统一。因而,市场营销在求得社会生产与社会需要之间的平衡方面乃至我国在其他各领域的发展方面,都起着巨大的促进作用。

二、对企业发展的作用

现在很多企业面临最大的困境是市场问题,而市场营销可以更好地解决企业产、供、销的矛盾,不断开拓市场,为企业创造更多的价值;市场营销可以为企业成长提供系统的策略方案,企业可以通过市场营销战略、营销组合策略的决策和系统实施,来达到其迅速成长的目标;市场营销可以促进企业不断开拓国际市场,拓展更大的市场空间,营造有影响力的跨国公司,等等。市场营销对企业发展的作用后面各章将会一一阐述。

思考题

1. 如何认识营销与推销的关系？
2. 什么是市场营销学？其性质是什么？
3. 市场营销学的研究方法有哪些？
4. 什么是 4ps 理论和 6ps 理论？它们有什么不同？
5. 如何理解“生产你能够出售的东西，而不是出售你能够生产的东西”？
6. 市场营销在现代经济中有什么作用？

第二章 市场营销环境分析

在现代市场经济条件下,企业必须建立适当的系统,采取有效的措施,经常监视和预测其周围的市场营销环境的发展变化,并善于分析和识别由于环境变化而形成的主要机会与威胁,及时采取适当的对策,使其经营管理与其市场营销环境的发展变化相适应。在学习本章时,要注意了解市场营销环境对市场营销管理的重要影响作用。理解微观环境与宏观环境的主要构成,掌握分析、评价市场机会与环境威胁的基本方法,熟悉企业面对市场营销环境变化所应采取的对策。

本章要点:

- 市场营销环境与其发展趋势
- 企业对机会和威胁的反应
- 市场营销微观环境的组成和分析
- 市场营销宏观环境的组成和分析

企业总是在一定的外部环境条件下开展市场营销活动。而这些外部环境条件是不断变化的,一方面,它给企业造成了新的市场机会;另一方面,它又会给企业带来某种威胁。因此,市场营销环境对企业的生存和发展具有重要意义。

第一节 市场营销环境

一、市场营销环境及其发展趋势

(一)市场营销环境与相关环境

市场营销环境是指影响企业与目标顾客建立并保持互利关系等营销管理能力的各种角色和力量。它可分为宏观市场营销环境和微观市场营销环境(如图 2-1 所示)。每个企业都和市场营销环境的某个部分相互影响、相互作用,我们将这部分环境称为相关环境。企业的相关环境总是处在不断变化的状态之中。在一定时期内,经营比较成功的企业,一般是能够适应其相关环境的企业。企业得以生存的关键,在于它在环境变化需要新的经营行为时所具有的自我调节能力。适应性强的企业总是随时关注环境的发展变化,通过事先制定的计划来控制变化,以保证现行战略对环境变化的适应。

(二)市场营销环境发展趋势

营销环境发展趋势基本上分为两大类:一类是环境威胁,另一类是市场营销机会。所谓环境威胁,是指环境中一种不利的发展趋势所形成的挑战,如果不采取果断的市场营销行动,这种不利趋势将损害企业的市场地位。企业市场营销经理应善于识别所面临的威胁,并按其严重性和出现的可能性进行分类,然后,为那些严重性和可能性都大的威胁制定应变计划。

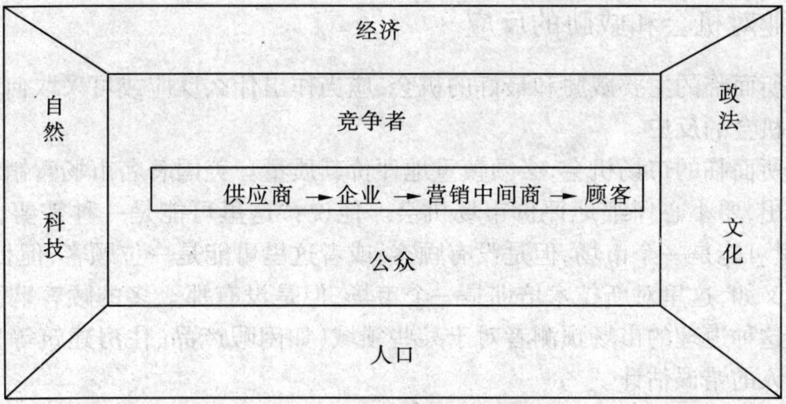

图 2-1　市场营销环境的构成

所谓市场营销机会，是指对企业营销管理富有吸引力的而且具有竞争优势的领域或动向。这些机会可以按其吸引力以及每一个机会可能获得成功的概率来加以分类。企业在每一特定机会中成功的概率，取决于其业务实力是否与该行业所需要的成功条件相符合。

假设某烟草公司通过其营销信息系统和营销调研了解到以下足以影响其业务经营的动向：

(1)有些国家政府颁布了法令，规定所有的香烟广告包装上都必须印上关于吸烟危害健康的严重警告。

(2)有些国家的某些地方政府禁止在公共场所吸烟。

(3)许多发达国家吸烟人数下降。

(4)这家烟草公司的研究实验室很快就发明用莴苣叶制造无害烟叶的方法。

(5)发展中国家的吸烟人数迅速增加。据估计，中国目前有 3 亿多人吸烟，占总人口的 1/3，青年人中吸烟者所占比例最高。

显然，上述第(1)、(2)、(3)三条动向给这家烟草公司造成了环境威胁；第(4)、(5)两条动向创造了使公司可能享有差别利益的市场机会。

(三)分析市场营销环境的方法

如上所述，任何企业都面临着若干环境威胁和市场机会。然而，并不是所有的环境威胁都一样大，也不是所有的市场机会都有同样的吸引力。企业可以用"环境威胁矩阵"和"市场机会矩阵"来加以分析、评价。环境威胁矩阵的纵坐标是"出现威胁的概率"；横坐标是"潜在严重性"，表示盈利减少程度。市场机会矩阵的纵坐标是"成功的概率"；横坐标是"潜在吸引力"，表示潜在盈利能力。用这种方法来分析和评价企业所经营的业务，可能会出现以下四种不同的结果：

(1)理想业务，即高机会和低威胁的业务。

(2)冒险业务，即高机会和高威胁的业务。

(3)成熟业务，即低机会和低威胁的业务。

(4)困难业务，即低机会和高威胁的业务。

二、企业对机会和威胁的反应

对企业所面临的主要威胁和最好的机会，应当作出什么反应或可采取何种对策呢？

(一)对机会的反应

对企业所面临的市场机会，必须慎重地评价其质量。美国著名市场营销学者西奥多·莱维特曾指出，要小心仔细地评价市场机会。他说："这里可能是一种需要，但是没有市场；或者这里可能是一个市场，但是没有顾客；或者这里可能是一位顾客，但目前实在不是一个市场。又如，这里对新技术培训是一个市场，但是没有那么多的顾客购买这种产品。那些不懂得这种道理的市场预测者对于某些领域(如闲暇产品、住房建筑等)表面上的机会曾作出惊人的错误估计。"

(二)对威胁的反应

企业对所面临的主要威胁有三种可能选择的对策。

1. 反抗

即试图限制或扭转不利因素的发展。例如，西方国家的烟草公司可以疏通议员通过一个法令，允许人们在公共场所随意抽烟。再如，长期以来，日本的汽车、家用电器等工业品源源不断地流入美国市场；而美国的农产品却遭到日本贸易保护政策的威胁。美国政府为了对付这一严重的环境威胁，一方面，在舆论上提出美国的消费者愿意购买日本优质的汽车、电视、电子产品；另一方面，向有关国际组织起诉，要求仲裁。美国政府同时提出，如果日本政府不改变农产品贸易保护政策，美国对日本工业品的进口也要采取相应的措施。结果，扭转了不利的环境因素。

2. 减轻

即通过调整市场营销组合等来改善环境适应，以减轻环境威胁的严重性。例如，烟草公司大力宣传在公共场所开设单独的吸烟区。再如，当可口可乐的年销售量达 300 亿瓶时，在美国的饮料市场上突然杀出了百事可乐。它不仅在广告费用的增长速度上紧跟可口可乐，而且在广告方式上也针锋相对："百事可乐是年轻人的恩赐，青年人无不喝百事可乐"。其潜台词很清楚，即"可口可乐是老年人的，是旧时代的东西"。可口可乐面对这种环境威胁，及时调整市场营销组合，来减轻环境威胁的严重性：一方面，可口可乐公司聘请社会上的名人(如心理学家、精神分析家、应用社会学家、社会人类学家等)，对市场购买行为新趋势进行分析，采用更加灵活的宣传方式，向百事可乐公司展开了宣传攻势；另一方面，可口可乐公司花费比百事可乐公司多一半的广告费用，与之展开了一场声势浩大的广告战，力求将广大消费者吸引过来。可口可乐公司经过上述努力，收到了一定的效果。

3. 转移

即决定转移到其他营利更多的行业或市场。例如，烟草公司可以适当减少香烟业务，增加食品和饮料等业务，实行多元化经营。

案例 2-1　"银发世界商机无限"——"夕阳"产业"钱"景广阔

目前国际上一般把 65 岁以上人口占总人口的比例达到或超过 7% 的社会，叫做老年型社会。据最新统计数字显示，我国 65 岁以上的人口占总人口的比例已超过 7%，因此可以说，我国已进入了老年型社会。老年人口的急剧增加，已成为世人所关注的一个重要社会问题和重要理论课题。它对于企业来说是一个机遇，可以开拓出一个广阔的老年人市场，在“银发世界”里，蕴含着无限商机，人们普遍认为“夕阳”产业是21世纪最有前途的产业之一。

一方面，老年人有很强的购买力，为实现消费提供了可能性和前提条件。目前，全国老年人的退休金、再就业收入、子女孝敬的赡养费，每年约2000亿元，其中，仅退休金就会达到1500亿元，可见，“老人市场”的确是个亟待开发的天地。另一方面，“老年人产业”可以覆盖的领域十分广泛，如今老人的消费观也已大大改变，很多老人追求“老有所养、老有所乐、老有所学、老有所为”，还奉行“长寿四字诀”：“一要跳（生命在于运动）；二要笑（笑一笑，十年少）；三要俏（穿好有利于身心健康）；四要掉（自掉架子）”，并开始“吃讲营养、穿讲漂亮、住讲宽敞、用讲高档、行讲便当、心讲舒畅”。商机，就蕴含在这些新的生活方式之中。

现在，很多企业领导人感叹企业难做。因此，有的人在困难面前唉声叹气、悲观失望；有的人消极等待、不思进取。其实，市场机会总是存在的。没有疲软的市场，只有疲软的企业；没有疲软的消费，只有疲软的产品。只要我们认真进行市场营销环境分析，抓住一切可利用的机遇，企业就会大有作为。

第二节　市场营销微观环境

市场营销微观环境是指对企业服务其顾客的能力构成直接影响的各种力量，包括企业本身及其市场营销中介、市场、竞争者和各种公众，这些都会影响企业为其目标市场服务的能力。

一、企业

企业本身包括市场营销管理部门、其他职能部门和最高管理层。企业为实现其目标，必须进行制造、采购、研究与开发、财务、市场营销等业务活动，而市场营销部门一般由市场营销副总裁、销售经理、推销人员、广告经理、营销调研经理、市场营销计划经理、定价专家等组成。市场营销部门在制定决策时，不仅要考虑企业外部环境力量，而且要考虑企业内部环境力量。首先，市场营销部门要考虑其他业务部门（如制造部门、采购部门、研究与开发部门、财务部门等）的情况，并与之密切协作，共同研究制定年度和长期计划；其次，市场营销部门要考虑最高管理层的意图，以企业任务、目标、战略和政策等为依据，制定市场营销计划，并报最高管理层批准后执行。

二、市场营销中介

市场营销中介包括供应商、商人中间商、代理中间商和辅助商。

（1）供应商，即向企业供应原材料、部件、能源、劳动力和资金等资源的企业或组织。

（2）商人中间商，即从事商品购销活动，并对所经营的商品拥有所有权的中间商，如批发商、零售商等。

（3）代理中间商，即协助买卖成交、推销产品，但对所经营的产品没有所有权的中间商,如经纪人、制造商代表等。

(4)辅助商,即辅助执行中间商的某些职能,为商品交换和物流提供便利,但不直接经营商品的企业或机构,如运输公司、仓储公司、银行、保险公司、广告公司、市场调研公司、市场营销咨询公司等。

在现代市场经济条件下,生产企业一般都通过市场营销中介机构(即代理中间商、商人中间商、辅助商等)来进行市场营销调研、推销产品、储存产品、运输产品等,因为这样分工比较经济。

三、市场

市场营销学是根据购买者及其购买目的进行市场划分的。它包括消费者市场、生产者市场、中间商市场、政府市场和国际市场。

(1)消费者市场,即为了个人消费而购买的个人和家庭所构成的市场。

(2)生产者市场,即为了生产、取得利润而购买的个人和企业所构成的市场。

(3)中间商市场,即为了转卖、取得利润而购买的批发商和零售商所构成的市场。

(4)政府市场,即为了履行职责而购买的政府机构所构成的市场。

(5)国际市场,即由国外的消费者、生产者、中间商、政府机构等所构成的市场。

案例 2-2　做生意,不要忘了政府和联合国

例 1　近年来我国用于政府采购的资金年增长幅度很大,政府采购的规模逐年翻番:1998 年为 31 亿元,1999 年为 130 亿元,2000 年增长到 326 亿元,2001 年达到 625 亿元,2002 年达到 1000 亿元。专家分析,今后几年内中国政府采购仍有很大的发展空间。2002 年政府采购达到 1000 亿元,已占到 GDP 的 1% 左右,这个量还有发展的空间。根据国际经验,一个国家政府每年的采购总量约占 GDP 的 10%,或为财政支出的 30% 左右,而中国政府往年的政府采购规模仅占当年 GDP 的 0.37% 和全国财政支出的 2%。

例 2　联合国采购的货物数量惊人,其中主要是联合国对发展中国家的援助物品、联合国机构办公用品、联合国维和特派团用品、联合国保护妇女儿童的用品等。1996 年,联合国直接采购金额为 26.53 亿美元,2000 年为 37.33 亿美元,2002 年达 100 亿美元。据了解,在这个巨大的联合国采购市场中,联合国在发展中国家的采购占总额的一半左右,然而直接从中国采购的产品不到其总金额的 1%。但这些数字并不代表中国货不被人们所接受,实际上联合国曾采购过很多中国产品,不过绝大部分是通过香港或者其他地区、其他国家的企业转口供应的。因此,中国企业和产品完全有实力进入联合国采购系统,即使是中小企业,也完全有可能直接成为联合国系统采购供应商。

四、竞争者

市场营销观念表明,企业要想在市场竞争中获得成功,就必须能够比竞争者更有效地满足消费者的需要与欲望。因此,企业所要做的并非仅仅迎合目标顾客的需要,而是要通过有效的产品定位,使得企业产品与竞争者产品在顾客心目中形成明显差异,从而取得竞争优势。竞争者包括愿望竞争者、一般竞争者、产品形式竞争者和品牌竞争者。

(1)愿望竞争者,即消费者想要满足的各种目前愿望。

(2)一般竞争者，即能满足购买者某种愿望的各种方法。

(3)产品形式竞争者，即能满足购买者某种愿望的各种产品型号。

(4)品牌竞争者，即能满足购买者某种愿望的同种产品的各种品牌。

五、公众

公众是指对企业实现其市场营销目标构成实际或潜在影响的任何团体。

(1)金融公众，即影响企业取得资金能力的任何集团，如银行、投资公司等。

(2)媒体公众，即报纸、杂志、广播、电视等具有广泛影响的大众媒体。

(3)政府公众，即负责管理企业业务经营活动的有关政府机构。

(4)市民行动公众，即各种保护消费者权益组织、环境保护组织、少数民族组织等。

(5)地方公众，即企业附近的居民群众、地方官员等。

(6)一般公众，即一般群众。

(7)企业内部公众，如董事会、监事会、经理、职工等。

案例2-3　南京冠生园事件

2001年9月，南京冠生园用陈馅做月饼事件被媒体曝光后，在消费者中引起轩然大波，尤其是南京冠生园老总说的一句“使用去年未加工的封冻包馅料是月饼生产厂家的普遍现象”颇具杀伤力。由此，不仅南京冠生园厂家的月饼销量大跌，甚至无人问津，其他月饼生产厂家的月饼销售也受到严重影响，使全国很多消费者出现了“恐月饼症”。

面对这场“月饼”危机，可以说南京冠生园厂家做得是很失败的，同时也充分说明了新闻媒体的影响。

第三节　市场营销宏观环境

微观环境中所有的因素都要受宏观环境中各种力量的影响。市场营销宏观环境是指那些给企业造成市场机会和环境威胁的主要社会力量，包括人口环境、经济环境、自然环境、技术环境、政治和法律环境以及社会和文化环境。这些主要社会力量是企业不可控制的变量。

一、人口环境

企业必须密切注意人口环境方面的动向，因为市场是由那些想买东西并且有购买力的人(即潜在购买者)构成的，而且这种人越多，市场的规模就越大。目前，许多国家人口环境方面的主要动向如下。

(一)世界人口迅速增长

世界人口迅速增长的主要原因是：随着世界科学技术的进步、生产力的发展和人民生活条件的改善，世界人口平均寿命大大延长，死亡率大大下降；发展中国家的人口出生率上升，人口迅速增加。世界人口尤其是发展中国家的人口将继续增长，意味着世界人民的需要和世界市场将继续增长。同样，中国市场潜量也是很大的。

(二)发达国家的人口出生率下降

发达国家人口出生率下降的主要原因是:越来越多的妇女参加工作,避孕知识的普及和避孕技术的提高。一方面,这种人口动向对儿童食品、儿童用品、儿童服装、儿童玩具等行业是一种环境威胁。因此,近几年来,美国等国家某些经营儿童食品和儿童用品的公司,或者到人口出生率高的国家去寻找市场,或者采取"转移"的对策,改行经营其他产品,例如,美国吉宝公司过去经营儿童食品,现在已转向以老年人为对象的人寿保险等盈利较多的行业。另一方面,这种人口动向对某些行业有利。例如,许多年轻夫妇有更多的闲暇时间和收入用于旅游、在外用餐、娱乐,因而给旅游业、旅馆业、体育娱乐业等提供了有吸引力的市场机会,促进了第三产业的发展。

(三)许多国家人口趋于老龄化

许多国家,尤其是发达国家的人口死亡率普遍下降,平均寿命延长。这种人口动向,无论对社会还是对企业营销的影响都将是深刻的。由于人口老龄化,一方面,市场对摩托车、体育用品等青少年用品的需要日益减少;有些国家的老年人一般不再愿意添置住宅、汽车等某些高档商品。所以,这种人口动向对经营青少年用品、某些高档商品的行业是一种环境威胁。另一方面,老年人的医疗和保健用品、助听器、眼镜、旅游、娱乐等的市场需要会迅速增加,这样就给经营老年人用品的行业如旅游业、旅馆业、娱乐业提供了市场机会,因而,今后这些行业将得到迅速发展。

(四)家庭结构发生变化

第二次世界大战结束后的一段时间,"两个孩子、两辆汽车、郊区家庭"这种思想在西方很流行。但是现在,美国是世界上离婚率最高的国家,而且美国人普遍晚婚,婚后一般都不生孩子或少生孩子,妇女婚后参加工作的人数也在增加。美国家庭的这种变化,引起了市场需要的相应变化。例如,由于普遍晚婚,致使市场对结婚用品的需要减少;由于离婚率很高,很多人离婚后不愿再婚,致使市场对住房、汽车、轮胎、日托服务等物品或服务的需要增加。近几十年来,有些东方国家的家庭规模呈小型化趋势,给经营家庭用品的行业提供了市场机会。

(五)非家庭住户在迅速增加

这种非家庭住户以美国最具代表性。美国的非家庭住户有三种:

(1)单身成年人住户。这种住户包括未婚、分居、丧偶、离婚的单身成年人。美国单身成年人数近1800万人,约占住户总数的23%。这种住户需要较小的公寓房间、较小的食品包装和较便宜的家具、日用品、陈设品等。

(2)两人同居者住户。这种住户是暂时同居,需要较便宜的租赁的家具和陈设品。

(3)集体住户。集体住户即若干大学生等住在一起共同生活。

在中国,非家庭住户正在迅速增加,企业应注意和考虑这种住户的特殊需要和购买习惯。

(六)许多国家的人口流动性大

许多国家的人口流动都具有两个主要特点:

(1)人口从农村流向城市。随着市场经济的发展,工业化和城市化趋势的日益明显,人口必然不断从农村流向城市。这对零售商业结构影响很大。人口集中在城市使得居民需要和城市市场迅速扩大，于是在城市出现了繁华商业街。

(2)人口从城市流向郊区。第二次世界大战结束以后，美国城市交通日益拥挤，污染日益严重，同时交通运输大大发展，所以许多人纷纷从城市迁往郊区，于是在大城市周围出现了郊区住宅区，而且在郊区住宅区周围出现了郊区的郊区。

(七)一些国家的人口由多民族构成

美国人口基本是由过去两个世纪以来的移民构成的，因而是个多民族的国家。中国人口由56个民族构成。企业要调查研究这种人口动向，因为不同民族的消费者有不同的风俗、生活习惯和需要。

二、经济环境

市场是由那些想购买物品并且有购买力的人构成的，而且这种人越多，市场的规模就越大。这就是说，购买力是构成市场和影响市场规模大小的一个重要因素，而整个购买力即社会购买力又直接或间接受消费者收入、价格水平、储蓄、信贷等经济因素的影响。社会购买力是众多经济因素的函数。正因为这样，企业营销管理不仅受其人口环境影响，而且受其经济环境影响。所以，企业还必须密切注意其经济环境方面的动向。进行经济环境分析时，要着重分析以下主要经济因素。

(一)消费者收入的变化

消费者收入包括消费者个人工资、红利、租金、退休金、馈赠等收入。消费者的购买力来自消费者收入，所以消费者收入是影响社会购买力、市场规模大小以及消费者支出多少和支出模式的一个重要的因素。

消费者并不是将其全部收入都用来购买商品(包括物品和服务)。消费者的购买力只是其收入的一部分。因此，要区别可支配个人收入和可随意支配个人收入。可支配个人收入是指扣除消费者个人缴纳的各种税款和交给政府的非商业性开支后可用于个人消费与储蓄的那部分个人收入。可支配个人收入是影响消费者购买力和消费者支出的决定性因素。可随意支配个人收入是指可支配个人收入减去消费者用于购买生活必需品的固定支出(如房租、保险费、分期付款、抵押贷款)所剩下的那部分个人收入。可随意支配个人收入一般都用来购买奢侈品、汽车、大型器具及度假等，所以这种消费者个人收入是影响奢侈品、汽车、旅游等商品销售的主要因素。

进行经济环境分析时，还要区别货币收入和实际收入，因为实际收入会影响实际购买力。假设消费者的货币收入不变，如果物价下跌，消费者的实际收入便增加；相反，如果物价上涨，消费者的实际收入便减少。即使消费者的货币收入随着物价上涨而增加，但是，如果通货膨胀率超过了货币收入增长率，消费者的实际收入也会减少。

企业不仅要分析研究消费者的平均收入，而且要分析研究各个阶层的消费者收入。此外，由于各地区的工资水平、就业情况有所不同，不同地区消费者的收入水平和增长率也有所不同。

(二)消费者支出模式的变化

消费者支出模式主要受消费者收入的影响。随着消费者收入的变化，消费者支出模式就会发生相应变化。这个问题涉及到“恩格尔定律”。

德国统计学家恩斯特·恩格尔(Ernest Engel,1821～1896)1857年根据他对英国、法国、德国、比利时的许多工人家庭收支预算的调查研究,发现了关于工人家庭收入变化与各方面支出变化之间比例关系的规律性,称为恩格尔定律。后来,恩格尔的追随者们对恩格尔定律的表述加以修改。目前,西方经济学对恩格尔定律的表述一般如下:①随着家庭收入的增加,家庭用于购买食品的支出占家庭收入的比重(即恩格尔系数)就会下降。②随着家庭收入的增加,家庭用于住宅建筑和家务经营的支出占家庭收入的比重大体不变(燃料、照明、冷藏等支出占家庭收入的比重会下降)。③随着家庭收入的增加,家庭用于其他方面的支出(如服装、交通、娱乐、卫生保健、教育)和储蓄占家庭收入的比重就会上升。

消费者支出模式除了主要受消费者收入影响外,还受以下两个因素影响:

(1)家庭生命周期的阶段。有孩子与没有孩子的年轻人家庭的支出情况有所不同。没有孩子的年轻人家庭负担较轻,往往把更多的收入用于购买电冰箱、家具、陈设品等耐用消费品。而有孩子的家庭收支预算会发生变化。十几岁的孩子不仅吃得多,而且爱漂亮,用于娱乐、运动、教育方面的支出也较多,所以,在家庭生命周期的这个阶段,家庭用于购买耐用消费品的支出会减少,而用于食品、服装、文娱、教育等方面的支出会增加。等到孩子独立生活以后,父母就有大量可随意支配的收入,就有可能把更多的收入用于医疗保健、旅游、购置奢侈品或储蓄,因此这个阶段的家庭收支预算又会发生变化。

(2)消费者家庭所在地点。所在地点不同的家庭用于住宅建筑、交通、食品等方面的支出情况也有所不同。例如,住在中心城市的消费者和住在农村的消费者相比,前者用于交通方面的支出较少,用于住宅建筑方面的支出较多;后者用于食品方面的支出较多。

(三)消费者储蓄和信贷情况的变化

进行经济环境分析时还应该看到,社会购买力、消费者支出不仅直接受消费者收入的影响,而且直接受消费者储蓄和信贷情况的影响。

大多数家庭都有一些"流动资产",即货币及其他能迅速变成现款的资产,包括银行储蓄存款、债券、股票等。储蓄来源于消费者的货币收入,其最终目的还是为了消费。但是,在一定时期内储蓄的多少将影响消费者的购买力和消费支出。在一定时期内货币收入不变的情况下,如果储蓄增加,购买力和消费支出便减少;反之,如果储蓄减少,购买力和消费支出便增加。

在现代市场经济国家,消费者不仅以其货币收入购买他们需要的商品,而且可用贷款来购买商品。所谓消费者信贷,就是消费者凭借信用先取得商品使用权,然后按期归还贷款。

三、自然环境

自然环境(或物质环境)的发展变化也会给企业造成一些环境威胁并给企业带来一些市场机会,所以,企业还要分析研究其自然环境方面的动向。目前,自然环境方面的主要动向如下。

(一)某些自然资源短缺或即将短缺

地球上的自然资源有如下三大类:

(1)取之不尽、用之不竭的资源,如空气、水等。近几十年来,一方面世界各国尤其是现代化城市用水量增加很快(估计世界用水量每20年增加1倍),另一方面,世界各地水资源分布不均,而且每年和各个季节的情况各不相同,所以目前世界上许多国家面临缺水。这种情况不仅会影响人民的生活,而且对相关企业也是一种环境威胁。

(2)有限但可以更新的资源,如森林、粮食等。我国森林覆盖率低,仅占国土面积的12%;人均森林面积只有0.12公顷,大大低于世界人均森林面积0.9公顷。我国耕地少,而且由于城市和建设事业发展快,耕地面积迅速减少,近30年间我国的耕地平均每年减少54万公顷。由于粮食价格低,农民不愿种粮食,转向种植收益较高的其他农作物,这种情况如果持续发展下去,我国的粮食和其他食物(如猪肉等)的供应将会成为严重问题。

(3)有限但不能更新的资源,如石油和煤、铀、锡、锌等矿物。近十几年来,因为这类资源供不应求或在一段时期内供不应求,有些国家需要这类资源的企业正面临着或曾面临过威胁,所以必须寻找代用品。在这种情况下,企业就需要研究与开发新的资源和原料,这样又给某些企业造成了新的市场机会。

(二)环境污染日益严重

在许多国家,随着工业化和城市化的发展,环境污染日益严重,公众对这个问题越来越关心,并认识到环境污染的危害性。一方面,这种动向对那些造成污染的行业和企业是一种环境威胁,它们在社会舆论的压力和政府的干预下,不得不采取措施控制污染;另一方面,这种动向也给防治污染、保护环境的包装企业及相关产业带来了新的市场机会。

(三)政府对自然资源管理的干预日益加强

随着经济的发展和科学的进步,许多国家的政府都对自然资源管理加强了干预。但是,政府为了社会利益和长远利益而对自然资源加强干预,往往与企业的经营战略和经营效益相矛盾。例如,为了控制污染,政府往往要求企业购置昂贵的控制污染的设备,这样就可能影响企业的经营效益。又如,目前中国最大的污染制造者是工厂,如果政府按照法律和合理污染标准来严格控制污染,有些工厂就要关、停、转,这样就可能影响工业迅速发展。因此,企业要统筹兼顾地解决这种矛盾,力争做到既能减少环境污染,又能保证企业发展,提高经营效益。

四、技术环境

企业还要密切注意其技术环境的发展变化,了解技术环境和知识经济的发展变化对企业营销管理的影响,以便及时采取适当的对策。

(一)新技术是一种“创造性的毁灭力量”

每一种新技术都会给某些企业造成新的市场机会,因而会产生新的行业,同时,还会给某个行业的企业造成环境威胁,使这个旧行业受到冲击甚至被淘汰。例如,激光唱盘技术的出现,无疑将会夺走磁带的市场,给磁带制造商以“毁灭性的打击”。据美国《设计新闻》报道,由于大量启用自动化设备和采用新技术,将出现许多新行业,包括新技术培训、新工具维修、电脑教育、信息处理、自动化控制、光导通信、遗传工程、海洋技术等。如果企业高层富于想象力,及时采用新技术,从旧行业转入新行业,就能求得生存和发展。

当今世界科学技术飞速发展并向现实生产力迅速转化,日益成为现代生产力中最活跃的因素和最主要的推动力量。科学技术为劳动者所掌握,就会极大地提高人们认识自然、改造自然和保护自然的能力;科学技术和生产资料相结合,就会大幅度地提高工具的效能,从而提高使用这些工具的人们的劳动生产率,就会帮助人们向生产的深度和广度进军。社会主义制度为科学技术的运用和发展开辟了极其广阔的前景,使科学技术对发展生产力和推动社会进步的作用得到更充分的发挥。

新技术还造成了一些往往难以预见的长期后果。例如,避孕药的发明造成了更小的家庭、更多的职业妇女和更多的可随意支配收入,这样就引起了市场需求变化,给汽车制造业、饮食业、旅游业、航空公司、旅馆业、日托业等行业创造了新的市场机会。

(二)新技术革命有利于企业改善经营管理

第二次世界大战结束以后,现代科学技术发展迅速。现在,一场以微电子为中心的新技术革命正在蓬勃兴起。许多企业在经营管理中都使用电脑、传真机等设备,这对于改善企业经营管理、提高经营效益起了很大作用。

(三)新技术革命将影响零售商业的结构和消费者的购物习惯

由于新技术革命迅速发展,出现了“电视购物”这种在家的购物方式。消费者如果想买东西,可以在家里打开连接各商店的终端机,各种商品的信息就会在电视荧光屏上显示出来。消费者可以通过电话订购电视荧光屏上所显示出来的任何商品,然后按一下自己的银行存款账户号码,即把货款自动传给有关商店,于是订购的商品很快就送到消费者的家门口。此外,人们还可以在家里通过“电脑电话系统”订购车票、飞机票和影剧票。企业也可以利用这种系统来进行广告宣传、营销调研和推销商品。

(四)知识经济带来的机会与挑战

1.知识经济的含义

知识经济与传统农业不同,传统农业是以耕地和众多的人口劳动力为基础的;知识经济与传统工业不同,传统工业是以大量的矿物能源和矿藏原料冶炼、加工、制造为基础的。知识经济是以不断创新和对这种知识的创造性应用为主要基础而发展起来的。它依靠新的发展、发明、研究、创新的知识,是一种知识密集型、智慧型的新经济。它以不断创新为特色,新的超过旧的,旧的退出市场丧失效用,新的占领市场获得超额价值。这个创新过程是急速旋转、异常快捷、没有终止的。这种不断创新的知识与智慧和土地、矿藏不同,它不具有唯一性和排他性。这块地你拥有了,他就不能同时拥有;种了玉米就不能同时又种水稻;这座矿藏为你占用就不能同时为他占用;挖完了就没有了。知识和智慧可以同时为多人所占有,并可一再重复使用。作为人类智慧的成果,它可以与其他知识连接、渗透、组合、交融,从而形成新的有用的知识。知识也有“自然磨损”,它的直接效用没有了,但还可以再开发,成为嫁接、培育新知识的“砧木”,成为启发新的智慧的火花。

2.知识经济与现代信息技术革命

新知识的爆炸性增长和知识经济的爆发性扩张,是以数字化、网络化为特征的现代信息技术革命之翼而飞扬升空的。不断革新的计算机与光纤网络通信、卫星远程通信相结合,将知识的编码、储存、传输、扩散速度极大地提高了,方式极大地简单化了,成本极大地降低了,从而使数字化的多媒体网络通信成为一种普遍性的大众技术,使全球任何角落里的大部分人群可以随时廉价获得不断更新的知识。数字化、网络化通信技术革命与现代市场经济制度相结合，与风险投资和现代企业制度相结合，极大地促进了新知识的实际使用，促进了发明创新的物化过程，极大地加速了新知识的商品化、市场化、产业化进程。

3. 知识经济与知识管理

在知识经济时代，企业如果离开了知识管理就不可能有竞争力。所谓知识管理，是对企业知识资源进行管理，使每一个员工都能最大限度地贡献其积累的知识，实现知识共享的过程。知识管理的目的就是，运用集体的智慧提高企业的应变能力和创新能力，使企业能够对市场需求作出快速反应，并利用所掌握的知识资源预测市场需求的发展趋势，开发适销对路的创新产品，更好地满足市场需要。

五、政治和法律环境

企业营销管理还要受其政治和法律环境的强制与影响。政治和法律环境是那些强制与影响社会上各种组织及个人的法律、政府机构和压力集团。这里只着重阐述以下两个方面。

(一)与企业市场营销管理有关的经济立法

企业必须懂得本国及有关国家的法律和法规，才能做好国内和国际市场营销管理工作，否则就会受到法律制裁。美国等发达国家的经济立法，有些是为了保护竞争，有些是为了保护广大消费者利益，还有些是为了防止环境污染，保护社会利益。我国的经济立法尤其是涉外经济立法还不完备。近几年来，为了健全和加强法制，适应经济体制改革和对外开放的需要，我国陆续制定和颁布了一些经济法律和法规，例如《中华人民共和国产品质量法》、《中华人民共和国食品卫生法》、《中华人民共和国商标法》、《中华人民共和国价格法》、《中华人民共和国反不正当竞争法》、《中华人民共和国广告法》、《中华人民共和国消费者权益保护法》、《中华人民共和国专利法》等。

(二)群众利益团体发展情况

群众利益团体是一种压力集团。在美国等发达国家，影响企业市场营销决策的群众利益团体主要是保护消费者利益的群众团体以及保护环境的群众利益团体等。这些群众团体疏通政府官员，给企业施加压力，使消费者利益和社会利益等得到保护。因此，这些国家许多公司都设立法律和公共关系部门来负责研究、处理与这些群众利益团体的关系问题。

世界各国都陆续成立了消费者联盟。它们监视企业的活动、发动群众与企业的欺骗行为作斗争，给企业施加压力，以保护消费者利益。目前，消费者运动已经成为一种强大的社会力量，企业制定营销决策时必须认真考虑这种政治动向。

在我国，经国务院批准，中国消费者协会于 1985 年 1 月在北京成立。其任务是：宣传国家的经济(特别是有关消费方面)方针政策；协助政府主管部门研究和制定保护消费者权益的立法；调查消费者对商品和服务的意见与要求；接受消费者对商品和服务的质量、价格、卫生、安全、规格、计量、说明、包装、商标、广告等方面的投诉。中国消费者协会及相继成立的地方协会认真受理广大消费者的投诉，积极开展对商品和服务质量、价格的监督检查。并采取多种形式指导消费，千方百计保护消费者利益，受到广大消费者的好评。

六、社会和文化环境

社会文化主要指一个国家、地区的民族特征、价值观念、生活方式、风俗习惯、宗教信仰、伦理道德、教育水平、语言文字等要素的总和。主体文化是指在凝聚整个国家和民族的过程中占据支配地位的文化,包括世界观、价值观、人生观等;次级文化是在主体文化支配下所形成的文化分支,包括种族、地域、宗教等。文化对所有营销参与者的影响是多层次、全方位、渗透性的。它不仅影响企业营销管理,而且影响消费心理、消费习惯等,这些影响多半是通过间接的、潜移默化的方式来进行的。

(一)教育水平

教育程度不仅影响劳动者收入水平,而且影响着消费者对商品的鉴赏力和文化需求,影响消费者心理、购买的理性程度和消费结构,从而影响着企业营销策略的制定和实施。

(二)宗教信仰

人类的生存活动充满了对幸福、安全的向往和追求。在生产力低下,人们对自然现象和社会现象迷惑不解的时期,这种追求容易带着盲目崇拜的宗教色彩。千百年沿袭下来的宗教色彩,逐渐形成一种生活方式和消费模式,影响着人们的消费行为。

案例 2-4　欧洲冻鸡出口在阿拉伯国家为何受阻

欧洲某一冻鸡出口商曾向阿拉伯国家出口冻鸡,他把大批优质鸡用机器屠宰好,收拾得干净利落,只是包装时鸡的个别部位稍带点血,就装船运出了。当他正盘算下一笔交易时,不料这批货竟被退了回来,他迷惑不解,便亲自去进口国查找原因,才知道退货原因不是质量有什么问题,只是他的加工方法犯了阿拉伯国家的“禁”,不符合进口国的风俗。阿拉伯国家人民信仰伊斯兰教,《可兰经》规定,杀鸡只能用人工,不许用机器,只许男人杀鸡,不许女人伸手;杀鸡要把鸡血全部洗干净,不许留一点血渍,否则便被认为不吉祥。这样,欧洲商人的冻鸡虽好也仍然难免遭退货的厄运。

巴西冻鸡出口商吸取了欧洲商人的经验教训,不仅货物质量好,而且特别注意满足国外市场的特殊要求,尤其是充分尊重对方的风俗习惯。巴西对阿拉伯国家出口的冻鸡,在屠宰场内严格按照阿拉伯国家要求进行加工,不用机器,不用妇女,杀鸡后把血渍全部清除干净并进行精密包装。他们还邀请阿拉伯国家出口商来参观,获得了对方信任,使巴西冻鸡迅速打进了阿拉伯国家的市场。

(三)价值观念

价值观念指人们对社会生活中各种事物的态度和看法。不同的文化背景下,价值观念差异很大,影响着消费需求和购买行为。对于受不同价值观念影响的消费者群体来说,营销管理者应研究并采取不同的营销策略。

(四)道德规范

道德是一种社会意识形态,也是一定社会调整个人与社会之间及人与人之间关系的行为规范的总和。不同的道德规范决定了人们不同的交往行为,决定不同的家庭模式及消费方式,也决定不同的婚姻习俗等,因而对人们的消费心理与消费行为有重要影响。企业的营销决策和营销活动必须充分考虑到道德规范所带来的影响。

(五)消费习俗

消费习俗指历代传递下来的一种消费方式,是风俗习惯的一项重要内容。消费习俗在饮食、服饰、居住、婚丧、节日、人情往来等方面都表现出独特的心理特征和行为方式,从而影响着消费者的需求偏好和价值判断。

(六)消费时尚

由于社会文化多方面的影响,使消费者产生共同的审美观念、生活方式和情趣爱好,从而导致社会需求的一致性,这就是消费时尚。消费时尚在服饰、家电以及某些保健品方面表现最为突出。消费时尚在时间上有一定的稳定性,但有长有短,有的可能长达几年,有的则可能是几个月;在空间上还有一定的地域性,同一时间内,不同地区流行的商品品种、款式、型号、颜色可能不尽相同。

思考题

1. 什么是市场营销环境?其发展趋势有几种?
2. 企业对机会和威胁应作出什么样的反应?
3. 市场营销中介的主要类型有哪些?
4. 如何理解市场营销学对市场的分类?
5. 竞争者的主要类型有哪些?
6. 公众的主要类型有哪些?
7. 人口环境中对企业营销具有影响作用的主要动向有哪些?

第三章 市场购买行为分析

在现代市场经济条件下，企业必须根据市场需要配置资源，安排供应。因此，必须注重市场的分析研究，包括消费者市场购买行为分析和组织市场购买行为分析等。只有这样，企业才能赢得市场，维系顾客，进而在激烈的市场竞争中立于不败之地。在学习本章时，要注意了解影响市场购买行为的主要因素，认识市场购买行为的主要类型，掌握市场购买决策的主要参与者和制定购买决策的具体过程，理解为促使市场购买需采取的对策。

本章要点：

- 影响消费者购买行为的主要因素
- 消费者参与购买决策的角色
- 消费者购买行为及购买决策过程
- 组织市场的构成和特点
- 产业购买者的行为类型、影响购买决策的主要因素及其决策过程
- 中间商购买行为分析
- 政府采购行为分析

现代市场经济条件下，人们的消费需求都是依赖于市场的，都要通过具有支付能力的特定购买行为得到满足，市场营销的核心就是满足各类购买者的需求。因此，企业只有分析和研究各类购买者的需求及其影响因素，研究各类购买者的购买行为及其自身特有的规律，才能有效地开展市场营销活动，实现其营销目标。

第一节 消费者购买行为

消费者市场是指所有为了个人消费而购买物品或服务的个人和家庭所构成的市场。成功的营销者是那些能够有效地发展对消费者有价值的产品，并运用富有吸引力与说服力的方法将产品有效地呈现给消费者的企业和个人。因而，研究影响消费者购买行为的主要因素及其购买决策过程，对于开展有效的市场营销活动至关重要。

一、影响消费者购买行为的主要因素

消费者不可能在真空里作出自己的购买决策，其购买决策在很大程度上受到文化、社会、个人和心理等因素的影响(如图 3-1 所示)。

(一)文化因素

文化、亚文化和社会阶层等文化因素，对消费者的行为具有最广泛、最深远的影响。文化是人类欲望和行为最基本的决定因素，低级动物的行为主要受其本能的控制，而人类行为大部分是通过学习而得来的，在社会中成长的儿童通过其家庭及其他机构的社会化过程学到了一系列基本的价值、知觉、偏好和行为的整体观念。每一文化都包含着能为其

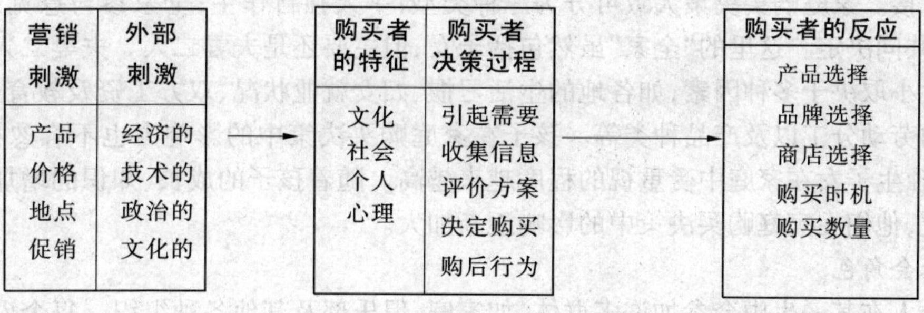

图 3-1　消费者购买行为模式

成员提供更为具体的认同感和社会化的较小的亚文化群体，如民族群体、宗教群体、种族群体、地理区域群体等。

在一切人类社会中，还都存在着社会阶层。它有时以社会等级制形式出现，不同等级的成员都被培养成一定的角色，而且不能改变他们的等级成员资格。然而，更为常见的是，层次以社会阶层形式出现。所谓社会阶层是指一个社会中具有相对的同质性和持久性的群体，它们是按等级排列的，每一阶层的成员具有相似的价值观、兴趣爱好和行为方式。

（二）社会因素

消费者购买行为也受到诸如参照群体、家庭、社会角色与地位等一系列社会因素的影响。

1. 参照群体

参照群体是指那些直接或间接影响人的看法和行为的群体。直接参照群体又称为成员群体，即某人所属的群体或与其有直接关系的群体。成员群体又分为首要群体和次要群体两种。首要群体是指与某人直接、经常接触的一群人，一般都是非正式群体，如家庭成员、亲戚朋友、同事、邻居等。次要群体是对其成员影响并不频繁但一般都较为正式的群体，如宗教组织、职业协会等。间接参照群体是指某人的非成员群体，即此人不属于其中的成员，但又受其影响的一群人。这种参照群体又分为向往群体和厌恶群体。向往群体是指某人推崇的一些人或希望加入的集团，例如体育明星、影视明星就是其崇拜者的向往群体。厌恶群体是指某人讨厌或反对的一群人。一个人总是不愿意与厌恶群体发生任何联系，在各方面都希望与其保持一定距离。

参照群体的影响力取决于产品、品牌以及产品生命周期。企业应善于运用参照群体对消费者施加影响，扩大产品销售。阿迪达斯公司在这方面的做法值得借鉴。在国际体坛，人们常用"哪里有世界冠军，哪里就有阿迪达斯产品"来形容阿迪达斯公司在世界体育界的影响，这并不是夸张之词。

2. 家庭

家庭是社会组织的一个基本单位，也是消费者的首要参照群体之一，对消费者购买行为有着重要影响。一个人在其一生中一般要经历两个家庭。第一个是父母的家庭，在父母的养育下逐渐长大成人，然后又组成自己的家庭，即第二个家庭。当消费者作出购买决策时，必然要受到这两个家庭的影响，其中，受原有家庭的影响比较间接，受现有家庭的影响比较直接。家庭购买决策大致可分为三种类型：一人独自作主；全家参与意见，一人作主；全家共同决定。这里的“全家”虽然包括子女，但主要还是夫妻二人。夫妻二人购买决策权的大小取决于多种因素，如各地的生活习惯、妇女就业状况、双方工资及教育水平、家庭内部的劳动分工以及产品种类等。孩子在家庭购买决策中的影响力也不容忽视，尤其在中国，独生子女在家庭中受重视的程度越来越高。随着孩子的成长、知识的增加和经济上的独立，他们在家庭购买决策中的影响逐渐加大。

3. 社会角色

一个人在其一生中会参加许多群体，如家庭、俱乐部及其他各种组织。每个人在各个群体中的位置可用角色和地位来确定。每一个角色都将在某种程度上影响其购买行为。每一角色都伴随着一种地位，这一地位反映了社会对他的总评价。而地位又随着不同阶层和地理区域而有所变化。

(三)个人因素

消费者购买决策也受其个人特性的影响，特别是受其年龄所处的生命周期阶段、职业、经济状况、生活方式、个性以及自我观念的影响。生活方式是一个人在世界上所表现的有关其活动、兴趣和看法的生活模式。个性是一个人所特有的心理特征，它导致了一个人对其所处环境的相对一致和持续不断的反应。

(四)心理因素

消费者购买行为要受其个人的动机、知觉、学习以及信念和态度等主要心理因素的影响。

1. 动机

动机是一种升华到足够强度的需要，它能够及时引导人们去探求满足需要的目标。亚伯拉罕·马斯洛则认为，人是有欲望的动物，需要什么取决于已经有了什么，只是尚未被满足的需要才影响人的行为，即已满足的需要不再是一种动因；人的需要是以层次的形式出现的，按其重要程度的大小，由低级需要逐级向上发展到高级需要，依次为生理需要、安全需要、社会需要、自尊需要和自我实现需要；只有低层次需要被满足后，较高层次的需要才会出现并要求得到满足(如图 3-2 所示)。

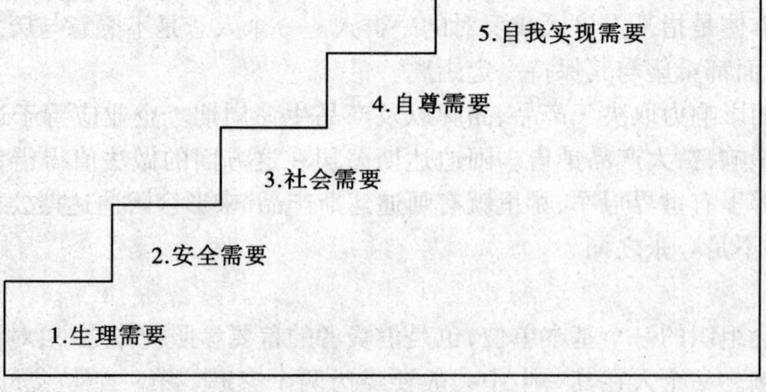

图 3-2 需要层次理论

2. 知觉

一个被激励的人随时准备行动。然而,他如何行动则受其对情况的知觉程度的影响。处于相同的激励状态和目标情况下的两个人,其行为大不一样,这是由于他们对情况的知觉各异。

所谓知觉是指个人选择、组织并解释信息的投入,以便创造一个有意义的过程。它不仅取决于刺激物的特征,而且依赖于刺激物同周围环境的关系以及个人所处的状况。人们之所以对同一刺激物产生不同的知觉,是因为人们要经历三种知觉过程。

(1)选择性注意。选择性注意是指在外界诸多刺激中仅仅注意到某些刺激或刺激的某些方面,而忽略了其他刺激。选择性注意使得人能够把注意力集中到重要的刺激或刺激的重要方面,排除次要刺激的干扰,更有效地感知和适应外界环境。

(2)选择性扭曲。选择性扭曲是指人们有选择地将某些信息加以扭曲,使之符合自己的意向。在消费品购买中,受选择性扭曲的影响,人们往往会忽视所喜爱品牌的缺点和其他品牌的优点。

(3)选择性保留。选择性保留是指人们倾向于保留那些与其态度和信念相符的信息。

知觉的选择性给营销人员的启示是:人们选择哪些刺激物作为知觉对象以及知觉过程和结果受到主观与客观两方面因素的影响。企业提供同样的营销刺激,不同的消费者会产生截然不同的知觉反应,与企业的预期可能并不一致。企业应当分析消费者特点,使本企业的营销信息被选择成为其知觉对象,形成有利于本企业的知觉过程和知觉效果。

人们对于刺激物的理解是通过感觉进行的。所谓感觉是指通过视、听、嗅、味、触五种感官对刺激物的反应。随着感觉的深入,人们将感觉到的材料通过大脑进行分析综合,从而得到知觉。

3. 学习

人们要行动就得学习。学习是指由于经验而引起的个人行为的改变。人类行为大都来源于学习。一个人的学习是通过驱使力、刺激物、诱因、反应和强化的相互影响而产生的。所谓驱使力,是指存在于人体内驱使人们产生行动的内在刺激力,即内在需要。心理学家把驱使力分为原始驱使力和学习驱使力两种。原始驱使力指先天形成的内在刺激力,如饥、渴等。学习驱使力指后天形成的内在刺激力,如骄傲、贪婪等。成人会担心财产安全、交通安全,希望工作取得成就等,都是从后天环境中学习得到的。所谓刺激物,是指可以满足内在驱使力的物品。比如,人们感到饥渴时,饮料和食物就是刺激物。如果内在驱使力得不到满足,就会处于紧张情绪中,只有相应刺激物可使之恢复平静。当驱使力发生作用并寻找相应刺激物时,就成为动机。所谓诱因,是指刺激物所具有的能驱使人们产生一定行为的外在刺激,可分为正诱因和负诱因。正诱因指吸引消费者购买的因素,负诱因指引起消费者反感或回避的因素。所有营销因素均可成为诱因,如刺激物的品种、性能、质量、商标、包装、服务、价格、分销渠道、销售时间、人员推销、展销、广告等。所谓反应,是指驱使力对具有一定诱因的刺激物所发生的反射行为。比如,是否购买某商品以及如何购买等。所谓强化,是指驱使力对具有一定诱因的刺激物发生反应后的效果。若效果良好,则反应被增强,以后对具有相同诱因的刺激物就会发生相同的反应;若效果不佳,则反应被削弱,以后对具有相同诱因的刺激物不会发生反应。

由于营销环境不断变化，新产品、新品牌不断涌现，消费者必须经过多方收集有关信息之后，才能作出购买决策，这本身就是一个学习过程(如图 3-3 所示)。

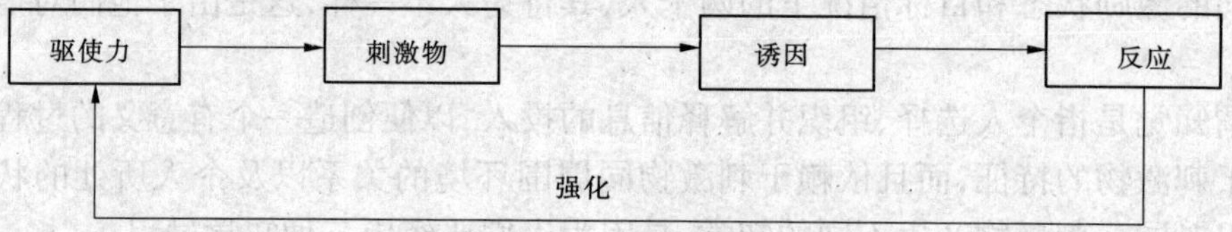

图 3-3　学习模式

4. 信念和态度

通过行为和学习，人们获得了自己的信念和态度，而信念和态度又反过来影响人们的购买行为。所谓信念是指一个人对某些事物所持有的描述性思想。企业应关注人们头脑中对其产品或服务所持有的信念，即本企业产品和品牌的总体形象。人们根据自己的信念采取行动，如果某些信念是错误的，并影响了购买行为，企业就要运用促销手段去纠正这些错误信念。所谓态度是指一个人对某些事物或观念长期持有的好与坏的认识上的评价、情感上的感受和行动倾向。态度的基本特性是持久性和广泛性。持久性指一种态度会在相当长的时间内保持不变。广泛性是指一种态度适用于所有同类事物，而不仅仅适用于单一事物。比如，消费者对某一品牌评价较差，就会对使用该品牌的所有产品都有不好的评价，而不仅仅针对其中的个别产品。品牌信念、评估品牌和购买意向构成了消费者态度。品牌信念是态度的认知成分，评估品牌是态度的情绪或情感成分，购买意向是态度的意动成分或行为成分。

案例 3-1　太麦克斯公司重视消费者心理大获成功

美国市场上每出售三只手表中就有一只是太麦克斯(Timex)牌手表。在欧洲、非洲，太麦克斯手表投放到哪里，哪里的手表市场就受到猛烈冲击，使市场发生有利于太麦克斯公司的改变，原因在哪里？

一是太麦克斯公司抓住消费者求廉心理，手表价格低得出奇，以出售低档太麦克斯手表而闻名于世。1950 年男式手表零售价只有 6.9～7.95 美元；1954 年男式手表也只有 12.95 美元；1958 年太麦克斯出售第一批整套女用手表——一只化妆用、一只打球用、一只普通用，全套价格在 50 美元以下。这种低价表，已成为人们常用表和逢年过节的礼品，学生毕业、圣诞节或父母过生日都可以买一套。20 世纪 60 年代，该公司声称它占有世界 50 美元以下女式手表市场的 36%。

二是太麦克斯公司抓住消费者的求实心理，即产品要耐用，质量可靠。为此它的推销方式出奇地吸引人，据报道说：太麦克斯的推销方式完全是按照马戏团吸引观众的方式进行的，十分惊险。这在保守的手表业中是前所未闻的。太麦克斯的推销员访问零售店时，把手表猛摔在墙上，或浸在水桶里，以证明其防震和防水质量。公司因其所谓的“摔打试验”而在国内外享有盛名。在做商业广告时，以实况广播太麦克斯手表被拴在马尾上，或从 135 英尺高处投入水中，或被缚在冲浪板上面和水陆两栖飞行之后，人们可以看到它继续在走动，以此证明它的产品质量好。

因此，太麦克斯手表不论到哪里，都给消费者以良好的印象，仅在 1963 年 12 月份，太麦克斯手表就在非洲市场出售了一万只，接着顺利进入了法国市场。

二、参与决策的角色以及消费者购买行为

营销者在分析了影响购买者行为的主要因素之后，还需了解消费者如何真正作出购买决策，即了解谁作出购买决策以及购买决策的类型等。

人们在购买决策过程中可能扮演不同的角色，包括发起者、影响者、决策者、购买者、使用者。

(1)发起者，即首先提出或有意想购买某一产品或服务的人。

(2)影响者，即其看法或建议对最终决策具有一定影响的人。

(3)决策者，即对是否买、为何买、如何买、何处买等有关决策作出完全或部分最后决定的人。

(4)购买者，即实际采购人。

(5)使用者，即实际消费、使用产品或服务的人。

消费者购买决策随其购买行为类型的不同而变化。较为复杂和花钱多的决策往往凝结着购买者的反复权衡和众多人的参与决策。根据参与者的介入程度和品牌间的差异程度，可将消费者购买的行为分为四种类型(如表 3-1 所示)。

表 3-1 消费者购买行为的四种类型

品牌差异程度	购买参与程度	
	高	低
大	复杂型	变换型
小	协调型	习惯型

1. 习惯型购买行为

习惯型购买行为是指对于价格低廉、经常购买、品牌差异小的产品，消费者不需要花时间选择，也不需要经过收集信息、评价产品特点等复杂过程的最简单的消费者购买行为类型。消费者只是被动地接收信息，出于熟悉而购买，也不一定进行购后评价。这类产品的营销者可以用价格优惠、电视广告、独特包装、销售促进等方式鼓励消费者试用、购买和续购其产品。

2. 变换型购买行为

变换型购买行为是指对于品牌差异明显的产品，消费者不愿花长时间来选择和估价，而是不断变换所购产品的品牌的消费者购买行为类型。这样做并不是因为对产品不满意，而是为了寻求多样化。针对这种购买行为类型，市场营销者可采用销售促进和占据有利货架位置等办法，保障供应，鼓励消费者购买。

3. 协调型购买行为

协调型购买行为是指对于品牌差异不大的产品，消费者不经常购买，而购买时又有一定的风险，所以，消费者一般要比较、看货，只要价格公道、购买方便、机会合适，消费者就会决定购买；购买以后，消费者也许会感到有些不协调或不够满意，在使用过程中，会了解

更多情况,并寻求种种理由来减轻、化解这种不协调,以证明自己的购买决定正确的消费者购买行为类型。经过从不协调到协调的过程,消费者会有一系列的心理变化。针对这种购买行为类型,营销者应注意运用价格策略和人员推销策略,选择最佳销售地点,并向消费者提供有关产品评价的信息,使其在购买后相信自己做了正确的决定。

4.复杂型购买行为

复杂型购买行为是指消费者面对不常购买的贵重产品,由于产品品牌差异大,购买风险大,消费者需要有一个学习过程,广泛了解产品性能、特点,从而对产品产生某种看法,最后决定购买的消费者购买行为类型。对于这种复杂购买行为,营销者应采取有效措施帮助消费者了解产品性能及其相对重要性,并介绍产品优势及其给购买者带来的利益,从而影响购买者的最终选择。

三、消费者购买决策过程

在复杂购买行为中,消费者购买决策过程由引起需要、收集信息、评价方案、决定购买和购后行为五个阶段构成(如图 3-4 所示)。

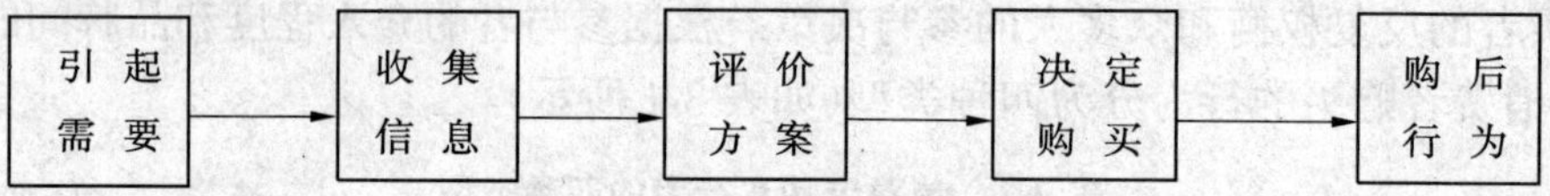

图 3-4 消费者购买决策过程

(一)引起需要

消费者的需要往往由两种刺激引起,即内部刺激和外部刺激。营销人员应注意识别引起消费者某种需要和兴趣的环境,并充分注意到两方面的问题:一是注意了解那些与本企业的产品实际上或潜在地有关联的驱使力;二是消费者对某种产品的需求强度,会随着时间的推移而变动,并且被一些诱因所触发。在此基础上,企业还要善于安排诱因,促使消费者对企业产品产生强烈的需求,并立即采取购买行动。

(二)收集信息

一般来讲,引起的需要不是马上就能满足的,消费者需要寻找某些信息。消费者信息来源主要有个人来源(如家庭、朋友、邻居、熟人)、商业来源(如广告、推销员、经销商、包装、展览)、公共来源(如大众传播媒体、消费者评审组织等)、经验来源(如处理、检查和使用产品)等。营销人员应对消费者使用的信息来源认真加以识别,并评价其各自的重要程度以及询问消费者最初接触到品牌信息时有何感觉等。

需要注意的是,由于受文化因素的影响,不同文化背景下的消费者在信息的收集(如寻求信息的来源、寻求信息的密度、寻求信息的持续时间和咨询的信息量等)和使用(如使用的信息量、信息类型、信息排序先后、信息来源的可信度、信息的挑选方式等)方面存在着明显的差异性。

(三)评价方案

消费者对产品的判断大都是建立在自觉和理性的基础之上的。消费者的评价行为一般要涉及以下几个问题:

(1)产品属性,即产品能够满足消费者需要的特性。例如,计算机的存储能力、图像显示能力、软件的适用性等,照相机的体积大小、摄影速度、成像清晰度等,轮胎的安全性、胎面弹性、行驶质量等,手表的准确性、款式、耐用性等,都是消费者感兴趣的产品属性。但消费者不一定将产品的所有属性都视为同等重要。营销人员应分析本企业产品应具备哪些属性,以及不同类型的消费者分别对哪些属性感兴趣,以便进行市场细分,对不同需求的消费者提供具有不同属性的产品,既满足顾客的需求,又最大限度地降低因生产不必要的属性所造成的资金、劳动力和时间的耗费。

(2)属性权重,即消费者对产品有关属性所赋予的不同的重要性权数。消费者被问及如何考虑某一产品属性时立刻想到的属性,叫做产品的特色属性。但特色属性不一定是最重要的属性。在非特色属性中,有些可能被消费者遗忘,而一旦被提及,消费者就会认识到它的重要性。

(3)品牌信念,即消费者对某品牌优劣程度总的看法。由于消费者个人经验、选择性注意、选择性扭曲以及选择性保留的影响,其品牌信念可能与产品的真实属性并不一致。

(4)效用函数,即描述消费者所期望的产品满足感随产品属性的不同而有所变化的函数关系。它与品牌信念的联系是,品牌信念指消费者对某品牌的某一属性已达到何种水平的评价,而效用函数则表明消费者要求该属性达到何种水平他才会接受。

(5)评价模型,即消费者对不同品牌进行评价和选择的程序与方法。

(四)决定购买

评价行为会使消费者对可供选择的品牌形成某种偏好,从而形成购买意图,进而购买所偏好的品牌。但是,在购买意图和决定购买之间,有两种因素会起作用:一是别人的态度,二是意外情况,也就是说,尽管偏好和购买意图对购买行为有直接影响,但二者并不总是导致实际购买。

消费者修正、推迟或者回避作出某一购买决定,往往是因为受到了可觉察风险的影响。可觉察风险的大小随着冒这一风险所支付的价格高低、不确定属性的比例以及消费者的自信程度而变化。营销人员必须了解引起消费者有风险感的那些因素,进而采取措施来减少消费者的可觉察风险。

(五)购后行为

消费者在购买产品后会产生某种程度的满意感和不满意感,进而采取一些使营销人员感兴趣的购后行为,所以,产品在被购买之后,就进入了购后阶段,此时,营销人员的工作并没有结束。购买者对其购买活动的满意感(S)是其产品期望(E)和该产品可觉察性能(P)的函数,即 $S=f(E,P)$。若 $E=P$,则消费者会感到满意;若 $E>P$,则消费者会感到不满意;若 $E<P$,则消费者会感到非常满意。消费者根据自己从卖主、朋友以及其他来源所获得的信息来形成产品期望。如果卖主夸大其产品的优点,消费者将会感受到不能证实的期望。这种不能证实的期望会导致消费者的不满意感。E 与 P 之间的差距越大,消费者的不满意感也就越强烈。所以,卖主应使其产品真正体现出其可觉察性能,以便使购买者感到满意。事实上,那些有保留地宣传其产品优点的企业,反倒使消费者产生了高于期望的满意感,并树立起良好的产品形象和企业形象。

消费者对其购买的产品是否满意,将影响到以后的购买行为。如果消费者对产品满意,则在下一次购买中可能继续采购该产品,并向其他人宣传该产品的优点。如果消费者对产品不满意,则会尽量减少不和谐感,因为人类都有一种在自己的意见、知识和价值观之间建立协调性、一致性或和谐性的驱使力。具有不和谐感的消费者可以通过放弃或退货来减少不和谐感,也可以通过寻求证实产品价值比其价格高的有关信息来减少不和谐感。营销人员应采取有效措施尽量减少购买者购买产品后不满意的程度。过去的品牌选择对于未来品牌偏好起到了强化作用。

研究和了解消费者的需要及其购买过程,是营销成功的基础。营销人员通过了解购买者如何经历引起需要、寻找信息、评价行为、决定购买和购后行为的全过程,就可以获得许多有助于满足消费者需要的有用线索;通过了解购买过程的各种参与者及其对购买行为的影响,就可以为其目标市场设计有效的营销计划。

案例 3-2 顾客永远是正确的

斯图·伦纳德在美国经营一家高营利超级市场,他说每当他看到一位满脸怒气的顾客时,就会看到 50000 美元从他的店中溜走。为什么呢?因为他的顾客平均每周开支 100 美元,一年到商场购物 50 周,并且在该区域生活 10 年。所以,如果顾客有过一次不愉快的经历,并转向其他超级市场,斯图·伦纳德就会损失 50000 美元的收入。如果考虑到失望的顾客传播商店的坏话并造成其他顾客的离去,这一损失还是被低估的。因此,斯图·伦纳德要求他的雇员遵循两条法则:法则 1,顾客永远是正确的;法则 2,如果顾客错了,参照法则 1。

这是世界著名营销学家菲利普·科特勒在其《市场营销管理》一书中所举的案例,充分体现了许多西方企业家所信奉的格言:“一个满意的顾客就是最好的广告”。

第二节 组织购买者行为

企业的营销对象不仅包括广大消费者,也包括生产企业、商业企业、政府机构等各类组织机构。这些机构构成了原材料、零部件、机器设备、供给品和企业服务的庞大市场。为了提高市场占有率,扩大产品销售,满足组织市场的需要,企业必须了解组织市场的购买行为特征及其购买决策过程。

一、组织市场的构成

组织市场是由各种组织机构形成的对企业产品和服务需求的总和。它可分为三种类型,即产业市场、中间商市场和政府市场。

(一)产业市场

所谓产业市场,又叫生产者市场或组织市场。它是指一切购买产品和服务并将之用于生产其他产品或服务,以供销售、出租或供应给他人的个人或组织。通常由以下产业组成:农业、林业、水产业、制造业、建筑业、通信业、公用事业、银行业、金融业和保险业、服务业等。

(二)中间商市场

所谓中间商市场,是指那些通过购买商品和服务并转售或出租给他人来获取利润的个人或组织。中间商不提供形式效用，而是提供时间效用、地点效用和占有效用。中间商市场由各种批发商和零售商组成。批发商是指购买商品和服务并将之转卖给零售商和其他商人以及产业用户、公共机关用户和商业用户等，但它不把商品大量卖给最终消费者的商业单位。零售商的主要业务则是把商品或服务直接卖给消费者。

(三)政府市场

所谓政府市场，是指那些为执行政府的主要职能而采购或租用商品的各级政府单位，也就是说，一个国家政府市场上的购买者是该国各级政府的采购机构。由于各国政府通过税收、财政预算等，掌握了相当大一部分国民收入，为了开展日常政务，政府机构要经常采购物资和服务，因而形成了一个很大的市场。确切地讲，政府机构是市场活动的最大买主，占有20％～30％的份额。

二、组织市场购买行为的特点

组织市场购买行为是指各类正规组织机构确定其对产品和服务的需要，并在可供选择的品牌与供应商之间进行识别、评价和挑选的决策过程。

与消费者市场购买行为相比，组织市场购买行为具有以下几个特点。

(一)派生需求

组织需求是一种派生需求，即组织机构购买产品是为了满足其顾客的需要，也就是说，组织机构对产品的需求，归根结底是从消费者对消费品的需求中派生出来的。显然，皮鞋制造商之所以购买皮革，是因为消费者要到鞋店去买鞋。

(二)多人决策

购买决策过程的参与者往往不只是一个人，而是由很多人组成，甚至连采购经理也很少独立决策而不受他人影响。

(三) 过程复杂

由于购买金额较大，参与者较多，而且产品技术性能较为复杂，所以，组织购买行为过程将持续较长一段时间，几个月甚至几年都有可能。这就使企业难以判断营销努力会给购买者带来什么样的反应。

(四)提供服务

一般来讲，物质产品本身并不能满足组织购买者的全部需求，企业还必须为之提供技术支持、人员培训、及时交货、信贷优惠等条件与服务。

三、产业市场与消费者市场的差异

在组织市场中，产业市场的购买行为与购买决策具有代表意义。在某些方面，产业市场与消费者市场具有相似性，二者都有因为要满足某种需要而担当购买者角色，制定购买决策等。然而，产业市场在市场结构与需求、购买单位性质、决策类型与决策过程及其他各方面，又与消费者市场有着明显差异。

(1)与消费者市场比较，产业市场上购买者的数量较少，规模较大。在消费者市场上，购买者是消费者个人或家庭，购买者必然为数众多，规模很小。在产业市场上，购买者绝大多数都是企业单位，其数目必然比消费者市场少得多，其规模也必然大得多。而且，由于资本和生产集中，许多行业的产业市场都由少数几家或一家大公司的买主垄断。

(2)产业市场上的购买者往往集中在少数地区。

(3)产业市场的需求是引申需求。这就是说，产业购买者对产业用品的需求，归根结底是从消费者对消费品的需求引申出来的。

(4)产业市场的需求是缺乏弹性的需求。在产业市场上，产业购买者对产业用品和服务的需求受价格变动的影响不大。例如：如果皮革的价格下降，制鞋商不会购买很多的皮革，除非皮革成本是制鞋成本的主要部分、制鞋商要大幅度降低皮鞋价格或消费者要购买更多皮鞋。

如果皮革价格上涨，制鞋商也不会大量减少皮革的购买量，除非制鞋商发现了节省原料的方法或制鞋商发现了皮革的代用品。

产业市场的需求尤其在短期内缺乏弹性，因为生产者不能在短期内使其生产方法有很大的改变。此外，如果原材料的价值很小，而且这种原材料成本在制成品的整个成本中所占的比重很小，那么，这种原材料的需求也缺乏弹性。

(5) 产业市场的需求是波动的需求。产业购买者对于产业用品和服务的需求比消费者的需求更容易发生变化。在现代市场经济条件下，工厂设备等资本物品的行情波动会加速原料的行情波动。如上所述，产业市场的需求是引申需求。消费者需求的少量增加能导致产业购买者需求的大大增加。有时消费者需求只增减10%，就能使下期产业购买者需求增减200%。因为产业市场的需求变化很大，所以生产产业用品的企业往往实行多元化经营，尽可能增加产品品种，扩大企业经营范围，以减小风险。

(6) 专业人员购买。由于产业用品特别是主要设备的技术性强，企业通常都雇用经过训练的、内行的专业人员负责采购工作。企业采购主要设备的工作较复杂，参与决策的人员也比消费者市场多。决策过程更为规范，通常由若干技术专家和最高管理层组成的采购委员会指导采购工作。

(7) 直接购买。产业购买者往往向生产者直接采购所需产业用品(特别是那些单价高、有高度技术性的机器设备)，而不通过中间商采购。

(8) 互惠。产业购买者往往这样选择供应商："如果你买我的产品，我就买你的产品"。互惠有时表现为三角形或多角形。例如，假设有A、B、C三家公司，C公司是A公司的顾客，A公司就可能提出这种互惠条件：如果B公司购买C公司的产品，A公司就购买B公司的产品。

(9) 产业购买者往往通过租赁方式取得产业用品。机器设备、车辆、飞机等产业用品单价高，通常用户需要融资才能购买，而且技术设备更新快，因此企业所需要的机器设备等逐渐大部分不采取完全购买方式，而是通过租赁方式取得。

案例3-3　藏在"深闺"人亦识

在郑州落幕的"全国农机产品交易会"上，江苏泰兴市三迪摩托车有限公司只将自己的产品广告摊位设在最里层一个并不显要的地方。然而，他们的正三轮全封闭、电启动、轴传动、液压制动系列摩托车的订货额一举突破了5000万元，令参会同仁羡慕不已。

如今，企业在参加众多的交易会时，准确进行广告摊位选择与营销心理公关显得至关重要。很多企业为抢占入场处的显要摊位，花费了大量的竞争资金，而更多的客户一般要在浏览再浏览、比较再比较后才有可能根据各自的情况作出相应的定夺，很少有当场拍板成交的。

三迪公司却抓住了客户"满田拣瓜"的购物心态，因为客户在走到最后的展位时，才具备了相对成熟的成交条件，这一是对整个参会单位产品结构比较了解，对自己经营什么品种最为合适心中也有了数，具备了权衡利弊的能力；二是客户疲于走马观花，很有必要在最后一站坐下来边休息边了解摊位的产品结构、市场结构、消费走势等十分重要的情况；三是作为摊主，此时具备了在了解对方公司坐落地区和经济实力的情况下，实事求是地宣传自己产品的质量控制、售后服务、同行比价及品牌知名度与销售规模关系，提供首次合作与长期合作的最佳氛围，企业的成交率比较高也就显得顺理成章了。

第三节　产业市场购买行为

一、产业购买决策的参与者

各企业采购组织有所不同。小企业只有几个采购人员，大公司则有很大的采购部门，由一位副总裁主管。有些公司的采购经理有权决定采购什么规格的产品、由谁供应；有些采购经理只负责把订货单交给供应商。通常，采购经理只对某些次要产业用品有决策权，至于主要设备的采购，采购经理只能按照决策者的意图办事。

在任何一个企业中，除了专职的采购人员之外，还有一些其他人员也参与购买决策过程。所有参与购买决策过程的人员构成采购组织的决策单位，营销学称之为采购中心。企业采购中心通常包括五种成员：

(1)使用者，即具体使用欲购买的某种产业用品的人员。公司要购买实验室用的电脑，其使用者是实验室的技术人员；要购买打字机，其使用者是办公室的秘书。使用者往往是最初提出购买某种产业用品意见的人，他们在计划购买产品的品种、规格中起着重要作用。

(2)影响者，即在企业外部和内部直接或间接影响购买决策的人员。他们通常协助企业的决策者决定购买产品的品种、规格等。企业的技术人员是最主要的影响者。

(3)采购者，即在企业中有组织采购工作(如选择供应商、与供应商谈判等)的正式职权人员。在较复杂的采购工作中，采购者还包括参加谈判的公司高级人员。

(4)决定者，即在企业中有批准购买产品权力的人。在标准品的例行采购中，采购者常常是决定者；而在较复杂的采购中，公司领导人常常是决定者。

(5)信息控制者，即在企业外部和内部能控制市场信息流到决定者、使用者的人员，如企业的购买代理商、技术人员等。

当然，并不是任何企业采购任何产品都必须有上述五种人员参加购买决策过程。企业采购中心规模的大小和成员多少会随着欲采购产品的不同而有所不同。一个企业如果采购办公用的文具，可能只有采购者和使用者参与购买决策过程，而且采购者往往就是决策者。在这种情况下，采购中心的成员较少，规模较小。如果采购技术性强而且单价高的产品，参与购买决策过程的人员就势必会多些。

如果一个企业采购中心的成员较多,供货企业的营销人员就不可能接触到所有的成员,而只能接触到其中少数几位成员。在此情况下,供货企业的营销人员必须了解谁是主要的决策参与者,以便影响最有决策权的重要人物。

二、产业购买者的行为类型

产业购买者不是只作出单一的购买决策,而要作出一系列的购买决策。产业购买者所作出的购买决策的数量、其购买决策结构的复杂性,取决于产业购买者行为类型的复杂性。

产业购买者的行为类型大体有三种。其中一种极端情况是直接重购,基本上属惯例化采购;另一种极端情况是全新采购,需要做大量的调查研究;二者之间是修正重购,也需要做一定的调查研究。

(1)直接重购,即企业的采购部门根据过去和许多供应商打交道的经验,从供应商名单中选择供货企业,并直接重新订购过去采购的同类产业用品。此时,组织购买者的购买行为是惯例化的。在这种情况下,列入供应商名单的供应商将尽力保持产品质量和服务质量,并采取其他有效措施来提高采购者的满意程度;未列入名单内的供应商要试图提供新产品或开展某种满意的服务,以便使采购者考虑从他们那里购买产品,同时设法先取得一部分订货,以后逐步争取更多的订货份额。

(2)修正重购,即企业的采购经理为了更好地完成采购工作任务,适当改变要采购的某些产业用品的规格、价格等条件或供应商。这种行为类型较复杂,因而参与购买决策过程的人数较多。这种情况给"门外的供货企业"提供了市场机会,并给"已入门的供货企业"造成了威胁,这些供货企业要设法拉拢其现有顾客,保护其现有市场。

(3)全新采购,即企业第一次采购某种产业用品。全新采购的成本费用越高、风险越大,那么需要参与购买决策过程的人数和需要掌握的市场信息就越多。这种行为类型最为复杂,因此供货企业要派出特殊的推销小组,向顾客提供市场信息,帮助顾客解决疑难问题。

在直接重购情况下,产业购买者要作出的购买决策最少;而在全新采购情况下,产业购买者要作出的购买决策最多。通常要作出以下主要决策,即决定产品规格、价格幅度、交货条件和时间、服务条件、支付条件、订购数量、可接受的供应商和挑选出来的供应商等。

三、影响产业购买者决策的主要因素

产业购买者作出购买决策时受以下一系列因素的影响(如图 3-5 所示):

(1)环境因素,即一个企业外部周围环境的因素,诸如一个国家的经济前景、市场需求、技术变化、市场竞争、政治与法规等。例如,如果经济前景不佳,市场需求不振,产业购买者就不会增加投资,甚至会减少投资,减少原材料采购量和库存量。

(2)组织因素,即企业本身的因素,诸如企业的目标、政策、程序、组织结构、制度等。显然,这些组织因素也会影响产业购买者的购买决策和购买行为。

(3)人际因素,如上所述,企业的采购中心通常包括使用者、影响者、采购者、决定者和

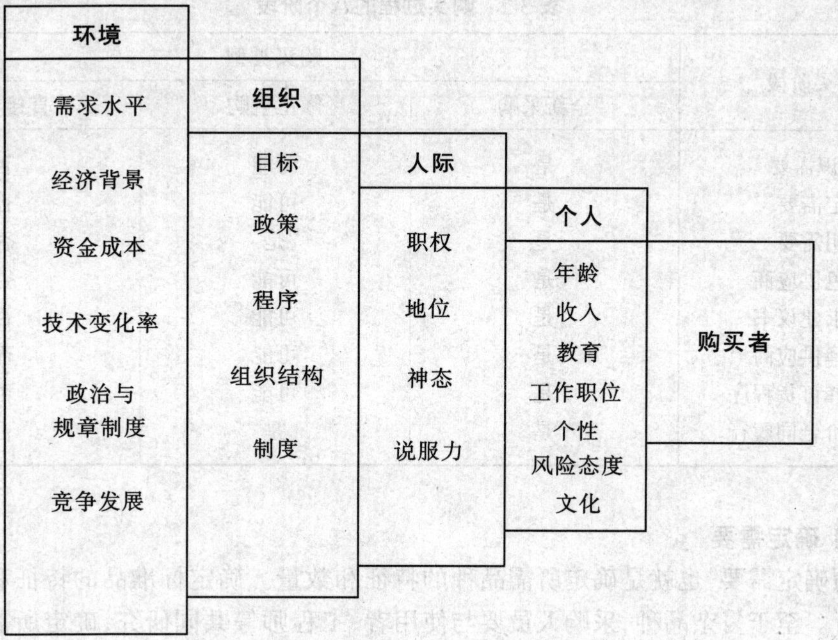

图 3-5　影响产业购买者决策的主要因素

信息控制者,这五种成员都参与了购买决策过程。这些参与者在企业中的地位、职权、说服力,以及他们之间的关系有所不同。这种人事关系也不能不影响产业购买者的购买决策和购买行为。

(4)个人因素,即各个参与者的年龄、受教育程度、个性等。这些个人因素会影响各个参与者对要采购的产业用品和供应商的感觉、看法,从而影响购买决策和购买行动。

四、产业购买者决策过程

供货企业还要了解其顾客在购买过程的各个阶段中的情况,并采取适当措施,满足顾客在各个阶段的需要,才能成为现实的卖主。产业购买者购买过程的阶段有多少,也取决于产业购买者行为类型的复杂程度。在直接重购这种最简单的行为类型下,产业购买者购买过程的阶段最少;在修正重购情况下,购买过程的阶段多一些;而在全新采购这种最复杂的情况下,购买过程的阶段最多,要经过八个阶段(如表 3-2 所示)。

(一) 认识需要

在全新采购和修正重购情况下,购买过程是从企业的某些人员认识到要购买某种产品以满足企业的某种需要开始的。

认识需要是由内部刺激和外部刺激两种刺激引起的。

(1)内部刺激。例如,企业决定推出某种新产品,因而需要采购生产这种新产品的新设备和原料;有些机器发生故障或损坏,需要购置零部件或新机器;发现购进的某些原料质量不好,必须更换供应商等。

(2)外部刺激。如采购人员看广告或参加展销会等,然后发现了更物美价廉的产业用品。

表 3-2 购买过程的八个阶段

购买阶段	购买类型		
	全新采购	修正重购	直接重购
1. 认识需要	是	可能	否
2. 确定需要	是	可能	否
3. 说明需要	是	是	否
4. 物色供应商	是	可能	否
5. 征求建议书	是	可能	否
6. 选择供应商	是	可能	否
7. 选择订货程序	是	可能	否
8. 评价合同履行	是	是	否

(二) 确定需要

所谓确定需要,也就是确定所需品种的特征和数量。确定标准品的特征和数量比较简单易行。至于复杂品种,采购人员要与使用者、工程师等共同研究,确定所需品种的特征和数量。供货企业的营销人员在此阶段要帮助采购单位的采购人员确定所需品种的特征和数量。

(三) 说明需要

企业的采购组织确定需要以后,要指定专家小组,对所需品种进行价值分析,作出详细的技术说明,作为采购人员取舍的标准。价值分析是美国通用电器公司采购经理迈尔斯 1947 年发明的。1954 年美国国防部开始采用价值分析技术,并将它改称为价值工程。价值分析中所说的“价值”,是指某种产品的“功能”与这种产品所耗费的“资源”(即成本或费用)之间的比例关系,也就是经营效益(或经营效果)。其公式为:

$$V(价值) = F/C$$

公式中的 F(功能)是指产品的用途、效用、作用,也就是产品的使用价值;C 为成本或费用。

迈尔斯看到,人们购买某种产品,实际上要购买的是这种产品的功能。价值分析的目的是:耗费最少的资源,生产出或取得最大的功能,以提高经营效益。产业购买者在采购工作中要进行价值分析,调查研究本企业要采购的产品是否具备必要的功能。例如,某家具公司要采购制造沙发用的沙发布,过去这家公司一向用纯棉的沙发布,现在市场上有两种代用品——化纤的沙发布和人造革。经过功能分析,发现这三种沙发布的必要功能(包括使用功能和贵重功能)都一样,于是这家公司决定采购价格最便宜的原料;如果这三种原料的功能不一样,但价格一样,就采购功能最大的原料。采购单位的专家小组要对所需品种进行价值分析,并写出文字精炼的技术说明,作为采购人员取舍的标准。供货企业的营销人员也要运用价值分析技术,向顾客说明其产品有良好的功能。

(四)物色供应商

在全新采购情况下,采购复杂的、价值高的品种,需要花较多时间物色供应商。供货企业要加强广告宣传,千方百计提高本公司的知名度。

(五)征求建议书

征求建议书就是指企业的采购经理邀请合格的供应商提出建议。如果采购复杂的、价值高的品种,采购经理应要求每个潜在的供应商都提交详细的书面建议。采购经理还要从合格的供应商中挑选最合适的供应商,要求它们提出正式的建议书。因此,供货企业的营销人员必须善于提出与众不同的建议书,以引起顾客的信任,争取成交。

(六)选择供应商

1.选择供应商的传统做法

采购中心根据供应商产品质量、产品价格、信誉、及时交货能力、技术服务等来评价供应商,从而选择最有吸引力的供应商。采购中心作最后决定以前,也许还要与那些较中意的供应商谈判,争取较低的价格和更好的条件。最后,采购中心选定一个或几个供应商。许多精明的采购经理一般都希望有多种供应来源,以免受制于人,而且这样能够对各个供应商进行比较。例如,采购经理向第一位供应商采购所需原料的60%,分别向其他供应商采购所需原料的30%和10%,这样就可以使这三位供应者展开竞争,从而迫使他们利用价格折扣尽量提高自己的供货份额。

2.供应商营销

事实上,这种做法虽然能使企业节约成本费用,但却隐藏着很大的风险。比如供货质量参差不齐、主要的供应商因价格竞争过度而破产等。20世纪90年代以来,越来越多的企业已开始倾向于把供应商看做合作伙伴,设法帮助它们提高供货质量、供货及时性,搞好经营管理,开展“供应商营销”。

供应商营销主要包括两方面的内容:

(1)确定严格的资格标准以选择优秀的供应商。这些标准可以包括技术水平、财务状况、创新能力、质量观念等。

(2)积极争取那些成绩卓著的供应商使其成为自己的合作者。由于这种营销活动与产品流动方向是相反的,故也称为“反向营销”。

(七)选择订货程序

采购经理开订货单给选定的供应商,在订货单上列举技术说明、需要数量、期望交货期等。现代企业日趋采取“一揽子合同”,而不采取“定期采购交货”。这是因为,如果采购次数较少,每次采购批量较大,库存就会增加;反之,如果采购次数较多,库存就会减少。采购经理通过与某一供应商签订“一揽子合同”,和这个供应商建立长期供货关系,这个供应商就会许下承诺,当采购经理需要时就按照原来约定的价格条件随时供货。这样,库存就摆在供货企业(卖方)那里,采购单位(买方)如果需要进货,采购经理的电脑就会自动打印出订货单,或者用传真机发送订货单给供应商。因而“一揽子合同”又叫做“无库存采购计划”。

(八)评价合同履行

采购经理最后还要向使用者征求意见,了解他们对购进的产品是否满意,检查和评价各个供应商履行合同情况。然后根据这种检查和评价,决定以后是否继续向某个供应商采购产品。

第四节　中间商购买与政府采购

中间商在地理分布上比产业购买者分散，比消费者集中。产业市场的大部分特征中间商也具备。中间商的购买行为与购买决策，同样受到环境因素、组织因素、人际因素和个人因素的影响。尽管如此，中间商购买行为与决策仍有一些独特之处。

一、中间商购买行为的主要类型

中间商的购买行为可分为如下三种主要类型。

(一)购买全新品种

购买全新品种是指中间商第一次购买某种从未采购过的新品种。在这种购买行为情况下，可根据其市场前景的好坏、买主需求强度、产品获利的可能性等多方面因素，决定是否购买。购买决策过程的主要步骤与产业购买者的大致相同，即也由认识需要、确定需要、说明需要、物色供应商、征求建议书、选择供应商、选择订货程序和评价合同履行等八个阶段构成。

(二)选择最佳卖主

选择最佳卖主是指中间商对将要购买的品种已经确定，但需考虑选择最佳的供应商，确定从哪家卖主进货。当中间商准备用供应商的品牌销售产品时，或由于自身条件限制不能经营所有供应商(而只能是其中一部分供应商)的产品时，就需要从众多的供应商中选择最优者。

(三)寻求更佳条件

寻求更佳条件是指中间商并不想更换供应商，但试图从原有供应商那里获得更为有利的供货条件，例如，更及时的供货、更合适的价格、更积极的促销合作等。

二、中间商的主要购买决策

中间商的主要购买决策包括配货决策、供应商组合决策和供货条件决策。配货决策是指决定拟经营的花色品种，即中间商的产品组合。供应商组合决策是指决定准备与之从事交换活动的各有关供应商。供货条件决策是指决定具体采购时所要求的价格、交货期、相关服务及其他交易条件。

在以上所有决策中，最基本、最重要的购买决策是配货决策，因为中间商经营的货色会影响到从哪家供应商进货，即中间商的供应商组合、中间商的营销组合和顾客组合。中间商的配货决策主要有如下四种：

(1) 独家配货，即中间商决定只经营某一家制造商的产品。

(2)专深配货，即中间商决定经营许多家制造商生产的同类产品的各种型号规格。

(3)广泛配货，即中间商决定经营种类繁多、范围广泛但尚未超出行业界限的产品。

(4)杂乱配货，即中间商决定经营范围广泛且没有关联的多种产品。

三、政府采购的基本概念与原则

为了加强对政府采购的管理，提高财政性资金的使用效益，促进公开交易，我国一些地方政府的国家机关、事业单位和其他社会组织使用财政性资金采购物资或服务的行为开始受到法律的约束与规范,不少省市已陆续出台了政府采购条例。研究政府采购行为,对于满足政府市场需求,扩大企业销售收入具有重要意义。

(一)政府采购的基本概念

为了了解政府采购的行为特征,需要明确区分采购人、政府采购机构、招标代理机构、供应人等基本概念。

1. 采购人

所谓采购人,是指使用财政性资金采购物资或者服务的国家机关、事业单位或其他社会组织。集中采购的,政府采购机构是采购人。政府财政部门是政府采购的主管部门,负责管理和监督政府采购活动。

2. 政府采购机构

所谓政府采购机构,是指政府设立的负责本级财政性资金的集中采购和招标组织工作的专门机构。

3. 招标代理机构

所谓招标代理机构,是指依法取得招标代理资格,从事招标代理业务的社会中介组织。

4. 供应人

所谓供应人,是指与采购人可能或者已经签订采购合同的供应商或者承包商。

(二)政府采购的基本原则

政府采购应遵循如下基本原则:

1. 公开、公平、公正和效益

政府采购应遵循公开、公平、公正和效益的原则,维护社会公共利益,促进和保障国家有关法律、法规及社会经济政策的贯彻执行。

2. 勤俭节约

政府采购应遵循勤俭节约的原则,制定采购物资和服务的标准,并严格执行标准,不得超标准采购。

3. 计划

政府采购应遵循计划原则,按计划进行。采购主管部门应当根据经批准的预算和其他财政性资金的使用计划编制与公布采购计划。

四、政府采购的主要方式

政府采购可以采用招标、竞争性谈判、邀请报价、采购卡、单一来源采购或其他方式。

(一)公开招标与邀请招标

公开招标应当按照采购主管部门规定的方式向社会公开发布招标公告,并做到至少有三家符合投标资格的供应人参加投标。采购主管部门应当就集中采购的项目编制采购目录,并根据实际需要逐步扩大集中采购的范围。

采购项目由于其复杂性和专门性,只能从有限的供应人处获得,或者公开招标成本过高而且与采购项目价值不相称的采购,可采取邀请招标的方式。邀请招标应当向三家以上的供应人发出投标邀请书,并至少有三家符合投标资格的供应人参加投标。

(二)例外情况

有下列情况之一的,可以不实行招标:

(1)涉及国家安全和机密的。

(2)采购项目只能从某一特定的供应人处获得,或者供应人拥有对该项目的专有权,并且不存在其他合理选择或替代物的。

(3)原采购项目的后续维修、零配件供应,由于兼容性或者标准化的需要,必须向原供应人采购的。

(4)因发生不可预见的急需或者突发事件,不宜采用招标方式的。

(5)经公告或者邀请无三家以上符合投标资格的供应人参加投标,或者供应人没有对招标文件作出实质性响应而导致招标无法进行的。

五、招标投标程序

应当进行招标采购的,采购人需委托政府采购机构。政府采购机构可以自行组织招标,也可以转托采购主管部门指定的招标代理机构组织招标。招标投标的主要程序如下。

(一)公开招标与邀请招标

公开招标的,招标机构应在投标截止日之前发布招标公告。招标公告应包括如下内容:

(1)招标项目的名称、数量。

(2)供应人的资格。

(3)招标文件的发放办法和时间。

(4)投标时间和地点。

邀请招标的,招标机构应当于投标截止日之前发布与招标公告内容类似的招标邀请书。

招标机构应当根据采购人的委托来编制招标文件。招标文件应当包括下列内容:

(1)供应人须知。

(2)招标项目的性质、数量、质量、技术规格。

(3)投标价格的要求及其计算方式。

(4)交货、竣工或者提供服务的时间。

(5)供应人提供的有关资格和资信证明文件。

(6)投标保证金的数额。

(7)投标文件的编制要求。

(8)提交招标文件的方式、地点和截止时间。

(9)开标、评标的时间及评标的标准和方法。

(10)采购合同格式及其条款。

(11)其他应当说明的事项。

招标文件应当经采购人确认。采购人应当对招标文件的真实性负责,自行编制标底,并封存保密,在定标前任何人不得泄露标底。

(二)开标、评标与现场竞投

招标机构应当在投标截止日之后以公开方式开标。开标时,招标机构应当邀请评标委员会成员、供应人代表和有关单位代表参加。评标由评标委员会负责。评标委员会由采购人、招标机构的代表和技术、经济或者法律等方面的专家组成，总人数为5人以上的单数，其中专家评委应占一定的比例。与供应人有利害关系的人不得作为评标委员会成员。

评标委员会成员应当严格遵守评标规则，依法公正地履行职责，依据招标文件的要求对投标文件进行评审和比较，再公开招标或邀请招标。公开招标的，招标机构应在投标文件各项要求的情况下，低于标底的最低投标价者中标。最低投标价者为两人以上的，抽签决定中标者。技术上有特殊要求的采购项目，或者以确定供应人资格为对象的招标，经采购主管部门同意，除考虑投标价格外，可以综合考虑其品质、性能和供应人的服务质量、经营业绩等情况来确定中标者。

技术上无特殊要求的采购项目，可以采取现场竞投的方式。竞投开始前，采购人应当对拟参加竞投的供应人的资格进行审查。已提交投标确认书和投标保证金并经审查符合投标资格的供应人，方可参加竞投。现场竞投时，以采购人确定的标底价为起叫价，供应人竞相应价，高于起叫价的应价无效，低于起叫价的最低应价者中标。

(三)签订采购合同与支付价款

招标活动结束后，采购人和中标人应当按照《中标通知书》指定的时间、地点，并根据招标文件和中标的投标文件签订采购合同。签订采购合同后，资金来源属预算内资金的，采购人凭采购合同及财政部门要求的其他材料到财政部门办理付款手续，由财政部门根据采购合同的规定向供应人直接支付价款；属预算外资金和事业收入的，由资金的管理部门向供应人支付价款。

(四)监督检查

采购主管部门应当加强对政府采购的监督。定期对政府采购进行检查。检查内容如下：

(1)采购活动是否依照采购计划进行。

(2)采购项目是否符合政府规定。

(3)采购方式和程序是否符合法律规定。

(4)采购合同的履行情况。

(5)其他应当检查的内容。

思考题

1.参照群体对消费者购买行为有哪些影响？

2.针对消费者购买行为的不同类型，企业应采取何种营销对策？

3.产业购买者作出购买决策时受哪些因素的影响？

4.如何理解组织市场的构成？

5.产业市场购买行为具有哪些特点？

6.根据产业购买者的购买行为类型，企业应采取何种营销对策？

7.什么是政府采购？其主要方式有哪些？

第四章 市场细分与目标市场选择

在市场经济高速发展的今天,科学技术不断发展,市场已由卖方市场转变为买方市场,激烈的竞争更将市场推向了定位时代。从营销角度看,市场是潜在消费者对产品或劳务的整体需求。购买者为数众多,分布广泛,消费习惯和要求千差万别。一种产品往往很难满足所有消费者的要求。因此,企业应当在充分利用现有资源的条件下为自己的产品设置特定的市场范围和目标,以求在激烈的市场竞争中扬长避短、趋利避害,形成明显的特色,以区别于竞争对手的独特优势。本章的学习要了解市场细分的产生与发展,以及在现实生活中的作用、消费者市场细分的依据、市场细分的原则、目标市场选择的模式、目标市场选择的策略、选择目标市场营销策略的条件、市场定位的策略及方法等。

本章要点:

- 市场细分、目标市场、市场定位的概念
- 市场细分的作用
- 消费者市场细分的依据
- 目标市场选择策略
- 市场定位策略
- 市场定位方法

当今社会,人们的需求越来越趋于多样化,使得任何企业都难以面对所有的顾客进行服务,甚至连一个人的所有需求都难以满足。因此,明智的企业总是选择那些对自己有优势的特殊顾客的部分需求进行服务。这就必须对市场进行有效的细分,以便选择适当的目标市场,确定正确的营销策略。

第一节 市场细分

一、市场细分及其产生与发展

(一)市场细分的内涵

市场细分是指按照消费者需求的差异性把某一产品(或服务)的整体市场划分为不同的子市场的过程。市场细分之后所形成的具有相同需求的顾客群体称为细分市场,或子市场(分市场、次级市场等)。在同类产品市场上,同一细分市场的顾客需求具有较多的共同性,不同细分市场之间的需求具有较多的差异性。例如:在牙膏市场上,有的消费群体注重牙膏的洁齿功能;有的则注重预防牙周疾病的功效;还有的注重牙膏的颜色、气味等。

(二)市场细分的产生与发展

市场细分是 20 世纪 50 年代中期美国市场营销学家温德尔·斯密(Wendell R Smith)

提出的,这一概念的提出表明战后西方市场营销思想和战略进入了一个新的发展阶段。其产生与发展主要经历了以下几个阶级。

1. 大量营销阶段

19 世纪末 20 世纪初,西方经济发展的中心是速度和规模,企业市场营销的基本方式是大量营销,即大批量生产品种规格单一的产品和通过大众化的渠道推销。在当时的市场环境下,大量营销方式降低了成本和价格,获得了较丰厚的利润,因而企业没有必要来进行市场需求的研究。

2. 产品差异化营销阶段

20 世纪 30 年代,西方经济危机的暴发,使企业产品严重过剩,市场迫使企业转变经营观念。营销方式也从大量营销向产品差异化营销转变,纷纷推出与竞争者具有不同质量、外观、性能的品种各异的产品。产品差异化营销较大量营销是一种进步。但是,由于企业仅仅考虑自己现有的设计技术能力而没去研究顾客的需求,缺乏明确的目标市场,效果仍不是很明显。

3. 目标营销阶段

20 世纪 50 年代后,在科学技术革命的推动下,生产力水平大幅度提高,生产与消费的矛盾日益突出,以产品差异化为中心的销售体制远远不能解决西方企业所面临的市场问题。于是,市场迫使企业再次转变经营观念和方式,由产品差异化转向以市场需求为导向的目标市场营销,即企业在细分市场的基础上,结合自身的资源与优势,选择其中最能有效为之提供产品或服务的细分市场作为目标市场。于是,市场细分便应运而生了。

二、市场细分的作用

市场细分已成为企业市场营销战略的一个核心内容。对提高企业的整体营销能力,实现企业的营销目标具有十分重要的作用。

(一)有利于企业发现和比较市场机会

通过市场细分,企业可以深入了解不同子市场中的消费者的不同需求,可以发现哪些需求已得到满足,哪些只满足了一部分,哪些仍是潜在需求。因此,更容易发现新的营销机会,形成新的目标市场。此外。还可使企业比较不同细分市场中的需求情况和企业的竞争者在各个细分市场中的地位,在充分了解竞争态势的前提下,确定企业自身适当的位置。市场细分对中小企业尤为重要。与实力雄厚的大企业相比,中小企业的资源有限,技术水平相对较低,缺乏竞争力,通过市场细分,可以根据自身的经营优势,选择一些大企业不愿顾及的相对市场需求量较小的细分市场,集中力量满足特定市场的需求,在局部市场得以生存和发展。例如:杭州牙膏厂通过市场细分,针对儿童牙膏市场开发出了"小白兔"牌儿童牙膏,获得了巨大成功。

(二)有利于企业有效地分配人、财、物等现有资源

通过市场细分,使企业营销人员更清楚地知道每个细分市场的消费者对不同营销措施和策略的反应及差异,据此对企业的人、财、物全面分派、使用,不仅可以避免企业资源的浪费,而且可以使有限的资源用在最适当的地方,发挥最大的功效。

(三)有利于企业自身的应变和调整

通过市场细分过程企业比较容易发现购买群体的反应,信息反馈较快。因此,根据市场的变化调整产品结构、营销目标,提高企业的应变能力。例如:前些年,我国外贸行业向美国出口的真丝花绸,配色不够协调,不是很柔和,不符合西方人的口味;而且实行低价销售,与目标顾客希望用此来体现自己身份地位的愿望相违背。针对这种情况,一些企业纷纷调整策略,开发具有高附加值的丝绸终端产品,并获得了比较好的经济效益。

案例 4-1　脑白金的定位策略

脑白金将一种保健品提升到礼品的高度,已远远超出健康品的范围,同时从“今年过节不收礼,收礼只收脑白金”的字里行间所透露出的霸气,似乎有唯我独尊的意味。这种果断、舍我其谁的气势,使脑白金坐上了健康礼品的头把交椅。“脑白金就是送礼的”这种观念已深入人心,很多人提到礼品就会想起脑白金。

脑白金礼品的定位策略,不仅仅为自己赢得了市场的地位,而且也为健康品开创了礼品市场。

其实“送礼”并不是脑白金最先提出的,红桃 K 很早就在谈送礼。三株也鼓动过送礼,但“礼品”概念始终没能突出,这也与其功效诉求策略有关。谈到红桃 K 人们就会想到补血,说到三株就会想到调理肠胃,提到脑白金就想到送礼。脑白金礼品的知名度已远远高于其功效知名度。

脑白金以中老年人为主要消费对象,而且仅限于大中城市,这在价格上表现得很明显,68 元/盒。平均每天 7 元钱的消费水平,正好处于保健品价位的中等层次,一般小城镇、农村以及非富裕地区中老年人很难消费,这就是脑白金在富裕地区销量远远大于非富裕地区的原因。脑白金也难以再由地级市向县城渗透(江苏、浙江部分城市除外),脑白金定位走的是城市化路线。

脑白金的成功得益于其正确的目标市场选择和准确的市场定位。

三、消费者市场细分的依据

为个人或家庭的生活、发展、享乐,以及其他消费目的而购买产品的市场称为消费者市场。

市场细分要依据一定的细分变量来进行。消费者市场的细分变量主要有地理变量、人口变量、心理变量和行为变量等四类。

(一)地理细分

所谓地理细分,就是企业按照消费者所在的地理位置以及其他地理变量(包括国家、地区、城市规模、不同地区的气候及人口密度等)来细分消费者市场。地理细分的主要理论根据是:处在不同地理位置的消费者对企业的产品各有不同的需要和偏好,他们对企业所采取的市场营销战略,对企业的产品价格、分销渠道、广告宣传等市场营销措施也各有不同的反应。比如,不同地形地貌条件下的消费者对自行车等产品有着不同的需求。我国南方人与北方人有很多不同的生活习惯,生活在平原地区的人与生活在高原地区的人的需求又有很多不同。市场细分的地理依据见表 4-1。

表 4-1 市场细分的地理依据

地理因素	细分市场类型
地理特点	平原、山区、高原、沿海、江河流域、湖区
区域位置	东部沿海地区、中部内陆地区、西部内陆地区
气候特点	南方、北方;多雨地区、干旱地区、多雪地区、多风地区;炎热地区、温和地区、寒冷地区
人口密度	小于 100 人/平方公里、101～200 人/平方公里、201～300 人/平方公里、301～400 人/平方公里等
都市和乡村	特大城市、大城市、中小城市;直辖市、省会城市、县镇城市、郊区农村等
行政区	省、自治区、地区、县、乡、街道等

地理依据的市场细分方法对绝大多数企业都适用,包括大企业和中小企业。除了极个别的情况外,现代经济中的任何一个企业都难以生产社会所需的全部产品,或垄断某一产品的全部市场。根据地理依据细分市场,有利于企业开拓区域市场,中小企业也可以将市场分成许多小市场(如城市的一个区,农村的几个乡,甚至几条街)。地理因素是一个静态因素,处于同一地理位置的消费者仍然会存在很大的差异,因此企业要选择目标市场,还必须考虑其他依据。

案例 4-2 杭州"狗不理"包子店为何无人理

杭州"狗不理"包子店是天津"狗不理"集团在杭州开设的分店,地处商业黄金地段。正宗的"狗不理"以其鲜明的特色(薄皮、水馅、滋味鲜美、咬一口汁水横流)而享誉神州。但正当杭州南方大酒店创下日销售包子万余只的记录时,杭州"狗不理"包子店却将楼下三分之一的营业面积租给了服装企业,依然"门前冷落车马稀"。当"狗不理"一再强调其鲜明的产品特色时,却忽视了消费者是否接受这一特色,那么受挫于杭州也是必然的了。首先,"狗不理"包子馅比较油腻,不符合喜欢清淡食物的杭州市民的口味;其次,"狗不理"包子不符合杭州人的生活习惯。杭州市民将包子作为便捷快餐对待,往往边走边吃。而"狗不理"包子由于薄皮、水馅、容易流汁,不能拿在手里吃,只有坐下来用筷子慢慢享用;再次,"狗不理"包子馅多半是辛辣刺激物,这与杭州这个南方城市的传统口味也相悖。

(二)人口细分

所谓人口细分,就是企业按照人口变量(包括年龄、性别、收入、职业、教育水平、家庭规模、家庭生命周期、宗教、种族、国籍等)来细分消费者市场。长期以来,人口一直作为细分消费者市场的重要变量。以化妆品市场为例,消费者对化妆品的需求与年龄和性别有很大的关系。化妆品通常是女性使用者较多,男性使用者较少。而且不同年龄段的女性对化妆品的需求特点也不一样。日本资生堂通过市场调查,按女性消费者的年龄,将消费者分为以下四类:第一类是 15～17 岁的女性,她们讲究打扮、追求时髦,对化妆品的需求意识极为强烈,但购买的往往是单一的化妆品;第二类是 18～24 岁的女性,她们对化妆品的消费比较积极,而且只要看中意的产品,即使价格再高也会购买;第三类是 25～34 岁的女性，她们大多已婚，化妆品已成为生活中的一部分，养成了习惯；第四类是 34 岁以上的消费者，她们对化妆品的需求则比较朴素，而且比较单一。

通常来讲，人口细分的依据相对来讲比较容易获得，可以用表 4-2 表示。

表 4-2　市场细分的人口依据

人口因素	细分市场类型
年龄	5 岁以下、5～10 岁、11～18 岁、19～28 岁、29～34 岁、35～44 岁、45～55 岁、55 岁以上等，或婴儿、儿童、青年、中年、老年等
性别	男、女
家庭规模	1 人、2～3 人、4～5 人、6 人以上
家庭生命周期	单身家庭、新婚家庭、完整家庭、不完整家庭、老年孤寡家庭
收入	500 元以下、500～1000 元、1000～2000 元、2000～3000 元、3000～5000 元、5000 元以上等
职业	工人、农民、技术人员、公务员、商务人员等
民族	汉族、回族、蒙古族等
文化程度	小学、初中、高中、大专、本科、硕士以上等

人口因素虽然同地理因素一样为人们所普遍重视，但是，消费者对许多商品的购买并不是单纯取决于人口因素，而是同其他因素，如心理因素密切相关。因此，我们还要考虑其他依据。

（三）心理细分

所谓心理细分就是按照消费者的生活方式、个性等心理变量来细分消费者市场。消费者的欲望、需要和购买行为不仅受人口变量影响，而且受心理变量的影响，所以要进行心理细分。

1. 生活方式细分

生活方式是指消费者对本身的工作和休闲、娱乐的态度。生活方式不同的消费者对商品有着不同的需要，消费者的生活方式如果发生改变，那就会产生新的需要。对具有不同生活方式的消费者群，产品的设计、价格、经销商店、广告宣传等应有所区别。例如，服装制造商为"朴素女性"、"时髦女性"、"有男子气的女性"等分别设计和生产不同的女性服装。

2. 个性细分

个性细分是指一个人比较稳定的心理倾向与心理特征。个性常常会通过自信、自立、支配、顺从、保守、适应等特征表现出来，并且会影响消费者对其所处的环境作出相对一致的反应。因此，也可以按照消费者不同的个性来对消费者市场进行细分。一些企业通过广告宣传赋予其产品与某些消费者个性相似的"品牌个性"。例如，20 世纪 50 年代后期福特汽车的消费者被认为是独立的、感情易冲动的、善于适应环境变化的消费者群，通用汽车公司雪佛莱汽车的消费者被认为是保守的、节俭的、重信誉的、缺少男子气概的。

(四)行为细分

所谓行为细分是企业按照消费者购买或使用某种产品的时机、消费者所追求的利益、使用者情况、消费者对某种产品的使用率、消费者对品牌(或商店)的忠诚度、消费者待购阶级和消费者对产品的态度等行业变量来细分消费者市场。

1.时机

在各类营销活动中,一些企业常常通过时机细分来扩大产品的使用范围。例如,企业利用春节、中秋节、元宵节、圣诞节等大做广告以促进产品的销售。

2.利益

消费者出于不同的购买动机、追求不同的利益而购买不同的产品和品牌。例如,消费者购买牙膏,有的是为防蛀,有的则是为了洁白牙齿,还有的可能是看中价格便宜等。

3.使用者

按照使用情况,可以将消费者分为非使用者、潜在使用者、首次使用者和经常使用者。资金实力较雄厚的大公司,往往着重吸引潜在使用者,以扩大市场份额,资金较薄弱的小公司往往着重吸引经常使用者。例如:过去黑人几乎不购买化妆品,但强生化妆品公司却独树一帜,专门为黑人开发化妆品,并获得巨大成功。

4.使用率

按消费者的使用率将消费者市场分为少量使用者、中量使用者和大量使用者。大量使用者往往占消费者总数的比重不大,但他们消费商品的数量却占很大的比重,这部分人群往往被作为市场的主要研究对象。美国一家公司研究发现,占美国啤酒市场消费者人数50%的大量使用者消费掉啤酒产量的88%,他们大多是工人,年龄在25～50岁之间,喜欢观赏体育节目,每天看电视不少于3.5小时。对此,该公司选择体育节目时段播放广告,并取得了成功。

5.品牌忠诚

品牌忠诚是指由于价格、质量等诸多因素的引力,使消费者对某一品牌的产品情有独钟,形成偏爱并长期地购买这一品牌产品的行为。按消费者对品牌(或商店)的忠诚度可以将市场分为非忠诚者、游移忠诚者、有限品牌忠诚者、铁杆品牌忠诚者。非忠诚者指购买各种品牌但并不忠诚于该品牌的消费者。游移忠诚者指从忠诚于某一品牌转移到忠诚于另一种品牌的消费者。有限品牌忠诚者指忠诚于有限的两三种品牌的消费者。企业应认真分析以上四类消费者群体,以采取适当的营销策略促进产品的销量。

6.购买阶级

一般包括不知道、知道、有兴趣、有购买意愿、已经购买、重复购买等阶级。对还不知道者着重对产品进行介绍,对有兴趣者则可以着重宣传产品的功能、利益、经销店等以促进他们购买产品。

7.态度

消费者对企业产品的态度有五种:热爱、肯定、不感兴趣、否定和敌对。对待不同态度的消费者群体,应当酌情分别采取不同的市场营销措施。例如,对那些不感兴趣的消费者,可以通过适当的广告媒体,大力宣传介绍产品,使他们转变为感兴趣的消费者。

在现实的生活中,并不是说企业应当一一单独地加以利用,而是应该把上述依据结合使用。研究如何运用，应该从企业的实际出发，不能生搬硬套。进行市场细分时，除参照上述标准外，还应该树立动态观念。因为消费者的年龄、收入、家庭规模等会随着时间的推移而不断变化，生活方式、习惯、偏好也会随着年龄的增长和收入的变化而有所变更；城市大小、人口密度等会随着社会经济的发展而有所增减。

四、市场细分的原则

从企业营销的角度看，并非所有的市场细分都有意义。所选择的细分市场必须具备一定的条件。

（一）可衡量性

可衡量性是指各子市场的购买力能够被测量。因此，据以细分市场的各种特征应是可以识别和衡量的。然而，也有一些因素是不易测量的，例如，要测量有多少消费者是“豪华型”的，那就相当困难了。凡是企业难以识别、难以测量的因素或特征，都不能据以细分市场，否则，细分的市场将会因无法界定和度量而难以描述，市场细分也几乎失去了意义。所以，恰当地选择细分变量是十分重要的。

（二）可进入性

可进入性是指企业有能力进入所选定的子市场。比如，本田公司在进入美国市场时，并未直接参与既有市场的争夺，而是开发了一个新的市场，即将要富裕起来的中青年消费者市场。企业通过细分市场，应该能够通过一定的媒体如广告，通过一定的分销渠道把企业生产经营的产品送到该市场广大消费者中去，如果无法进入或难以进入，再详细的市场细分也是毫无意义的。

（三）可盈利性

可盈利性是指企业进行市场细分后所选定的子市场的规模足以使企业有利可图。美国的“Lee”牌牛仔裤就始终把目标市场对准占人口比例较大的那部分“婴儿高峰期”的消费者群体，从而扩大了该品牌的市场占有率。20世纪六七十年代，“Lee”牌牛仔裤以15～24岁的青少年为目标市场。因为这个年龄段的人正是那些在“婴儿高峰期”出生的，在整个人口中占有相当大的比例，可到80年代初，昔日“婴儿高峰期”一代已成为中青年，为适应这一目标市场的变化，厂商长期将原有产品略加改进，使其正好适合中青年消费者的体型。90年代初，该品牌牛仔裤在中青年市场上的份额上升了20%，销量增长了17%。

第二节　目标市场选择

一、目标市场

（一）目标市场的内涵

市场细分的目的在于有效地选择并进入目标市场。所谓目标市场，是指企业打算进入的细分市场，或打算满足的具有某一需求的顾客群体，并且根据自身的资源条件和特长来选择细分市场，即选择目标市场。在现有市场环境下，对于某一企业来说，没有能力使自己的产品满足所有消费者的需求，为了提高经营效益，企业必须进行市场细分。选择目标市场就是根据企业本身和外界因素，选择与自己企业生产特点相适应的服务对象，作为从事生产经营活动的主要市场。企业选定了自己的目标市场，就可以针对这些顾客的特点和要求来设计、生产自己的产品，开展广告和推销活动。绝大多数企业确定自己的目标市场是通过对市场细分来实现的，也有极少数企业不通过市场细分，而将整个市场作为自己的目标市场。

(二)目标市场的选择模式

企业在选择目标市场时有以下五种参考模式。

1. 市场集中化

企业只选取一个细分市场，只生产一类产品供应单一的顾客群体(见图 4-1)。例如某服装企业只生产儿童服装。选择这种模式有以下考虑：企业资金实力较薄弱，只能经营一个细分市场；企业具有在该细分市场从事专业化经营或取胜的优势；该细分市场中没有竞争对手；准备以此为出发点，逐步向其他的细分市场扩展。

2. 选择专业化

企业选取几个具有吸引力的细分市场作为目标市场，并且每个细分市场与其他细分市场之间联系较少(见图 4-2)。采取这种模式，可以有效地分散经营风险，即使某个细分市场盈利不佳，仍可能在其他细分市场上获得盈利。选择此种模式的企业应具有较强的资源。

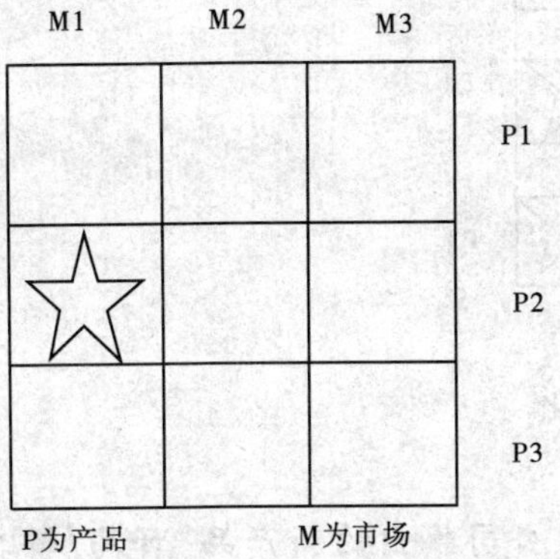

图 4-1 市场集中化

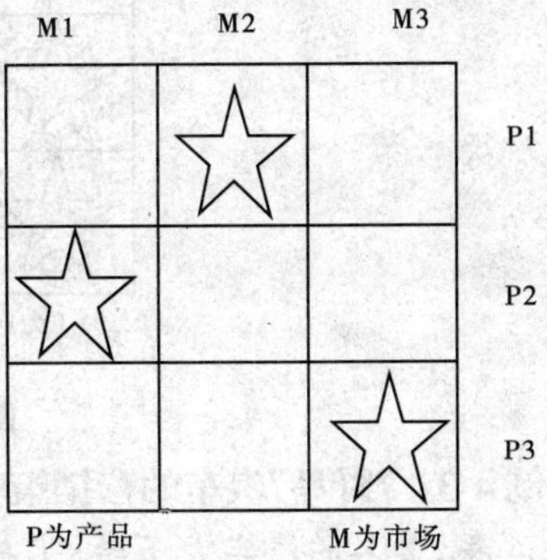

图 4-2 选择专业化

3. 产品专业化

企业只生产一种产品，向所有的顾客销售这种产品(见图 4-3)。在这种模式下，企业可以专注于某一种或某一类产品的生产，这样就有利于形成和发展生产与技术上的优势，在行业内树立良好的企业形象。但是，当该领域被新的技术和产品替代时，产品销售可能会大幅下降。

4. 市场专业化

企业专门经营满足某一顾客群体需要的各种产品(见图 4-4)。比如工程机械制造企业专门向建筑行业用户生产、供应推土机、水泥搅拌机等建筑工程中所需要的机械设备。市场专业化经营的产品类型较多，能有效地分散经营风险。但因为专门集中服务于某一类顾客，当这类顾客的整体需求下降时，企业效益会受到一定的影响。

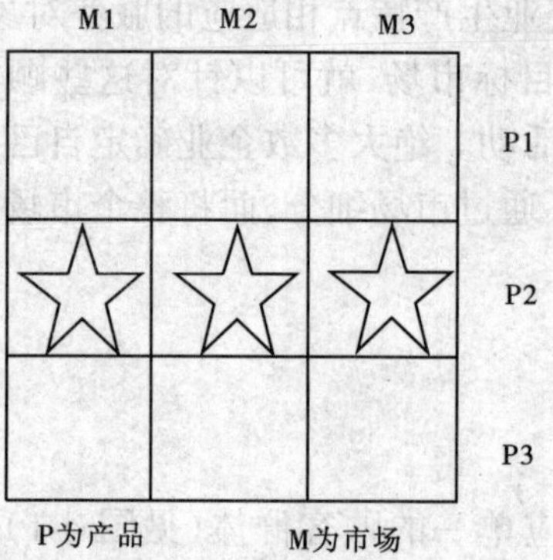

图 4-3　产品专业化

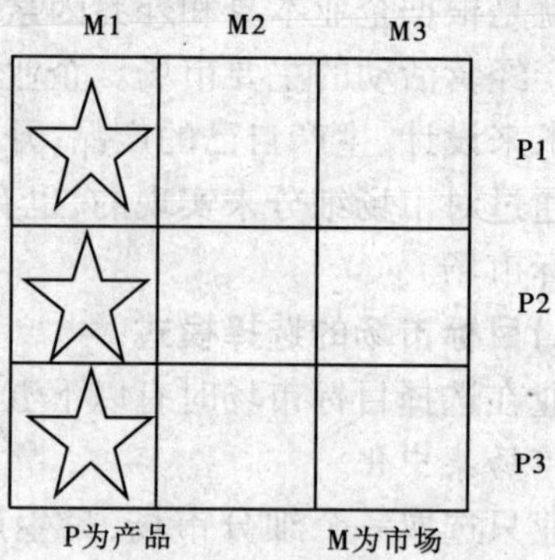

图 4-4　市场专业化

5. 市场全面化

企业生产多种产品以满足所有消费者的需要(见图 4-5)。这种模式以实力较雄厚的大企业运用的居多。

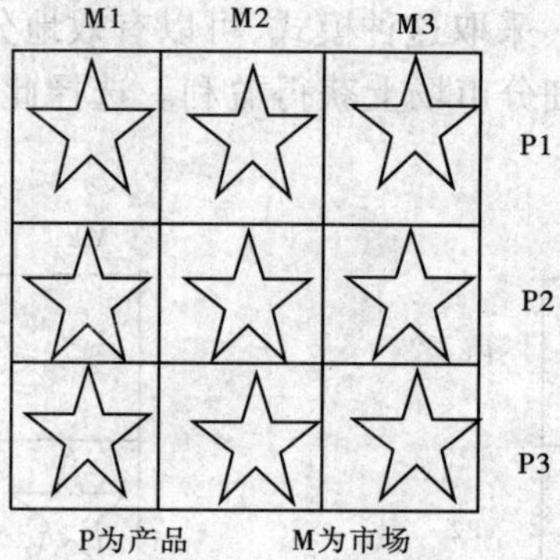

图 4-5　市场全面化

案例 4-3　"野马"汽车的营销策略

1964 年,著名的汽车大王李·艾柯卡为福特汽车公司推出的新产品"野马"轿车取得了轰动一时的成功,两年内为福特公司创造了 11 亿美元的纯利润。当时,购买野马车的人打破了美国历史的记录,在不到一年的时间里,野马汽车风靡整个美国,各地还纷纷成立野马车会。为什么野马汽车会如此受人欢迎?这与其独特周密的营销策划是分不开的。李·艾柯卡在仔细分析了市场状况之后,制定了一整套推出"野马"汽车的营销策略,令人瞩目的销售业绩使他获得了"野马之父"的称号。其成功重要得益于以下几点。

一是选择适当的目标市场。

1962 年,李·艾柯卡就任福特汽车公司分部总经理后,便策划生产一种受顾客欢迎的新车,这一念头是他对整个汽车市场营销环境作了充分调查研究之后产生的。

第一,福特公司的市场研究人员调查得知:第二次世界大战以后,生育率激增,几千万婴儿如今已长大成人,今后十年的人口平均年龄要急剧下降,20～24 岁年龄组要增长 50%,购买新车的 18～34 岁年轻人可望占到一半。根据这一信息,艾柯卡预见到今后 10 年的汽车销售量将会大幅度增长,而对象就是年轻人。

第二，随着受教育程度的提高，消费模式也在改变。妇女和独身顾客数量增加，有两辆汽车的家庭也越来越多，人们愿意把更多的钱花在娱乐上。人们正在追求一种样式新颖的轻型豪华车。

第三，艾柯卡在欧洲了解福特汽车公司生产的“红雀”牌汽车销售情况时，发现“红雀”太小了，没有行李箱，虽很省油，但外型不漂亮，如不尽快推出一种新型车，公司就可能被竞争对手击败。

于是，艾柯卡根据上述信息提出了一个目标市场，适合这个市场的车应当是：车型要独树一帜，容易辨认；为便于妇女和新学驾驶汽车的人购买，要容易操纵；为便于外出旅行，要有行李箱；为吸引年轻人，外型要像跑车，而且要胜过跑车。

二是追求完美的产品设计。

有了新车的设计思路，福特的设计专家们便开始行动。李·艾柯卡授意车型经理和生产经理主持车型设计，指出这种新车一定要兼具式样好、性能强、价格低三大特色。这种车应当是小型的，但又不能太小，必须能容下四人；它必须是轻型的，重量不能超过2500磅；价钱方面，要带有全套自选设备而不能超过2500美元。1962年秋天，新车的泥塑模型呈现在了艾柯卡面前。1963年春天，样机陈列在福特设计中心，与公司的强大竞争对手通用汽车公司的雪佛兰新车并排展示，进行对比性分析。样机一再改进，最后的形状为：方顶，流线型；前长后短，低矮大方；整车显得既潇洒又矫健。

艾柯卡把新车的命名也看做是产品设计的一部分。在早期设计阶段，新车被叫做猎鹰特号，后又有人想叫它美洲豹、雷鸟Ⅱ型等，艾柯卡认为均不理想，于是委托广告公司代理人去底特律公共图书馆找目录。此人从A到Z列出成千动物，最后筛出一个——“野马”，这是一个激动人心的地道的美国名字。美国人对第二次世界大战中野马式战斗机的名字印象极为深刻，用“野马”作为新型车的名字，不仅能显示出车的性能和速度，有着广阔天地任君闯的味道，而且很适合美国人放荡不羁的个性。

接下来的工作是为“野马”车制定价格。新车试制小组在底特律选定了52对有中等收入的青年夫妇，请他们到福特展厅来品评新车。白领夫妇对新车造型表示满意，蓝领夫妇则把野马看做他们所追求的地位和权势的象征。艾柯卡请他们为新车估价，几乎所有人都估计约10000美元，并表示家中已有车，将不再购买这种车。当艾柯卡宣布车价在2500美元以内时，他们十分惊讶，都表示将购买这种能显示身份和地位的新车。在研究了消费者心理之后，艾柯卡把车价定在2368美元，并开始设计下一步的营销策略，为打开野马车的销路作精心的策划。

二、目标市场选择的策略

企业在确定其目标市场时，通常有三种策略供选择。

（一）无差异性营销策略

无差异性营销是指企业在市场细分之后，不考虑各子市场的特征，而只注重子市场的共性，决定只推出单一产品，运用单一的市场营销组合，以求在一定程度上满足尽可能多的顾客的需求。这种策略的优点在于产品的品种、规格、款式简单，利于标准化与大规模生产，有利于降低生产、存货、运输、研究、促销等成本费用。其主要缺点是单一产品要以同样的方式广泛销售并受到所有购买者的欢迎,而此几乎不可能,尤其是在同行业中如果有几家企业都实行无差异性营销时,在较大的子市场中的竞争将会日益激烈,而在较小的子市场中的需求将得不到满足。由于较大的市场内的竞争异常激烈,从而往往是子市场越大,利润越小。例如,20 世纪 70 年代以前,美国三大汽车公司都确信美国人喜欢大型豪华的小轿车,共同追求这一大的目标市场,采用无差异性市场营销战略。但是 70 年代能源危机暴发以后,美国轿车市场消费需求已发生变化,消费者越来越喜欢小型、轻便、省油的小型轿车,而美国三大汽车公司都没有意识到这种变化,也没有适当地调整他们的营销策略,致使大轿车市场竞争"白热化"而小型轿车市场却被忽略。在这种情形下,日本汽车企业便乘虚而入,占领了美国小型轿车市场。

(二)差异性营销策略

差异性营销策略是把整体市场划分为若干需求与愿望大致相同的细分市场,然后根据企业的资源及营销实力选择部分细分市场作为目标市场,并为各目标市场制定不同的市场营销组合策略。例如:海尔集团生产多品种、多款式、多型号的冰箱以满足消费者的多种需求。可口可乐公司除继续生产原口味的可乐外,还推出了新配方的可乐,同时为不喜欢可乐型饮料的消费者生产了雪碧、芬达等口味的饮料,而且推出了各种容量的瓶装及罐装的产品,采用各种促销方式进行销售,以迎合不同消费者的需求。

这种策略的主要优势在于可以有针对性地满足具有不同特征的顾客群的需求,提高产品的竞争能力;企业在多个细分市场经营,可以有效地分散风险,不会因为一个或几个细分市场购买量的变化而发生危机。但是,由于产品品种、销售渠道、广告宣传的扩大化与多样化,企业会增加市场调研、促销和渠道管理,从而使得市场营销费用大幅度增加,而且在推动成本和销售额上升的同时,市场效益并不能够保证。此外,还可能使企业的资源配置不能有效集中,顾此失彼,甚至在企业内部出现彼此争夺资源的现象,使拳头产品难以形成优势。因此,采用这种策略的企业往往是那些实力雄厚的大企业。

(三)集中性营销策略

集中性营销策略是指企业集中所有力量,以一个或较少的几个性质相似的子市场作为目标市场,试图在较少的子市场上占有较大的市场占有率。实行集中市场营销的企业,一般是资源有限的中小企业,或是初次进入新市场的大企业,由于服务对象比较集中,对一个或几个特定子市场有较深的了解,而且在生产和营销方面实行专业化,能较容易地在这一特定市场取得有利地位。例如:日本尼西公司放弃尿布以外的产品生产,实行尿布专业化生产,成功以后又不断研制新材料,开发新品种,不仅垄断了日本尿布市场,产品还远销世界 70 多个国家和地区。但是,采用这种策略的风险比较大,因为其目标市场狭小,一旦市场发生变化或强大的竞争对手进入市场时,企业可能会陷入困境。例如:美国王安计算机,在当时以物美价廉、质量上乘而显赫一时,但却由于一直固守于大中型计算机的生产而又没及时与其他品牌计算机兼容,最终被市场淘汰。

日本丰田公司,曾在目标市场的选择上经历过痛苦的历程:1955 年,丰田公司为了实现其最终进入世界汽车的战略目标,开始向美国汽车市场进军。因为就当时的情况来说,不能在美国汽车市场站住脚跟,就不可能进入世界汽车市场。而在进入美国市场的当年,丰田公司的汽车产品连美国国家的质量测试都未能通过。1959 年,经过重大的质量改进，丰田公司重新携新产品进入美国市场，这次的产品在质量上已无可挑剔，甚至超过了美国许多公司的产品质量。但是丰田公司虽然经过艰苦的市场推销，也只能售出 288 辆。丰田公司这时已是债台高筑，濒临破产。该公司通过重新分析市场后发现，在一般车型的市场上，美国三大汽车公司的垄断地位是难以正面撼动的，并且普通轿车的市场需求已经饱和，要想争取到足够的新购买者是极其困难的，但是在小型车市场上，由于是美国三大汽车公司不屑一顾的细分市场，存在明显的市场空白。当时只有德国大众汽车公司在这一细分市场上经营而且经营得非常顺利。丰田公司分析认为，小型车市场潜在需求量巨大，丰田公司完全有实力同大众公司竞争，这样丰田公司破釜沉舟，把实用、轻便、耐用、省油的小型车市场作为自己的目标市场，重新设计产品，使产品更适合美国人身材，并做了汽车营销史上前所未有的轰动一时的广告宣传，终于在美国市场站住了脚。从此开始，丰田公司得以跻身于汽车市场，最终成长为世界最大的汽车生产企业之一，实现了"有路必有丰田车"的夙愿。

三、选择目标市场营销策略的条件

企业在选择目标市场策略时，应着重考虑以下五个方面的因素。

（一）企业实力

如果企业在生产、技术、销售、管理和资金等各方面实力都比较强，可以考虑实行差异性营销策略或无差异性营销策略；如果企业能力有限，则可选择集中性营销策略。

（二）产品同构型

产品在性能、特点等方面的差异性的大小，对于同质产品或需求上共性较大的产品，如食盐、钢铁、自来水等，一般宜实行无差异市场营销；反之，对于异质产品，如家电、服装等，则应实行差异市场营销或集中市场营销。

（三）市场同质化

如果顾客的需求、偏好较为接近，对市场营销刺激的反应差异不大，可采用无差异性营销策略；否则，应采用差异或集中性营销策略。

（四）产品所处的生命周期阶级

处在投入期和成长期的新产品，市场营销的重点是启发和巩固消费者的偏好，最好实行无差异市场营销或针对某一特定子市场实行集中市场营销；当产品进入成熟期后，市场竞争激烈，消费者需求日益多样化，可改用差异市场营销策略以开拓新市场，满足新需求，延长产品生命周期。当产品进入衰退期时，可以采取集中性市场策略，集中力量对付竞争者，以保住原有市场，延长产品的生命周期。

（五）竞争对手策略

如果竞争对手采用无差异性营销策略，而市场需求又在客观上存在差异时，企业选择差异性或集中性营销策略有利于市场开拓，提高产品竞争能力。如果竞争者已采用差异性策略，则不应以无差异营销策略与其竞争，可以选择集中性营销策略。

第三节　市场定位

目标市场的选定并不意味着企业寻找和确定市场位置的工作已经完成，因为一方面目标市场本身尚待进一步剖析，包括它的结构和其中的竞争者的分析；另一方面企业营销最终要落实于具体产品的生产和销售，因而还需要从产品出发真正明确企业的业务发展目标。因此，我们还需要进行目标市场的定位。

一、市场定位概述

(一)市场定位的内涵

"市场"一词源于1972年两位广告经理艾尔·里斯(Al Rise)和杰克·特劳塔(Jack Trout)在《广告时代》中所发表的系列论文。他们认为市场的产品一般都会在顾客心目中占据一定的位置，定位始于产品，而后延伸到一系列的商品、服务、公司、机构甚至个人。

市场定位就是针对竞争者现有产品在市场上所处的位置，根据消费者用户对该种产品某一属性或特征的重视程度，为产品设计和塑造一定的个性或形象，并通过一系列营销努力把这种个性或形象强有力地传达给顾客，从而适当确定该产品在市场上的位置。

市场定位的实质是取得目标市场的竞争优势，确定产品在顾客心目中的形象，以便吸引更多的顾客。例如，大众汽车公司的"为民造车"，其产品以真正"大众化"著称。奔驰汽车公司的"制作精湛"，其产品以"优质豪华"、"高档名贵"著称；沃尔沃汽车公司的"设计生命"，其产品以"绝对安全"等企业形象和产品形象著称于世等。

(二)市场定位的策略

企业要做到准确定位，首先要决定采取何种市场定位策略，市场定位的策略主要有三种类型。

1. 避强定位

即避免与强有力的竞争对手发生直接竞争，而将自己的产品定位于另一市场的区域内，使自己的产品在某些特征或属性方面与最强的对手有明显的区别。这种策略可以迅速地在市场上站稳脚跟，并能在消费者心目中迅速树立起一定形象，由于这种定位市场风险小，成功率较高，常常为多数企业所采用。七喜汽水的"非可乐型"定位就是借助避强定位的一个经典案例。"可口可乐"与"百事可乐"是市场的领导品牌，市场占有率很高，在消费者心目中拥有一定的地位。"非可乐型"的定位使"七喜"成为可乐饮料之外的另一种选择，避免了与两个品牌的正面竞争。

2. 对峙定位

指企业选择靠近于现有竞争者或与现有竞争者重合的市场位置，争夺同样的顾客，在产品价格、分销与促销等各个方面差别不大。例如可口可乐与百事可乐之间的竞争。这种策略可能引发激烈的市场竞争，因此具有较大的风险。由于竞争对手是最强大的，因此竞争过程往往相当惹人注意，往往容易产生与最强竞争对手的正面冲突，采取这种策略要求企业必须与竞争对手具有不相上下的竞争实力，而且不一定要压垮对手，只要能够平分秋色就是巨大的成功。

3. 重新定位

指企业变动产品特色，改变目标顾客对其原有的印象，使目标顾客对其产品新形象有一个重新的认识过程。企业往往在出现下列情况时需要考虑重新定位：一是竞争者推出的市场定位于本企业产品的附近，侵占了本企业品牌的部分市场，使本企业品牌的市场占有率有所下降;二是消费者的偏好发生变化,从喜爱本企业某品牌转移到喜爱竞争对手的某品牌。产品重新定位时,企业首先应找出导致重新定位的主要原因,然后利用重新定位来解决出现的问题。如果是出现了新的竞争者,则企业可以通过增加产品的差异性来与竞争者拉开距离;如果是企业定位与消费者的知觉定位不符,可通过改变产品来迎合消费者的知觉定位等。企业应根据具体情况,找出主要原因,然后制定出有效的补救办法。

案例 4-4 南京三星商厦开业不久就停业转向

1998 年 1 月 28 日,位于南京新街口繁华地段的三星商厦隆重开业,但是好景不长,三星商厦仅经营了 10 个月便停业转向自己的老本行——餐饮服务业。其转变的背后到底有着什么背景,又告诉我们什么?

三星糕团在南京有几十年的历史,在老百姓中叫得响当当。然而 1998 年年初,当装潢一新的新三星商厦以一中型综合商场的新面貌出现时,顾客却不认同:"放着好好的饮食生意不做,怎么搞起综合商场来了啊?"很多消费者对此疑惑不解,为此,商场总经理在接受记者采访时也道出了苦衷,他说,新街口一平方公里的土地内,营业面积超过 5000 平方米的商场已有 30 多家,起初他们并不想挤这条路,但是现在 5000 平方米的三星商厦并非"三星"一家的,而是有商业系统、区属及私营等 27 家单位,这些企业在商厦内各自"据地一方",有的卖服装,有的搞百货,虽然"三星"有意向以搞饮食为主。但后来只能以一楼经营小吃百货,二楼三楼卖服装而草草开业。结果怎样? 同样的服装在新街口百货商场标价 100 元有人买,但放到"三星"则是 80 元都无人问津,效益不断下滑。而 1992 年前的三星是何等辉煌? 那时许多南京人不仅自己来,而且还带着外地人、朋友来吃饭,一到夏天,新街口地区走几步就能看见一个行人手持"三星"自制的冰霜,人人都称赞其物美价廉。多年来商店人均利税在南京饮食业位居第一,没想到新商厦的开业却成为"三星"走下坡路的转折点。痛定思痛,三星决定回归特色,经过与南京建邺区商业局的多次协商,三星准备把其他私营、区属的摊位承租下来。从一楼到四楼搞大规模的餐饮店,打出三星的老牌子,主要针对工薪阶层,高中低档兼有。

在市场竞争日益激烈的今天,准确、有效地确立符合自身特点的市场定位,是取得竞争成功的关键因素之一。

二、市场定位方法

(一)确认本企业的竞争优势

有效识别本企业的竞争优势是进行正确市场定位的基础。为了能有效地识别本企业的竞争优势,首先要弄清竞争对手的产品是如何进行定位的,其次要搞清如何能够满足目标市场上绝大部分顾客的欲望,最后有效辨别出针对竞争者的市场定位和潜在顾客的需要企业所能开展的工作。这样,可以把握和确定自己的潜在竞争优势。

(二)企业核心竞争优势定位

核心竞争优势是与主要竞争对手相比,企业在产品开发、服务质量、销售渠道、品牌知名度等各方面所具有的可获取明显差别利益的优势。应把企业的全部营销活动加以分类,并将主要环节与竞争者相应环节进行比较分析,以识别和形成核心竞争优势。

（三）制定发挥核心竞争优势的战略

企业在市场营销方面的核心能力与优势，不会自动地在市场上得到充分的表现，必须制定明确的市场战略来加以体现。

思考题

1. 什么是市场细分？企业为什么要进行市场细分？
2. 进行消费者市场细分主要依据哪些变量？
3. 市场细分的原则有哪些？
4. 什么是目标市场？选择目标市场有几种模式？
5. 企业选择目标市场的策略及其选择的条件有哪些？
6. 什么是市场定位？企业怎样进行市场定位？

第五章　市场营销调研与预测

市场营销的目的是通过比竞争者更好地满足市场需求，赢得竞争优势，进而取得合理的利润收入。要做到这一点，就必须从研究市场出发，了解市场需求以及竞争者的最新动态，开展市场营销调研、预测，广泛收集市场营销信息，据此制定市场营销战略决策。市场营销信息系统及现代统计技术则为了解市场信息、满足市场需求提供了便利条件。学习本章应了解市场营销系统的构成、功能，市场营销调研的测定尺度和调研过程，以及市场营销数据分析和市场需求预测的基本方法。

本章要点：

- 市场营销信息系统的构成
- 市场营销调研的概念和技术
- 原始数据和二手数据的收集方法
- 市场营销数据分析技术
- 市场需求量的测量
- 市场需求预测方法

信息是企业经营的无价之宝、无形的财富。企业在开展营销活动时，一定要注意信息的使用。这就要求企业要做好市场营销的调研与预测工作，建设好企业的营销信息系统。

第一节　市场营销信息系统

所谓市场营销信息系统，是指一个由人员、机器和程序所构成的相互作用的复合体。企业借助市场营销信息系统收集、挑选、分析、评估和分配适当的、及时的及准确的信息，为市场营销管理人员改进市场营销计划、执行和控制工作提供依据。市场营销信息系统处于环境与市场营销管理人员（即信息使用者）之间。各种市场营销数据由环境流向企业市场营销信息系统。市场营销信息系统则将数据加以转换，并通过市场营销信息流程传导给管理人员。管理人员依据这些数据制定各种计划、方案，由此形成的各种数据又通过市场营销沟通流程回到环境（如图 5-1 所示）。

一、市场营销环境

市场营销信息系统是企业收集、处理并利用相关环境数据的工具。相关环境十分广泛且经常变化，它包括宏观环境与微观环境，企业在制定决策时必须明确哪些范围内的环境最值得研究。企业应主要收集与研究人口、价格水平、消费方式等数据，以及竞争者的过去、现状与未来等有关信息。自信息收集到传送给管理人员，再到向环境做出反应，这一整个过程的时间性很重要。有效的市场营销信息系统应能向决策者提供迅速、准确、可解释的信息。

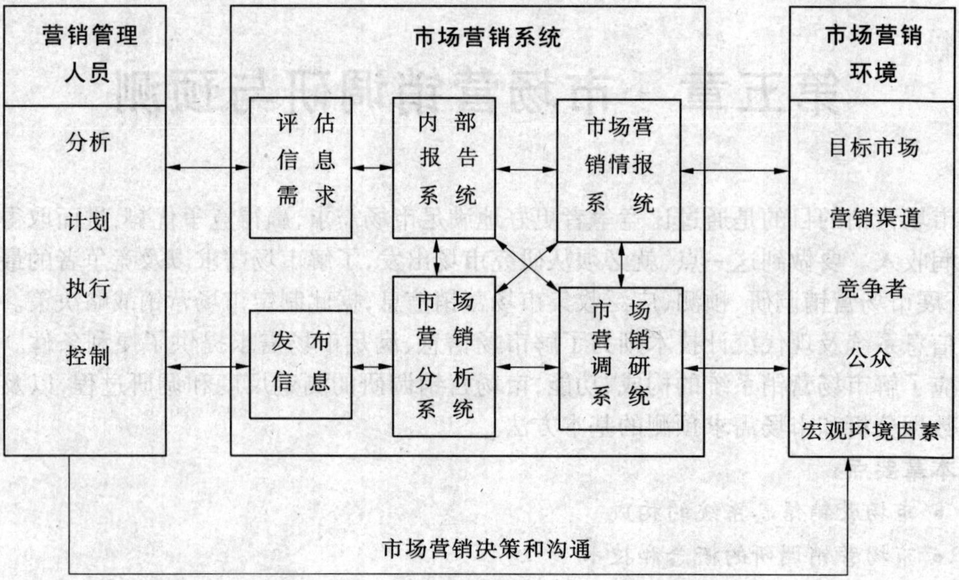

图 5-1　市场营销信息系统的构成

二、市场营销信息系统的构成

市场营销信息系统由四个子系统构成。

(一)内部报告系统

该系统的主要工作任务是向管理人员提供有关销售、成本、存货、现金流程、应收账款等各种反映企业经营现状的信息。市场营销管理人员必须以产品、地区、推销员为基础进行分类,并深入分析有关目前与过去销售及成本的信息。

(二)市场营销情报系统

指市场营销管理人员用以了解有关外部环境发展趋势的信息的各种来源与程序。借助该系统,将环境最新发展的信息传递给有关的管理人员。企业一般比较重视普查数据、企业统计数据和市场调研这三个方面。

(三)市场营销调研系统

其主要任务是收集、评估、传递管理人员制定决策所必需的各种信息。企业管理人员常常请求市场研究部门从事市场调查、消费者偏好测验、销售研究、广告评估等工作。研究部门的工作主要侧重于特定问题的解决,即针对某一特定问题正式收集原始数据,加以分析、研究,然后写成报告供最高管理层参考。

(四)市场营销分析系统

其任务是从改善经营或取得最佳经营效益的目的出发,通过分析各种模型,帮助市场营销管理人员分析复杂的市场营销问题。该系统包括一些先进的统计程序和模型,借助这些程序和模型,可以从信息中发掘出更精确的调查结果。

三、营销管理人员

营销管理人员已成为上述四个子系统的受益者。他们所面临的且必须采取的行为有关主要难题是，在众多的信息堆里如何抽出足够的时间去从事计划、决策活动。许多管理人员面临着信息负荷过重的问题，以致无法阅读应该全部读完的数据。许多信息系统在设计方面最容易出现的错误，就是没有考虑到管理人员能否有效地使用众多的信息。

(一)获取信息的作风

管理人员在获取信息方面所表现出的作风是有明显差别的。所谓获取信息的作风是指管理人员决定收集何种数据、以何种方式收集以及需要多少信息。市场营销信息系统的设计人员、市场营销人员以及购买人员，在为市场营销信息系统投资之前，必须慎重地考虑该系统的利用率问题，以便做到物尽其用。

(二)理想的市场营销信息系统

一个理想的市场营销信息系统一般应具备如下要求：

(1)它能向各级管理人员提供从事工作所必需的一切信息。

(2)它能够对信息进行选择，以便使各级管理人员获得与他能够且必须采取的行为有关的信息。

(3)它提供信息的时间限于管理人员能够且应当采取行动的时间。

(4)它提供所要求的任何形式的分析、数据与信息。

(5)它所提供的信息一定是最新的，并且所提供的信息的形式都是有关管理人员最容易了解和消化的。

案例 5-1　小小图片获信息，胸有成竹赚大钱

20 世纪 60 年代，我国刚刚建设大庆油田，由于其重要的战略意义，在当时是极为保密的，国内人士大都不知道它的地址，可是日本人却得知了，而且非常准确。那么，他们是如何掌握我们的秘密的呢？是派遣了特务，还是收买了某些中国人？

原来，在《中国画报》封面上曾登出了铁人王进喜的照片，身穿大棉袄，冒着鹅毛大雪在工作。日本人分析这可能是东三省靠北边的某个地方，否则不会下这么大的雪，但具体地点却不知道。接着，日本人又看到了《人民日报》的一篇报道，说王进喜同志到了马家窑，说了一声："好大的油海啊，我们要把中国石油落后的帽子扔到太平洋里去。"这下日本人乐了，说找到了，马家窑就是大庆油田的中心。后来，我国出版的《人民中国》杂志又报道说，中国工人阶级发扬了"一不怕苦，二不怕死"的精神，大庆设备不用马拉车推，完全是靠肩扛人抬。日本人据此分析，大庆车站离马家窑远不了，远了就扛不动。地址找到了，什么时候出的油呢？他们也算准了。1964 年，王进喜同志光荣地出席了第三届全国人民代表大会，日本人说肯定出油了，不出油王进喜当不了人民代表。他们分析得很对，情况也的确如此。接下来，日本人又根据《人民日报》上一幅钻塔的照片，从钻台上手柄的架式推算出油井的直径是多大，再根据油井直径和国务院的政府工作报告来套算，把全国石油产量减去原来的石油产量，就是大庆的石油产量。在此基础上，他们很快设计出适合中国情况的石油设备。等到我国向世界各国征求设计时，其他国家大都没有准备，而日本人则胸有成竹地说：我们已经准备好了，同时拿出了具体的设计。谈判当然很快就成功了，日本人在这一项目中赚了一大笔钱。

第二节　市场营销调研过程

一、市场营销调研

(一)市场营销调研的涵义与内容

所谓市场营销调研,是指系统地设计、收集、分析并报告与企业有关的数据和研究结果。现代市场经济条件下,各企业的市场营销调研部门都在扩充其研究活动和研究技术。其中,最主要的研究活动有:市场特性的确定、潜在市场的开发、市场占有率分析、销售分析、竞争。

(二)市场营销调研技术

研究技术的日益进步,为市场营销调研活动的开展创造了有利条件。在这些研究技术中,有许多不是由市场营销调研人员发明的,如经济学、统计学、社会心理学等,但是,市场营销调研人员只要善于引进这些研究技术,并稍加修改,即可使用。

市场营销调研是包括认识收集信息的必要性,明确调查目的和信息需求,决定数据来源和取得数据的方法,设计调查表格和数据收集形式,设计样本,数据收集与核算,统计与分析,报告研究结果等在内的一个复杂的过程。在此过程中,既有定量研究又有定性研究。

定量研究一般是为了对特定研究对象的总体得出统计结果而进行的。距今300多年前,牛顿的《自然哲学和数学原理》和配第的《政治算术》,开辟了自然科学和社会科学数量化的时代。马克思在谈到配第时说:“他不是把一连串比较级和最高级词汇同空论拼凑在一起,而是立志用数字、重量或尺度来说话,只利用从感观的经验中得出的论据,只研究在自然界中具有可见根据的原因。”马克思认为:“一种科学只有在成功地运用了数学以后,才算达到了完善的地步。”将数学运用于管理学,可以深入揭示仅靠定性分析难以表达的现代经济错综复杂的相互关系及其变动趋势(特别是动态、非线性的、不确定性的关系),可以提出管理决策的性质、方向、力度和边界,并预测其直接效果和间接效果。毛泽东指出:“我们有许多同志至今不懂得注意事物的数量方面,不懂得注意基本的统计、主要的百分比,不懂得注意决定事物质量的数量界限,一切都是胸中无‘数’,结果就不能不犯错误。”在市场营销调研中,必须高度重视定量研究,以便使收集到的信息和调研得出的结论能够充分反映市场需求与市场营销环境的客观现实。

定性研究具有探索性、诊断性和预测性等特点,它并不追求精确的结论,而只是了解问题之所在,摸清情况,得出感性认识。定性研究的主要方法包括与几个人面谈的焦点小组,要求详细回答的深度访问,以及各种投影技术等。

二、市场营销数据的收集

市场营销调研部门将大量的时间与精力用在收集数据上,因为只有收集到充足的原始数据,才有可能得出正确的市场营销调研结果。所以,企业营销管理人员必须对收集数据的主要方法有所了解。

解决某一问题所需要的信息,也许目前已经存在,也许尚不存在。经过编排、加工处理的数据,称为二手数据;企业首次亲自收集的数据,称为一手数据或原始数据。

(一)二手数据的主要来源

市场营销调研人员应首先注意利用现有信息来源收集解决问题所需的数据。这些数据可能存在于企业信息系统,可能存在于经销商、广告代理商、行业协会信息系统内,也可能出现于政府出版物或商业、贸易出版物上,还可能需从提供市场营销信息的企业购进。假如研究人员所需的数据能从现有来源找到,则可省去大量时间与费用。但是,研究人员无论如何也要认真评估二手数据的质量,因为这种数据是在过去出于不同目的或在不同条件下收集来的,其实用性自然会受到限制。某些市场营销调研人员每当发现他所长期寻找的数据已印成文字时,往往欣喜若狂,乐不可支,不再加以严格审查、评估就直接引用。这是相当危险的,往往招致不可挽回的损失。所以,营销调研人员及管理人员对业已存在的二手数据必须进行严格审查与评估。

(二)评估二手数据的标准

审查与评估二手数据的标准有以下三个。

1. 公正性

所谓公正性,是指提供该项数据的人员或组织不怀有偏见或恶意。一般来讲,研究人员以为政府提供的统计数字或商业组织提供的数据没有歪曲或偏见。在某些情况下,个别民间组织(如行业协会等)所出版的某些数据可能故意被用来显示某行业好的一面。这种情况的出现,不一定是捏造事实,而是由于其统计测量方法及样本的选择有问题,因而得出的结果势必存在片面性。

2. 有效性

所谓有效性,是指研究人员是否利用了某一特定的相关测量方法或一系列相关测量方法来收集数据。例如,利用各个不同历史时期的钢铁价格来测量钢铁的实际价格,就不具备有效性,因为钢铁的价格在不同的历史时期势必有所不同。

3. 可靠性

所谓可靠性,是指从某一群体中抽出的样本数据是否能准确反映其整个群体的实际情况。例如,从随机抽出的5000个样本所得出的数据,可能要比随机抽出50个样本所得出的数据更能准确地反映实际情况。

三、收集原始数据的主要方法

收集原始数据的主要方法有四种,即观察法、实验法、调查法和专家估计法。

(一)观察法

当现有数据来源不能提供解决市场营销问题所需的数据时,企业必须进行原始数据的收集。观察法是一种常用的重要方法。所谓观察法,是指通过观察正在进行的某一特定市场营销过程,来解决某一市场营销调研问题。例如,有些企业在超级市场的天花板上安装电视照相机,追踪顾客在店内的购物过程,据此来考虑重新陈列产品,以便顾客选购;还有些在商店内某些罐头产品货架上安装电视照相机,记录顾客目光的运动过程,以弄清顾客如何浏览各种品牌。

此外,观察法还可用于研究售货技术、顾客行为、顾客反应等市场营销问题。其主要优点在于客观实在,能如实反映问题;不足之处是运用这种方法很难捕捉到被观察者的内在信息,譬如他们的收入水平、受教育程度、心理状态、购买动机以及对产品的印象等。此外,被观察者的行为或环境无法加以控制。为了试验特定市场营销刺激对顾客行为的影响,必须引进若干控制方法。实验法就是这样一种方法。

(二)实验法

1. 实验法与实验过程

所谓实验法,是指将选定的刺激措施引入被控制的环境中,进而系统地改变刺激程度,以测定顾客的行为反应。由于排除或控制了许多没有研究意义的因素,因此研究人员所观察到的影响可以被认为是采取的某些刺激措施所致。控制环境的目的,在于将那些也可能解释被观察现象的竞争性假设排除掉。如果我们把实验本身视为一个由许多投入影响主体并导致产出的系统,则可对实验法有一个更清楚的认识。

(1)所谓实验主体,是指可被施以行动刺激,以观测其反应的单位。在市场营销实验里,主体可能是消费者、商店及销售区域等。由于人是市场营销实验的最后主体,因此必须注意处理好如下问题:测量仪器问题,即如何找到一个能十分准确地测量知觉、偏好或购买行为的工具;配合组问题,即在实验开始之前如何找到一组可供比较的主体;一致性问题,即在实验中对相同的环境投入因素如何确保其可比性的展露度;反应偏差问题,即如何从参与实验的群体中获得可信赖的行为。

(2) 所谓实验投入,是指研究人员实验其影响力的措施变量。在市场营销实验里,实验投入可能是价格、包装、陈列、销售奖励计划或市场营销变量。

(3) 所谓环境投入,是指影响实验投入及其主体的所有因素。在市场营销实验里,环境投入包括竞争者行为、天气变化、不合作的经销商等。一般来讲,许多环境投入因素对于实验结果并无太大影响,而那些对结果有影响的环境投入则得到了某种程度的控制或至少可加以测量。比较难办的是那些尚未觉察或虽已觉察但其对结果的影响不能控制或测量的环境投入。解决这一难题的办法有两种:一是扩大样本数,把例外环境因素造成的影响冲淡;二是设立一个相当于实验组大小但不接受实验投入因素的控制组,这是因为该控制组能掌握所有非控制投入因素的影响,以利于调整被混淆的实验组产出。

(4)所谓实验产出,也就是实验结果。在市场营销实验里,这种结果主要包括销售额的变化、顾客态度与行为的变化等。在评估市场营销刺激的影响时,销售额既是最后的产出也是最有力的产出。为便于对实验结果进行评估,在实验前就应预先制定决策准则,例如,如果两种包装所导致的销售差异等于或大于某一数值,则企业应选择那种较受欢迎的包装投入生产;如果两种包装的销售差异小于某一数值,则任何一种包装都可投入生产。在这里,选择销售差异的数值是关键。管理人员必须认真考虑现行决策准则的误差特征、各种可能性误差的经济损失以及决策前的判断等问题。

2. 实验设计的主要类型

所谓实验设计,是指决定主体数目的多少、实验时间的长短以及控制的类型等。实验设计主要有五种类型:

(1)简单时间序列实验。其主要步骤是:首先,选择若干经销商并检查其每周销售情况;然后,举办展销会并测量其可能的销售额;最后,将该销售额与以前的销售额相比较,作出最后决策。

(2)重复时间序列实验。其主要步骤是:首先将展销会时间延长数周,然后在一段时间内停止展销,再展销一段时间后又停止,如此进行几个循环,在每一个循环时间内都要注意销售变化并求出其平均值。在这一过程中,要注意剔除特殊事件的影响。

(3)前后控制组分析。其主要步骤是:首先,在展销前选定两组经销商,并分别检查其销售状况;然后,只让其中一组举办展销会,并同时检查两组的销售状况;最后,比较控制组与实验组的销售状况,并对其销售差异进行统计显著性分析。

(4)阶乘设计。除了举办展销会,市场营销调研人员还可对其他市场营销投入措施的影响力量进行实验。这样,实验结果对管理人员会更具说服力。例如,制造商试图对三种展销会、三种价格水平、三种保证措施进行实验。在这里,有 27 种(即 $3\times3\times3$)实验投入组合,我们可以找到 $27n$ 个(n 为正整数)厂家同时进行实验,以估计不同的展销会、不同的价格水平以及不同的保证的个别影响力量。

(5) 拉丁方格设计。上面谈到,阶乘设计法涉及 27 种不同的实验投入组合。如果实验投入因素之间不存在相互联系、相互影响的关系,则可用拉丁方格设计法,仅试验 9 种(即 $3+3+3$)组合,简单估计投入的个别影响。这样,就可以减少多因素实验设计的成本费用。

从本质上说,市场营销调研的实验活动与自然科学的实验活动是相同的。但是,市场测试、新产品试销等并不是在周密控制的实验室里进行的,而是在现实市场上以活生生的人群为对象来进行的。因此,在实验设计时必须注意那些在实验室实验中无须考虑的因素。

(三)调查法

企业借助调查可以获得较为广泛的数据,并且对许多问题的研究都较具实用性。早在 1930 年 5 月,毛泽东就曾指出:“没有调查,就没有发言权”,“一切结论产生于调查情况的末尾,而不是在它的先头”。通过调查可以收集的信息包括社会经济特征,消费者态度、意见、动机以及公开行为等。在市场营销调研中,调查研究是收集有关产品特征、广告文稿、广告媒体、促销及分销渠道等信息的有效方法。整个调查研究过程由四个主要步骤组成,即确定研究目的、制定研究战略、收集数据、分析数据。

1. 确定研究目的

研究目的可能是进一步了解市场,也可能是寻求增加销售额的实际构想,还可能是寻找数据证实或推翻原有的见解。确定研究目的可以使问题进一步简化。

2. 制定研究战略

为实现业已确定的研究目的,研究人员还必须确定调查方法、研究工具与抽样计划。这三方面的内容构成了一套研究战略。

(1) 调查方法。调查方法主要有三种,即电话访问、邮寄问卷以及人员访问。这三种方法各有其特点。电话访问可获得最迅速、最及时的信息,与邮寄问卷相比,其优势在于访问人员可与多人交谈,并可及时澄清疑难问题,而且电话访问的反应率也比邮寄问卷高。但电话访问有两个缺点:一是访问只限于有电话的家庭;二是谈话时间受限制,不能问太多问题。邮寄问卷具有较强的可送达性和可接近性，在调查那些不愿接受访问或对访问人员抱有偏见的对象时，邮寄问卷是最有效的调查方法，而且在三种主要调查方法中，它最经济、实用。但是，邮寄问卷也有其劣势，一是问题的用语必须简单明了而且问题不能太多，二是邮寄问卷的反应速度太慢且反应率也最低。人员访问在这三种方法中最富有灵活性，可以提出许多问题，并且还可以察言观色，及时补充、修正面谈内容。但是，采用这种方法需花费很高的成本，因此企业一般很少采用这种方法。

(2)研究工具。研究工具的选择，主要取决于所要收集的信息类型与收集方法。如果只需少量答案，则最好用电话访问或邮寄问卷的方式。拟订一份完善的问卷需要有相当的技巧与学问，并特别注意所问问题的类型、措辞、形式以及次序。在问题类型上易发生的错误，主要是问一些无法回答的问题、不愿回答的问题、不必回答的问题，而忽略了必须回答的问题。每个问题都应根据研究目的来决定是否有必要。纯属趣味性的问题应予删除，因为它们只会使答卷者感到厌烦。当问题类型确定后，问题形式的不同也会导致不同的调查结果。问题形式有开放式和封闭式两种。开放式问题是指反应者(被访者)可自由回答的问题。例如，"你为什么选用这种品牌的产品?""你对不锈钢剃须刀有何看法?"等。封闭式问题是指在问题后面已给出几种可能的答案，由反应者选出最合适的答案。反应者的回答方式可能是二选一(称为二元化问题)，也可能是多选一(称为多重选择问题)，还可能是选择一个数量指标(称为量表化问题)等。开放式或封闭式问题的选择，会影响反应者的思路、访问成本以及将来的分析质量。在问题形式确定后，问题措辞也必须慎重处理。问卷设计人员必须力求使所提问题的措辞简明扼要、没有偏见、不引人误答。"是否"、"曾否"等措辞与提问的次序有关。一般来讲，开始的提问必须能引起回答者的兴趣，所以开放式问题适合放在前面提问。凡是困难问题或私人问题都应留在最后，以免回答者因产生厌烦情绪而中断回答。涉及品牌或支持者的问题也应留在后面。中立性问题应加以合理安排，以免扰乱回答者的思考过程。分类性的问题也应留在最后，因为这类问题一般很难引起人们的兴趣。

(3)抽样调查。抽样调查是一种非全面调查，它是从研究对象中抽取部分进行调查，并用调查结果来推断总体的一种调查方法。根据抽取样本单位的方式不同，抽样调查大致可以分为两类：一类是概率抽样，或称随机抽样；另一类是非概率抽样。我国一般只把概率抽样称做抽样调查，非概率抽样则称为典型调查、重点调查等。抽样计划涉及三个问题：抽样单位、抽样方式及样本数目。抽样单位是指总体中所有被调查的对象或范围。例如，对消费者调查的抽样单位可能是某市(或省、市、县、乡等)的所有消费者家庭。抽样方式随研究目的不同而有所不同，探索性研究仅用非概率抽样程序就可以了，但是，为了对总体进行正确的定量估计，必须使用随机抽样，使总体中的每一成员被抽中的机会均等，并使总体中的次数分布与样本分布相适应。通常从两个方面评价某种抽样方式的优劣，一是精确度标准，二是调查费用的多少。

3. 收集数据

在确定了研究战略之后，市场营销调研人员还必须进行数据的实地调查、收集工作。这一阶段所花费的成本最高，可能出现的错误也最多。常见的主要问题如下：

(1)不在家。当被访者不在家或没有时间接受采访时，访问人员必须下次再来，或是访问另外的对象。

(2)拒绝合作。如果找到预定的访问对象后，访问人员必须能够引起被访者的兴趣。如果时间不允许或调查无意义，被访者可能不合作。

(3)回答偏差。访问人员必须鼓励对方正确思考和回答问题。对方有时为了尽早结束访问或由于其他原因，常常随意应付所问问题，对此访问人员应心中有数。

(4)访问人员偏差。访问人员在面谈过程中可能无意识地带有偏差，这往往是由于性别、年龄、态度、语言等原因所致。此外，访问人员也可能有意识地引入偏见数据。譬如，分配给自己的问卷总急于填好，越快越好；或自己懒得外出，却说对方不合作；甚至自己在家里填答，欺骗企业。这些偏差都应注意事先预防。从总体来看，市场营销测定比自然科学测定所带来的问题大得多。

市场营销调研人员在开展研究调查的过程中，必须为能满足可靠性和有效性两种要求而努力。可靠性与测定的随机误差有关，随机误差越小，可靠性越大。可靠性关系到数据的首尾一致性，而有效性则与实际测定程度有关，它关系到系统误差和随机误差两个方面。检查数据可靠性的方法如下：如果是访问调查，可以比较研究人员调查结果的差别程度；对同一调查对象另派研究人员进行一次复查，从中发现两次调查结果的分歧所在；用变换提问的方式来核实是否能得到同样的结果。在检查数据有效性时，可用如下方法：一是依靠经验丰富的人来判断；二是与同类调查结果进行比较；三是验证其是否和理论上的推理有矛盾；四是与相关性高的测定值相比较。

4. 分析数据

调查法的最后一项工作，是从大量数据中抽象出重要的数据，来证实研究的结果。分析数据是指对数据进行整理、编码、分类、制表、交叉分析及其他统计分析，并提出研究报告的工作过程。报告的开始部分要有摘要，把主要的发现和建议写出来，而将详细的技术性问题留在报告正文内，待管理人员有时间或有兴趣时再仔细阅读。

(四)专家估计法

当企业没有充足的时间来进行一项严谨的科学抽样调查，或即使用科学研究方法也不能收集到适当的数据时，采取专家主观估计的数据也不失为一种好办法。

营销调研人员需要从专家那里收集如下判断性信息：点估计(如市场规模的估计等)、销售反应函数(即销售额随市场营销因素的变化而变化的关系)、某一事件的不确定性、对某些变数的评分或赋予的权数。

营销调研人员在询问上述估计值时，既应清楚地表达出自己需要哪些数据，又要使回答的人感到容易回答。例如，下面的三个问题乍一看好像问的是同一件事情，但事实上意义不同：

(1)你估计最可能达到的销售量是多少(指众数)?

(2)假如你有相同机会推销的话，你估计能销售多少(指中位数)?

(3)根据以往的经验，你估计能销售多少(指算术平均数)?

在向推销人员、产品经理、经销商或其他人员询问估计数据时，必须注意，不要采纳那些主观臆造的数据，而应要求他们提出符合实情的数据。例如，当价格提高时，如果要求推销人员估计销售额，则他们常作出悲观的估计，因为他们认为价格一旦提高，推销工作就更难进行。又如,当企业打算削减广告预算并征求广告经理意见时,他必定说这样做会给企业带来损失,尽管他有时明知短期内销售不会下降,这是因为广告预算一经削减就很难恢复,同时他在企业里的相对影响力也和广告预算的大小成正比例。为了对付这些可能的偏差估计值,企业可采取两种措施:一是奖励那些估计正确的人员;二是保存好每年每月的估计记录,以便了解偏差估计的趋势。

在收到各个专家的估计值后,有时还会遇到一个如何平均的问题。如果各估计值很相近,则研究人员可用算术平均数法或中位数法算得综合估计值。如果各估计值相差太远,则研究人员必须另找办法,他可以邀请各个专家一起讨论其差异原因,也可以运用某种加权平均法来综合各个专家的估计值。权数的确定有四种选择:

(1)对各个专家的估计值给予相同的权数。

(2)对研究人员认为比较高明的专家给予较高的权数。

(3)根据专家自己认为的高明程度给予相应的权数。

(4)对过去估计较准的专家给予较高的权数。

案例 5-2　资金诚可贵,信息价更高

1998 年 7 月 8 日是红豆集团针织公司经理蒋锡高特别高兴的日子。这一天,公司下属的红豆 T 恤厂收到客户预定秋季夹克衫款 300 多万元,更令他兴奋的是夏季的 T 恤已基本销完,屈指一算,仅此一项就赢利 500 多万元,他得意地说:"T 恤的赢利,全靠一条信息,这条信息才花了 5 万元。有效的信息真的比资金还重要。"

1997 年 3 月,红豆针织公司组成了信息网。7 个月后,一位浙江的信息员传来信息,国际上有一种颇为流行的高档 T 恤面料,质地独特,颜色新潮,精处理的棉加上深加工的"丝",挺括又柔软,但是没有具体的资料。公司得悉后,马上通过因特网收集这方面的信息和资料,一下子就研制了 18 个品种,请了 8 位"土"、"洋"专家评审。"土"专家是公司骨干市场营销员,他们把样品送往全国十大商场,请商场行家论证;"洋"专家是与红豆集团联合办学的法国 ESMOD 时装设计学院的设计师,设计师把信息传到法国,再反馈信息。最后,公司确定出新产品,并让某家生产设施先进的企业做封闭型生产。1998 年夏天,红豆 T 恤很快走红市场。蒋经理说,这条信息的获取和采用仅花了 5 万元。集团的许多新产品和市场的开发都得益于信息。

红豆集团的信息网可谓铺天盖地:地上人员信息网,空中电脑信息网,巨海公司有一个红豆集团的信息中心,内有 8 台电脑,都上了因特网。该中心已与集团公司的 35 台电脑联网。

第三节　市场营销数据分析

在收集了大量数据之后,市场营销调研人员还必须借助多变量统计技术将数据中潜在的各种关系揭示出来。

一、多变量统计技术

多变量统计技术包括分析两个或两个以上变量间关系的各种技术,可归纳为两大类:

一类是为综合评价服务的方法，即对某一事物分析其各种特性以及这些特性之间的相互关系，并将有关数据归纳为少数几个综合特征值的方法，包括因素分析、主要成分分析、聚类分析、多维尺度分析、潜伏结构分析等；另一类是为预测服务的方法，即把列举出的特性区分为说明变量和基础变量，根据从说明变量中得出的信息来预测基础变量的方法，包括多元回归分析、方差分析、协方差分析、虚变量多元回归分析、自动干扰探测分析、判别分析、虚变量判别分析、联合测定分析、规范关联分析、多元方差分析等。本节就多元回归分析、判别分析和因素分析作一简单介绍。

(一)多元回归分析

任何一个市场营销问题都要涉及一组变量，而市场营销调研人员主要对其中的一个感兴趣，他要了解在不同的时间、地点该变量的变动情况。这个变量就叫做因变量。市场营销调研人员在确定了因变量之后，还要进一步考察其他变量在不同的时间、地点对因变量的变动有何影响。这类变量叫自变量。所谓回归分析，是指一种表述自变量对因变量影响的公式技术。

如果在回归分析中，统计方程式只涉及一个自变量，我们称该统计方程式为简单回归；如果涉及两个或两个以上自变量，我们称该统计方程式为多元回归。

(二)判别分析

在许多市场营销问题中，因变量往往是分类型变量而不是数值型变量，在这种情况下就无法运用回归分析。例如，某摩托车厂希望解释顾客对三种品牌的偏好程度；某洗衣粉厂试图根据对其产品使用量的大、中、小来确定购买者的特征；某百货公司想判别将来可能成功和不能成功的商店地理位置。在上述情况中，都是将两个或两个以上的群体根据某特征予以明确分类，使任何一个群体都归属于某一类，目的在于发现重要的判别变量，使之组合成为可预测的公式。这种解决问题的方法就是判别分析。

(三)因素分析

在许多多元回归分析和判别分析中经常遇到的一个问题就是多元共线性，即各变量之间有密切的关联性。多元回归分析要求所使用的各变量要真正独立，即不但只影响因变量，而且也不受因变量影响。所有每对变量间的简单相关系数，可以显示出一个变量与另一个变量的相关程度，据此研究人员可从密切相关的一对变量中去掉一个。另一种解决办法就是应用因素分析，从一组相关变量中找出一些真正相互独立的自变量。因素分析是一种用来确认一组相关变量中真正造成相关的基本因素的统计技术。这种方法假设：相关之所以会发生，是由于有一些基本因素与其他变量在某种程度上相同。在市场营销领域，因素分析主要用于确定对航空旅行、对企业、对产品以及对广告媒体等态度的基本因素，这样可以大大减少回归分析中自变量的个数。

二、测定尺度

在定量研究中，信息都是用某种数字来表示的。在对这些数字进行处理、分析时，首先要明确这些信息数据是依据何种尺度进行测定、加工的。史蒂文斯(S. Stevens)将尺度分为四种类型，即名义尺度、顺序尺度、间距尺度和比例尺度。

(一)名义尺度

名义尺度所使用的数值,用于表现它是否属于同一个人或物。

(二)顺序尺度

顺序尺度所使用的数值的大小,是与研究对象的特定顺序相对应的。例如,给社会阶层中的上上层、中上层、中层、中下层、下下层分别标为"5、4、3、2、1"或者"3、2.5、2、1.5、1"就属于这一类。只是其中表示上上层的5与表示中上层的4的差距,与表示中上层的4和表示中层的3的差距,并不一定是相等的。5、4、3等是任意加上去的符号,如果记为100、50、10也无妨。

(三)间距尺度

间距尺度所使用的数值,不仅表示测定对象所具有的量的多少,还表示它们大小的程度即间隔的大小。不过,这种尺度中的原点可以是任意设定的,但并不意味着该事物的量为"无"。例如,0℃为绝对温度273K。名义尺度和顺序尺度的数值不能进行加减乘除,但间距尺度的数值是可以进行加减运算的。然而,由于原点是任意设定的,所以不能进行乘除运算。例如,5℃和10℃之间的差,可以说与15℃和20℃之间的差是相同的,都是5℃,但不能说20℃就是比5℃高4倍的温度。

(四)比例尺度

比例尺度的意义是绝对的,即它有着含义为"无"量的原点0。长度、重量、时间等都是比例尺度测定的范围。比例尺度测定值的差和比都是可以比较的。例如,5分钟与10分钟之间的差和10分钟与15分钟之间的差都是5分钟,10分钟是2分钟的5倍。比例尺度可以进行加减乘除运算。

在市场营销调研中,很多内容或研究项目都不具备比例尺度或间距尺度的条件,应注意在处理这些问题时,不要出现失误。

案例5-3　20世纪80年代初日本家电迅速占领中国市场的奥秘

20世纪80年代初期,当中国高高举起改革开放的大旗,敞开国门,迎接市场经济的挑战之时,日本的家用电器厂商也开始把眼光转向了中国内地这块幅员辽阔、人口众多的潜在大市场。80年代以来,很长一段时间内,几乎没有人会怀疑日本家电产品的质量和服务,日本家电已在中国市场牢牢地站稳了脚跟,其他的外国品牌几乎很难和日本品牌较量。可是,很少有人知道,在日本家电厂商准备向中国市场全面出击时,欧洲有一家著名厂商是和他们站在同一条起跑线上整装待发的。而最终的结果,大家有目共睹,日本品牌成了大赢家。其原因何在?主要就在于日本厂商首先进行了全面、深入、准确的市场调研和制定了科学的营销策划。因此,市场调研和营销策划是他们获得成功的关键。下面我们就来看一下日本厂商是怎样进行市场调研和营销策划的(见表5-1)。

如此细致、周到的市场调研和营销策划,不能不令人折服,日本家电在中国的成功是在情理之中的。由此我们可以看出,市场调研对一个企业来说是何等重要。

表 5-1　日本厂商对中国市场的调研策划

项目	要　点	理　由
市场规模	3～4 年内中国普通城市居民对低档家电产品具有购买力	中国工资水平虽低,但普遍具有储蓄习惯,同时把大件家电作为财富看待
规模	初步估计可形成 450 万件的销售量	城市有 1.8 亿人口,约 4 500 万户家庭,中等收入以上家庭占 1/10,约需要 450 件产品
产品策略	以 12～14 英寸黑白电视机为主要突破口	住房比较小,屏幕以 12～14 英寸为宜
	必须增加稳定装置	电力供应不稳
	扬声器增加音量	无音量限制规定,观看人多
渠道策略	通过港澳同胞回乡探亲带回内地	官方正式进口短期内可能不大,而港澳同胞每年可带回一大件免税商品

第四节　市场需求测量与预测

企业不仅要对市场进行调查研究,而且还要基于产品、区域、顾客等分类进行定量估计,即进行需求测量与预测。这是制定营销决策的重要依据,对于正确地进行市场机会分析、营销资源配置、营销控制具有特殊的重要意义。

一、市场需求测量

企业从事需求测量,主要是进行市场需求和企业需求两个方面的测量与预测。市场需求与企业需求的测量都包括需求函数、预测和潜量等重要概念。

(一)市场需求

估计市场需求是评价营销机会的重要步骤,但在大多数情况下,人们对市场需求含义的理解并不准确。市场需求的确切定义应当是:某个产品的市场需求是指一定的顾客在一定的地理区域、一定的时间、一定的营销环境和一定的营销方案下购买该产品的总量。

1. 营销力量与市场需求

市场需求对产品价格、产品改进、促销和分销等一般都表现出某种程度的弹性。因此,预测市场需求必须掌握产品价格、产品特征以及营销预算等的假设。我们可用营销力量(marketing efforts)来描述企业所有刺激市场需求的活动。其影响力可分为四个层次:

(1)营销支出水平,即所有花费在营销上的支出。

(2)营销组合,即在特定期间内企业所用营销工具的类型与数量。

(3)营销配置,即企业营销力量在不同顾客群体及销售区域的配置。

(4)营销效率,即企业运用营销资金的效率。

2. 市场反应函数

认识市场需求概念的关键在于市场需求不是一个固定的数值,而是一个函数,即市场需求受上述诸因素的影响。因此,市场需求也被称为市场需求函数或市场反应函数(如图

5-2 所示)。在图 5-2 中,横轴表示在一定时间内的行业营销费用,纵轴表示受营销费用影响的市场需求的大小,曲线表示行业营销费用与市场需求之间估计的对应关系。

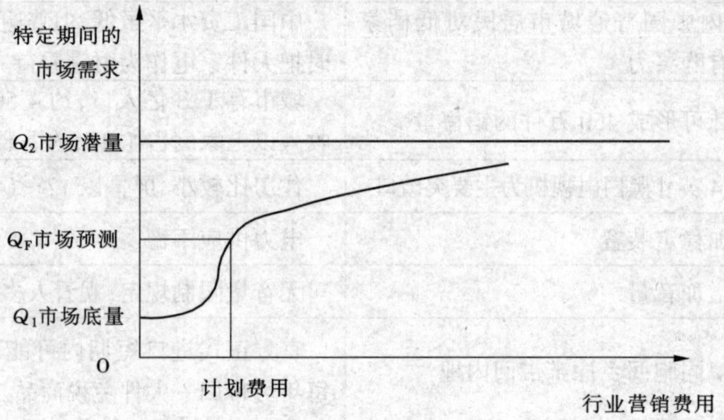

图 5-2　市场需求作为行业营销费用的函数

可以想象,即使没有任何需求刺激,不开展任何营销活动,市场对某种产品的需求仍会存在,我们把这种情形下的销售额称为基本销售量(也称市场底量)。随着行业营销费用的增加,市场需求一般也随之增加,且先以逐渐增加的比率,然后以逐渐降低的比率增加。在营销费用超过一定数量后,即使营销费用进一步增加,但市场需求却不再随之增加,一般把市场需求的最高界限称为市场潜量。

市场底量与市场潜量之间的距离表示需求的营销灵敏度,即表示行业营销对市场需求的影响力。市场有可扩张的和不可扩张的市场之分:可扩张的市场,如服装市场、家用电器市场等,其需求规模受营销费用水平的影响很大;不可扩张的市场,如食盐市场等,几乎不受营销水平的影响,其需求不会因营销费用增长而大幅度增长。需要指出的是,市场需求函数并不是随时间变化而变化的需求曲线,即它并不直接反映时间与市场需求的关系。市场需求曲线只表示当前营销力量与当前需求的关系。

(二)市场预测与市场潜量

行业营销费用可以有不同的水平,但是在一定的营销环境下,考虑到企业资源及发展目标,行业营销费用水平又都必须是有计划的。同计划的营销费用相对应的市场需求就称为市场预测。这就是说,市场预测表示在一定的营销环境和营销费用下的估计的市场需求。

市场预测是估计的市场需求,但它不是最大的市场需求。最大的市场需求是指对应于最高营销费用的市场需求,这时进一步扩大营销力量,不会刺激产生更大的需求。市场潜量是指在一定的营销环境条件下,当行业营销费用逐渐增高时,市场需求所能达到的极限值。这里,有必要强调"在一定的营销环境下"这个限定语的作用。我们知道,营销环境变化深刻地影响着市场需求的规模、结构及时间等,也深刻地影响着市场潜量。例如,对于某种产品来说,市场潜量在经济繁荣时期就比在经济萧条时期要高。这种关系可以表示成图 5-3。企业一般无法改变市场需求曲线的位置,因为这是由营销环境决定的,企业只能根据行业营销费用水平,确定市场预测在函数曲线上的位置。

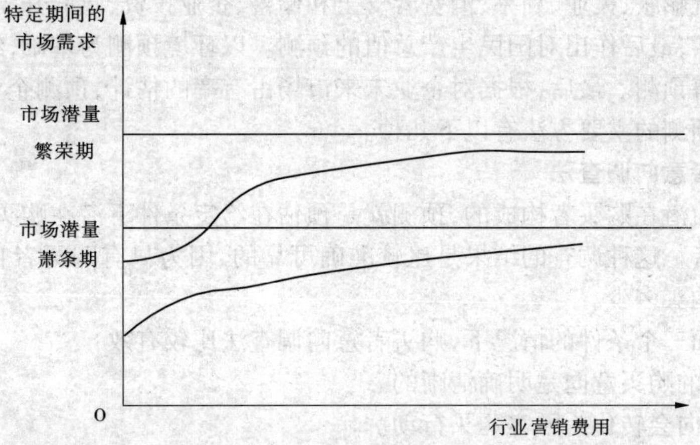

图 5-3　市场需求作为行业营销费用的函数

(三)企业需求、企业预测与企业潜量

企业需求就是在市场总需求中企业所占的需求份额,表示成数学公式为:

$$Q_i = S_i Q$$

式中:Q_i 为企业 i 的需求;S_i 为企业 i 的市场占有率(即企业在特定时间内,在特定市场上某产品销售额占总销售额的比例);Q 为市场总需求。

同市场需求一样,企业需求也是一个函数,称为企业需求函数或销售反应函数。根据上式,我们可以看出,它不仅受市场需求决定因素的影响,还要受任何影响企业市场占有率因素的影响。

企业需求表示不同水平的企业营销力量刺激产生的企业的估计销售额,这也就是说,营销力量的高低决定了销售额的大小。与计划水平的营销力量相对应的一定水平的销售额,称为企业销售预测。因此,企业销售预测就是根据企业确定的营销计划和假定的营销环境确定的企业销售额的估计水平。

人们常说,企业应当在其销售预测基础上制定营销计划。事实上,这种说法在有些情况下是正确的,而在有些情况下却是错误的。如果这种预测是指对全国经济活动的估计,或者企业需求几乎是不可扩张的,那么这种从预测到计划的顺序就是正确的。但是如果这种预测是指对企业销售额的估计,或者市场需求是可扩张的,那么这种从预测到计划的顺序就是不正确的。企业销售预测不是为确定营销力量的数量和构成提供基础,恰恰相反,它是由营销计划决定的。

企业潜量是当企业的营销力量相对于竞争者不断增加时,企业需求所达到的极限。很明显,企业需求的绝对极限是市场潜量,如果企业的市场占有率为 100%,即企业成为独占者时,企业潜量就等于市场潜量。但这只是一种极端状况。在大多数情况下,企业销售量小于市场潜量,这是因为每个企业都有自己的忠诚购买者,他们一般不会转而购买其他企业的产品。

二、市场需求预测的方法

市场需求预测一般要经过三个阶段,即环境预测、行业预测和企业销售预测。环境预测就是分析通货膨胀、失业、利率、消费者支出和储蓄、企业投资、政府开支、净出口以及其他一些重要因素,最后作出对国民生产总值的预测。以环境预测为基础,结合其他环境特征进行行业销售预测。最后,根据对企业未来市场占有率的估计,预测企业销售额。

市场需求预测的主要方法有以下几种。

(一)购买者意向调查法

市场总是由潜在购买者构成的,预测就是预估在给定条件下潜在购买者的可能行为,即要调查购买者。这种调查的结果是比较准确可靠的,因为只有购买者自己才知道将来会购买什么和购买多少。

在满足下面三个条件的情况下,购买者意向调查法比较有效:

(1)购买者的购买意向是明确清晰的。

(2)这种意向会转化为顾客购买行动。

(3)购买者愿意把其意向告诉调查者。

对于耐用消费品,如汽车、房屋、家具、家用电器等的购买者。调查者一般要定期进行抽样调查。另外,还要调查消费者目前和未来个人财力情况以及他对未来经济发展的看法。对于产业用品,企业可以自行从事顾客购买意向调查。通过统计抽样选取一定数量的潜在购买者,访问这些购买者的有关部门负责人。通过访问获得的资料以及其他补充资料,企业便可以对其产品的市场需求作出估计。

尽管这样费时费钱,但企业可从中间接地获得某些好处。首先,通过这些访问,企业分析人员可以了解到在没有公开出版资料的情况下考虑各种问题的新途径;其次,可以树立或巩固企业关心购买者需要的形象;最后,在进行总市场需求的预测过程中,也可以同时获得各行业、各地区的市场需求估计值。

用购买者意向调查法预测产业用品的未来需要,其准确性比预测消费品的要高,因为消费者的购买动机或计划常因某些因素(如竞争者的营销活动等)的变化而变化,如果完全根据消费动机作预测,准确性往往不是很高。一般来说,用这种方法预测非耐用消费品需要的可靠性较低,预测耐用消费品需要的可靠性稍高,预测产业用品需要的可靠性则更高。

(二)销售人员综合意见法

在不能直接与顾客见面时,企业可以通过听取销售人员的意见估计市场需求。销售人员综合意见法的主要优点是:①销售人员经常接近购买者,对购买者意向有较全面深刻的了解,比其他人有更充分的知识和更敏锐的洞察力,尤其是对受技术发展变化影响较大的产品。②由于销售人员参与企业预测,因而他们对上级下达的销售配额有较大的信心完成。③通过这种方法,也可以获得按产品、区域、顾客或销售人员划分的各种销售预测。

一般情况下,销售人员所做的需求预测必须经过进一步修正才能利用,这是因为:①销售人员的判断总会有某些偏差,受其最近销售成败的影响,他们的判断可能会过于乐观或过于悲观,即常常走极端。②销售人员可能对经济发展形势或企业的营销总体规划不了解。③为了使其下一年度的销售额大大超过配额指标,以获得升迁或奖励的机会,销售人员可能会故意压低其预测数字。④销售人员也可能对这种预测没有足够的知识、能力或兴趣。

尽管有这些不足之处，但是这种方法仍被人们所采用，因为各销售人员的过高或过低的预测可能会相互抵消，这样使预测总值仍比较理想。有时，有些销售人员预测的偏差可以预先识别并及时得到修正。

（三）专家意见法

企业也可以利用诸如经销商、分销商、供应商及其他一些专家的意见进行预测。由于这种方法是以专家为索取信息的对象，用这种方法进行预测的准确性，主要取决于专家的专业知识和与此相关的科学知识基础，以及专家对市场变化情况的洞悉程度，因此依靠的专家必须具备较高的水平。

利用专家意见有多种方式。例如，组织一个专家小组进行某项预测，这些专家提出各自的估计，然后交换意见，最后经过综合，提出小组的预测。这种方式的缺点是：小组成员容易屈从于某个权威或者大多数人的意见（即使这些意见并不正确），不愿提出不同的看法；或者虽然认识到自己的意见错了，但碍于情面不愿意当众承认。

现在应用较普遍的方法是德尔菲法，其基本过程是：先由各个专家针对所预测事物的未来发展趋势独立提出自己的估计和假设，经企业分析人员（调查主持者）审查、修改、提出意见，再发回到各位专家手中，这时专家们根据综合的预测结果，参考他人意见修改自己的预测，即开始下一轮估计。如此往复，直到各专家对未来的预测基本一致为止。

专家意见法的主要优点是：①预测过程迅速，成本较低。②在预测过程中，各种不同的观点都可以表达并加以调和。③如果缺乏基本的数据，可以运用这种方法加以弥补。

专家意见法的主要缺点是：①专家意见未必能反映客观现实。②责任较为分散，估计值的权数相同。③一般仅适用于总额的预测，而用于区域、顾客群、产品大类等的预测时，可靠性较差。

（四）市场试验法

企业收集到的各种意见的价值，不管是购买者、销售人员的意见，还是专家的意见，都取决于获得各种意见的成本、意见可得性和可靠性。如果购买者对其购买并没有认真细致的计划，或其意向变化不定，或专家的意见也并不十分可靠，在这些情况下，就需要利用市场试验这种预测方法。特别是在预测一种新产品的销售情况和现有产品在新的地区或通过新的分销渠道的销售情况时，利用这种方法效果最好。

（五）时间序列分析法

很多企业以过去的资料为基础，利用统计分析和数学分析预测未来需求。这种方法的根据是：①过去的统计数据之间存在着一定的关系，而且这种关系利用统计方法可以揭示出来；②过去的销售状况对未来的销售趋势有决定性影响，销售额只是时间的函数。因此，企业可以利用这种方法预测未来的销售趋势。

时间序列分析法的主要特点是：以时间推移研究和预测市场需求趋势，不受其他外界因素的影响。不过，在遇到外界发生较大变化，如国家政策发生变化时，根据过去已发生的数据进行预测往往会有比较大的偏差。

产品销售的时间序列，可以分成四个组成部分：

(1)趋势。它是人口、资本积累、技术发展等方面共同作用的结果。利用过去有关的销售资料描绘出销售曲线就可以看出某种趋势来。

(2)周期。企业销售额往往呈现出某种波状运动,因为企业销售一般都受到宏观经济活动的影响,而宏观经济活动总呈现出某种周期性波动的特点。周期因素在中期预测中尤其重要。

(3)季节。季节指一年内销售量变动的形式。季节一词在这里可以指任何按小时、月份或季度周期发生的销售量变动形式。这个组成部分一般同气候条件、假日、商业习惯等有关。季节形式为预测短期销售提供了基础。

(4)不确定事件。不确定事件包括自然灾害、战争恐慌和其他一些干扰因素。这些因素属不正常因素,一般无法预测。应当从过去的数据中剔除这些因素的影响,考察较为正常的销售活动。

时间序列分析就是把过去的销售序列 Y 分解成为趋势(T)、周期(C)、季节(S)和不确定因素(E)等组成部分,通过对未来这几个因素的综合考虑,进行销售预测。这些因素可构成线性模型,即

$$Y = T + C + S + E$$

也可构成乘数模型,即

$$Y = T \times C \times S \times E$$

还可以是混合模型,如

$$Y = T \times (C + S + E)$$

(六)直线趋势法

运用最小平方法,以直线斜率表示增长趋势的外推预测方法。其公式为

$$Y = a + bX$$

式中:a 为直线在 y 轴上的截距;b 为直线斜率,反映年平均增长率;Y 为销售预测趋势值;X 为时间。

根据最小平方法原理,先计算预测趋势值的总和,即

$$\sum Y = na + b\sum x$$

式中:n 为年份数。

再计算 XY 的总和,即

$$\sum XY = a\sum X + b\sum X^2$$

为简化计算,将 $\sum x$ 取 0。若 n 为奇数,则取 X 的间隔为 1,将 $X = 0$ 置于资料期的中央一期;若行为偶数,则取 X 的间隔为 2,将 $X = -1$ 与 $X = 1$ 置于资料中央的上下两期。

当 $\sum X = 0$ 时,上述两式分别变为

$$\sum Y = na$$

$$\sum XY = b\sum X^2$$

由此推算出 a、b 值为

$$a = \sum Y / n$$

$$b = \sum XY / \sum X^2$$

所以

$$Y = \frac{EY}{n} + \frac{\sum XY}{\sum X^2} \cdot X$$

【例】 假设某企业 2005～2009 年销售额分别为 480 万元、530 万元、540 万元、570 万元、580 万元，运用直线趋势法预测 2010 年的销售额。由于 $n=5$ 为奇数，且间隔为 1，故 $X=0$ 置于中央一期即 1997 年，X 的取值依次为 -2、-1、0、1、2，XY 依次为 -960、-530、0、570、1160，X^2 依次为 4、1、0、1、4，所以

$$\sum Y = 2700$$

$$\sum XY = 240$$

$$\sum X^2 = 10$$

代入上述公式，得

$$Y = 540 + 24X$$

预测 2010 年的销售额，则 $X=3$，代入上式，得

$$Y = 540 + 24 \times 3 = 612(\text{万元})$$

(七)统计需求分析法

时间序列分析法把过去和未来的销售都看做是时间的函数，即仅随时间的推移而变化，不受其他任何现实因素的影响。然而，任何产品的销售都要受到很多现实因素的影响。统计需求分析就是运用一整套统计学方法发现影响企业销售的最重要的因素，以及这些因素影响的相对大小。企业经常分析的因素，主要有价格、收入、人口和促销等。

统计需求分析将销售量 Q 视为一系列独立需求变量 $X_1, X_2, \cdots, X_n$ 的函数，即

$$Q = f(X_1, X_2, \cdots, X_n)$$

但是，这些变量同销售量之间的关系一般并不能用严格的数学公式表示出来，而只能用统计分析来揭示和说明，即这些变量同销售量之间的关系是统计相关。多元回归技术就是这样一种数理统计方法。它运用数理统计工具在寻找最佳预测因素和方程的过程中，可以找到多个方程，这些方程均能在统计学意义上符合已知数据。

在运用统计需求分析法时，应充分注意影响其有效性的问题：

(1)观察值过少。

(2)各变量之间高度相关。

(3)变量与销售量之间的因果关系不清。

(4)未考虑到新变量的出现。

需要说明的是，需求预测是一项十分复杂的工作。实际上只有特殊情况下的少数几种产品的预测较为简单，如未来需求趋势相当稳定，或没有竞争者存在(如公用事业)，或竞争条件比较稳定(如纯粹垄断的产品生产)等。在大多数情形下，企业经营的市场环境是在不断变化的，由于这种变化，总市场需求和企业需求都是变化的、不稳定的。需求越不稳定，越需要精确的预测。这时准确地预测市场需求和企业需求就成为企业成功的关

键,因为任何错误的预测都可能导致诸如库存积压或存货不足,从而使销售额下降或销售中断等不良后果。

在预测需求的过程中,所涉及到的许多技术问题需要由专业技术人员解决,但是营销经理应熟悉主要的预测方法以及每种方法的主要长处和不足。

思考题

1. 理想的市场营销信息系统应具备的要求有哪些?
2. 如何理解收集原始资料时所采用的方法?
3. 审查与评估二手资料的标准有哪些?
4. 定量研究所采用的测定尺度有哪些?
5. 如何理解市场需求测量的基本含义?
6. 实验设计的主要类型有哪些?
7. 时间序列分析法的依据与特点有哪些?

第六章　市场竞争战略分析

市场竞争是市场经济的基本特征之一。正确的市场竞争战略，是企业成功地实现其市场营销目标的关键。企业要想在激烈的市场竞争中立于不败之地，就必须树立竞争观念，制定正确的市场竞争战略，努力取得竞争的主动权。学习本章应了解竞争者分析的一般方法，掌握市场主导者、市场挑战者、市场跟随者和市场补缺者的基本涵义及其市场竞争战略。

本章要点：

- 识别、确定企业的竞争者及其目标与战略
- 判断竞争者的市场反应
- 选择企业应采取的对策
- 市场主导者战略分析
- 市场挑战者战略分析
- 市场跟随者战略分析
- 市场补缺者战略分析

竞争是市场营销永恒的主题，昨天如此，今天如此，明天也是如此。如果忽略了竞争对手，那么企业所有的策略和计划都失去了意义，不会取得很好的成效。企业必须认真识别和分析公司的竞争对手，并有针对性地采取合适的竞争策略，谋求生存和发展。

第一节　竞争者分析

企业在开展市场营销活动的进程中，仅仅了解其顾客是远远不够的，还必须了解其竞争者。知己知彼(竞争者)，才能取得竞争优势，在商战中获胜。

一、识别企业的竞争者

竞争者一般是指那些与本企业提供的产品或服务相似，并且所服务的目标顾客也相似的其他企业。例如，美国可口可乐公司把百事可乐公司作为主要竞争者；通用汽车公司把福特汽车公司作为主要竞争者。

识别竞争者看来似乎是简单易行的事，其实并不尽然。企业的现实竞争者和潜在竞争者的范围很广。从现代市场经济的实践来看，一个企业很可能被潜在竞争者而不是被当前的主要竞争者吃掉。通常可从产业和市场两个方面来识别企业的竞争者。

(1)产业竞争观念。从产业方面来看，提供同一类产品或可相互替代产品的企业，构成一种产业，如汽车产业、医药产业等。如果一种产品价格上涨，就会引起另一种替代产品的需求增加。例如，咖啡涨价会促使消费者转而购买茶叶或其他软饮料，因为他们是可相互替代的产品，尽管它们的自然形态不同。企业要想在整个产业中处于有利地位，就必

须全面了解本产业的竞争模式,以确定自己的竞争者的范围。

(2)市场竞争观念。从市场方面来看,竞争者是那些满足相同市场需要或服务于同一目标市场的企业。例如,从产业观点来看,打字机制造商把其他同行业的公司作为竞争者;但从市场观点来看,顾客需要的是“书写能力”,铅笔、钢笔、电子计算机也可满足这种需要,因而,生产这些产品的公司均可成为打字机制造商的竞争者。以市场观点分析竞争者,可使企业拓宽眼界,更广泛地看清自己的现实竞争者和潜在竞争者,从而有利于企业制定长期的发展规划。

识别竞争者的关键是,从产业和市场两个方面将产品细分和市场细分结合起来,综合考虑。

二、确定竞争者的目标与战略

确定了谁是企业的竞争者之后,还要进一步搞清楚每个竞争者在市场上追求的目标和实施的战略是什么,每个竞争者行为的动力是什么。可以假设所有竞争者努力追求的都是利润的最大化,并据此采取行动。但是,各个企业对短期利润或长期利润的侧重不同。有些企业追求的是“满意”的利润而不是“最大”的利润,只要达到既定的利润目标就满意了,即使其他策略能赢得更多的利润他们也不予考虑。

(一)竞争者的目标

每个竞争者都有侧重点不同的目标组合,如获利能力、市场占有率、现金流量、技术领先和服务领先等。企业要了解每个竞争者的重点目标是什么,才能正确估计他们对不同的竞争行为将如何反应。例如,一个以“低成本领先”为主要目标的竞争者,对其他企业在降低成本方面的技术突破的反应,要比对增加广告预算的反应强烈得多。企业还必须注意监视和分析竞争者的行为,如果发现竞争者开拓了一个新的细分市场,那么这可能是一个市场营销机会;反之,如果发觉竞争者正试图打入属于自己的细分市场,那么就应抢先下手,予以回击。

竞争者目标的差异会影响到其经营模式。美国企业一般都以追求短期利润最大化模式来经营,因为其当期业绩是由股东评价的。如果短期利润下降,股东就有可能失去信心,抛售股票,以致企业资金成本上升。日本企业一般按市场占有率最大化模式经营。它们需要在一个资源贫乏的国家为1亿多人提供就业,因而对利润的要求较低,它们的大部分资金来源于寻求平稳的利息而不是高额风险收益的银行。日本企业的资金成本要远远低于美国企业,所以能够把价格定得较低,并在市场渗透方面显示出很大的耐性。

(二)竞争者的战略

各企业采取的战略越相似,它们之间的竞争就越激烈。在多数行业中,根据所采取的主要战略的不同,可将竞争者划分为不同的战略群体。例如,在美国的主要电器行业中,通用电器公司、惠普公司和施乐公司都提供各种中等价格的电器,因此可将它们划分为同一战略群体。

根据战略群体的划分,可以归纳出两点:一是进入各个战略群体的难易程度不同。一般小型企业适合进入投资和声誉都较低的群体,因为这类群体比较容易打入,而实力雄厚的大型企业则可考虑进入竞争性强的群体。二是当企业决定进入某一战略群体时,首先要明确谁是主要的竞争对手,然后决定自己的竞争战略,如果某公司要进入上述电器公司的战略群体,就必须有战略上的优势,否则很难吸引相同的目标顾客。

除了在同一战略群体内存在激烈竞争外,在不同战略群体之间也存在竞争。这是因为:第一,某些战略群体可能具有相同的目标顾客;第二,某些顾客可能分不清不同战略群体的产品的区别,如分不清高档货与中档货的区别;第三,属于某个战略群体的企业可能改变战略,进入另一个战略群体,如提供中档货的企业可能转向生产高档货。

企业需要估计竞争者的优势及劣势,了解竞争者执行各种既定战略的情报,分析企业是否达到了预期目标。为此,企业需收集过去几年中关于竞争者的情报和数据。如销售额、市场占有率、边际利润、投资收益、现金流量、发展战略等。但这不是一件容易的事,有时要通过间接的方式取得,如通过二手资料、别人的介绍、别人的经验等。企业可以对中间商和顾客进行调查,如以问卷调查形式请顾客给本企业的和竞争者的产品在一些重要方面分别打分,通过分数可了解竞争者的长处和劣势,还可用来比较自己和竞争者在竞争地位上的高低。在寻找竞争劣势时,要注意发现竞争者对市场或对他们自己判断上的错误。例如,有些竞争者自以为他们的产品是第一流的,而实际上并非如此;有些错误观念,如误认为"顾客偏爱产品齐全的企业"、"人员促销是唯一主要的促销方式"、"顾客认为服务比价格更重要"等,都会导致采用错误的战略。如果发现了竞争者的主要经营思想有某种不符合实际的错误观念,企业就可利用对手这一劣势,出其不意,攻其不备。

三、判断竞争者的市场反应

竞争者的目标、战略、优势和劣势决定了它对降价、促销、推出新产品等市场竞争战略的反应。此外,每个竞争者都有一定的经营哲学和指导思想,因此为了估计竞争者的反应以及可能采取的行动,企业的市场营销管理者要深入了解竞争者的思想和信念。当企业采取某些措施和行动之后,竞争者会产生如下不同的反应:

(1)从容不迫型竞争者。一些竞争者反应不强烈,行动迟缓,其原因可能是认为顾客忠实于自己的产品;也可能是重视不够,没有发现对手的新措施;还可能是因缺乏资金而无法作出相应的反应。

(2)选择型竞争者。一些竞争者可能会在某些方面反应强烈,如对降价竞销总是强烈反击,但对其他方面(如增加广告预算、加强促销活动等)却不予理会,因为他们认为这对自己威胁不大。

(3)凶猛型竞争者。一些竞争者对任何方面的进攻都迅速强烈地作出反应,如美国宝洁公司就是一个强劲的竞争者,一旦受到挑战就会立即发起猛烈的全面反击。因此,同行业的企业都避免与它直接交锋。

(4)随机型竞争者。有些企业的反应模式难以捉摸,它们在特定场合可能采取也可能不采取行动,并且无法预料它们将会采取什么行动。

四、选择企业应采取的对策

企业明确了谁是主要竞争者并分析了竞争者的优势、劣势和反应模式之后,就要决定自己的对策:进攻谁、回避谁,可根据以下几种情况做出决定:

(1)竞争者的强弱。多数企业认为应以较弱的竞争者为进攻目标,因为这样做可以节省时间和资源,事半功倍,但是获利较少。反之,有些企业认为应以较强的竞争者为进攻目标,因为这样做可以提高自己的竞争能力并且获利较大,而且即使强者也总会有劣势。

(2)竞争者与本企业的相似程度。多数企业主张与相似的竞争者展开竞争,但同时又认为应避免摧毁相似的竞争者,因为其结果很可能对自己反而不利。例如,美国博士伦眼镜公司在20世纪70年代末与其他同样生产隐形眼镜的公司竞争中大获全胜,导致竞争者因为失败而竞相将企业卖给了竞争力更强的大公司,结果使博士伦公司面对更强大的竞争者,处境更困难。

(3)竞争者表现的好坏。有时竞争者的存在对企业是必要的、有益的、具有战略意义的。竞争者可能有助于增加市场总需求,可分担市场开发和产品开发的成本,并有助于使新技术合法化;竞争者为吸引力较小的细分市场提供产品,可导致产品差异性的增加;最后,竞争者还加强企业同政府管理者或同职工的谈判力量。但是,企业并不是把所有的竞争者都看成是有益的,因为每个行业中的竞争者通常都有表现良好和具有破坏性这两种类型。表现良好的竞争者按行业规则行动,按合理的成本定价,有利于行业的稳定和健康发展;他们激励其他企业降低成本或增加产品差异性;他们接受合理的市场占有率与利润水平。而具有破坏性的竞争者则不遵守行业规则,他们常常不顾一切地冒险或用不正当手段(如收买贿赂买方采购人员等)扩大市场占有率等,从而扰乱了行业的均衡。例如,IBM公司认为克雷研究公司是表现良好的竞争者,因为它遵守行业规则,固守它的超级电脑细分市场,不攻击IBM公司的核心市场。然而,IBM公司却认为日本富士通公司是具有破坏性的竞争者,因为它以补贴价格和差异很小的产品攻击IBM公司的核心市场。

根据以上分析。每个行业的竞争者的表现都有好坏之分,那些表现好的企业试图组成一个只有好的竞争者的行业。他们通过颁发许可证,选择相互关系(攻击或结盟)及其他手段,试图使本行业竞争者的市场营销活动控制在协调合理的范围之内,遵守行业规则,凭自己的努力扩大市场占有率,彼此在市场营销因素组合上保持一定的差异性,从而减少直接的冲突。

五、企业的竞争情报系统和竞争定位

企业为了及时准确地掌握竞争者情报,还需要建立竞争情报系统。具体步骤如下:

(1)建立系统。这个系统首先要明确市场营销管理者所需要的主要情报及其最佳来源是什么。

(2)收集数据。通常推销人员、经销商和代理商、市场咨询机构和有关的协会以及有关的报刊杂志等,都可成为情报来源。

(3)评价分析。对所收集到的资料分析评估,作出必要的解释,整理分类。

(4)传播反应。通过电话、报告、通信、备忘录、布告等形式,将情报资料及时送给企业有关的管理部门。

企业在进行市场分析之后,还必须明确自己在同行业竞争中所处的位置,进而结合自己的目标、资源和环境以及在目标市场上的地位等来制定市场竞争战略。现代市场营销理论根据企业在市场上的竞争地位,把企业分为四种类型:市场主导者、市场挑战者、市场跟随者和市场补缺者。

第二节　市场主导者战略

市场主导者是指在相关产品的市场上占有率最高的企业。一般来说,大多数行业都有一家企业被认为是市场主导者,它在价格变动、新产品开发、分销渠道的宽度和促销力量等方面处于主宰地位,为同行业者所公认。它是市场竞争的先导者,也是其他企业挑战、效仿或回避的对象,如美国汽车市场的通用汽车公司、电脑软件市场的微软公司、照相机行业的尼康公司、推土机行业的卡特彼勒公司、软饮料市场的可口可乐公司、剃须刀行业的吉列公司以及快餐市场的麦当劳公司等,这种主导者几乎各行各业都有,它们的地位是在竞争中自然形成的,但不是固定不变的。市场主导者所具备的优势包括消费者对品牌的忠诚度高、营销渠道的建立及其高效运行、营销经验的迅速积累等。

市场主导者如果没有获得法定的垄断地位,必然会面临竞争者的无情挑战,因此必须保持高度的警惕并采取适当的战略,否则,就很可能丧失领先地位而降到第二位或第三位。市场主导者为了维护自己的优势,保住自己的领先地位,通常可采取三种战略:一是扩大市场需求总量;二是保护市场占有率;三是提高市场占有率。

一、扩大市场需求总量

当一种产品的市场需求总量扩大时,受益最大的是处于领先地位的企业。例如,美国消费者如果增加拍照片的数量,受益最大的将是柯达公司,因为它占有美国胶卷市场的70%以上。

一般来说,市场主导者可从三个方面扩大市场需求量:一是发现新用户;二是开辟新用途;三是增加使用量。

(一)发现新用户

每种产品都有吸引新用户、增加用户数量的潜力,因为可能有些消费者对某种产品还不甚了解、产品定价不合理或者产品性能还有缺陷等。一个制造商可从三个方面找到新的用户。例如,香水企业可设法说服不用香水的妇女使用香水(市场渗透战略);说服男士使用香水(市场开发战略);向其他国家推销香水(地理扩展战略)。美国强生公司婴儿洗发香波的扩大推销,是开发市场的一个成功范例。当美国人口出生率开始下降时,该公司制作了一部电视广告片向成年人推销婴儿洗发香波,取得了良好效果,使该品牌成为市场主导者。雀巢公司所采取的是地理扩展战略,它总是力图成为进入市场的第一家食品公司。为了进入中国市场,雀巢公司先后进行了长达10年的谈判。

(二)开辟新用途

为产品开辟新的用途,可扩大需求量并使产品销路久畅不衰。例如,美国杜邦公司的尼龙就是一个成功的典型。又如碳酸氢钠的销售在100多年间没有起色,它虽然有多种用途,但没有一种是大量的,后来一家企业发现有些消费者将该产品用做电冰箱的除臭剂,于是大力宣传这一新用途,使该产品销量大增。许多事例表明,新用途的发现往往归功于顾客。凡士林最初问世时是用做机器润滑油的,之后,一些使用者才发现凡士林可用做润肤脂、药膏和发胶等。

(三)增加使用量

促进用户增加使用量是扩大需求的一种重要手段。例如,宝洁公司劝告消费者在使用海飞丝香波洗发时,每次将使用量增加一倍效果更佳。又如,法国的一家轮胎公司宣传法国南部的旅馆服务如何优良,诱导巴黎人开车到南部去度周末,并出版有详细地图的旅游指南,引导人们更多地开车去旅游,以增加轮胎的消耗量。提高购买频率也是扩大消费量的一种常用的办法,如时装制造商每年每季都不断推出新的流行款式,消费者就不断购买新装,流行款式的变化愈快,消费者购买新装的频率也愈高。

二、保护市场占有率

处于市场领先地位的企业,必须时刻防备竞争者的挑战,保卫自己的市场阵地。例如,可口可乐公司要防备百事可乐公司,柯达公司要提防富士公司,吉列公司要警惕毕克公司,丰田公司要小心日产公司等。这些挑战者都是很有实力的,主导者稍不注意就可能被取而代之。

《孙子兵法》曾指出"故善战者,求之于势,不求于人"。它的意思是善战者不是依靠对手不进攻,而是靠自己具有不可被攻破的实力。因此,市场主导者任何时候也不能满足于现状,必须在产品的创新、服务水平的提高、分销渠道的畅通和降低成本等方面,真正处于该行业的领先地位。主导者应该在不断提高服务质量的同时,抓住对手的弱点主动出击。在军事上有一条原则:"进攻是最好的防御"。例如,香港电信公司实施了一项名为"G－Force"的服务保证计划,它使得顾客能够申请免费租用线路,甚至当流动服务无法达到其服务标准时可以将现金兑换出来。同时,该公司还引入了 VOD(视频服务)等盈利性业务,这种 VOD 服务可以用普通电话线路将各种电影传送到用户家里。

市场主导者如果不发动进攻,就必须严守阵地,不能有任何疏漏。它应尽可能使中间商的货架多摆上些自己的产品,以防止其他品牌侵入。堵塞漏洞要付出很高的代价,但放弃一个细分市场,"机会损失"可能更大。例如,前些年美国通用汽车公司不愿耗资去生产小型汽车,结果被日本公司侵入美国汽车市场,通用汽车公司的损失巨大。因此,市场主导者必须善于准确地辨认哪些是值得耗资防守的阵地,哪些是风险很小可以放弃的阵地。主导者往往无法保持它在整个市场上的所有阵地时,应当集中使用防御力量。

防御战略的目标是,减少受攻击的可能性,使攻击转移到危害较小的地方,并削弱其攻势。虽然任何攻击都可能造成利润上的损失,但防御者的防御措施如何,反应速度快慢,其后果就大不一样。有六种防御战略可供市场主导者选择:

(1)阵地防御。阵地防御就是在现有阵地周围建立防线。这是一种静态的防御,是防御的基本形式。但是,不能作为唯一的形式,如果将所有力量都投入这种防御,最后很可能导致失败,如第二次世界大战时法国的"马其诺防线"。对企业来说,单纯采用消极的静态防御,只保卫自己目前的市场和产品,是一种"市场营销近视症"。例如,当年福特公司对它的 T 型车的近视症就造成了严重的后果,使得年盈利 10 亿美元的福特公司从顶峰跌到了濒临破产的边缘。现在,可口可乐公司虽然已经发展到年产量占全球软饮料半数左右的规模,但仍然积极从事多元化经营,如打入酒类市场,兼并水果饮料公司,从事塑料和海水淡化设备等。

(2)侧翼防御。侧翼防御是指市场主导者除保卫自己的阵地外,还应建立某些辅助性的基地作为防御阵地,必要时作为反攻基地。特别是注意保卫自己较弱的侧翼,防止对手乘虚而入。例如,20世纪70年代美国几大汽车公司就因没有注意侧翼防御,遭到日本小型汽车的无情进攻,失去了大片阵地。大荣公司是日本最大的超市连锁公司,它运用在城镇外开设新店,销售更多的进口商品等策略狠狠地报复了那些企图与之竞争的折扣商店。在菲律宾,生力啤酒公司的白威士忌受到亚洲啤酒公司“虎”牌啤酒的挑战,生力公司为应付这一挑战,推出了侧翼品牌“金鹰”,结果取得了防御成功。

(3)以攻为守。这是一种“先发制人”式的防御,即在竞争者尚未进攻之前,先主动攻击。这种战略主张预防胜于治疗,达到事半功倍的效果。其具体做法是,当竞争者的市场占有率达到某一危险的高度时,就对它发动攻击;或者对市场上的所有竞争者全面攻击,使人人自危。例如,日本精工表把它的2000多种款式的手表分销到世界各地,造成全方位的威胁。

当然,企业如果对自己的技术或品牌声誉有充分信心,自信能足以承受某些攻击的话,也可能沉着应战,不轻易发动进攻。例如,美国亨氏公司对汉斯公司在番茄酱市场上的进攻,就置之不理,结果是后者得不偿失,以败阵告终。

(4)反击防御。当市场主导者遭到对手发动降价或促销攻势,或改进产品、占领市场阵地等进攻时,不能只是被动应战,应主动反攻入侵者的主要市场阵地。可实行正面反攻、侧翼反攻,或发动钳形攻势,以切断进攻者的后路。当市场主导者在本土上遭到攻击时,一种很有效的方法是进攻攻击者的主要领地,以迫使其撤回部分力量守卫其本土,这叫做“围魏救赵”。富士公司与柯达公司就是这样的例子。当富士公司在美国向柯达公司发动攻势时,柯达公司报复的手段是以牙还牙,攻入日本市场。

(5)运动防御。这种战略是,不仅防御目前的阵地,而且还要扩展到新的市场阵地,作为未来防御和进攻的中心。市场扩展通过两种方式实现:①市场扩大化,就是企业将其注意力从目前的产品上转到有关该产品的基本需要上,并全面研究与开发有关该项需要的科学技术。例如,把“石油”公司变成“能源”公司就意味着市场范围扩大了,不限于一种能源——石油,而是要覆盖整个能源市场。又如,美国有一家公司把它的经营范围从“地面覆盖”扩展到“房间装饰”,取得很大成功,进而该公司又扩展到其他有关业务。但是市场扩大化必须有一个适当的限度,否则将发生“市场营销远视症”。②市场多角化,即向无关的其他市场扩展,实行多角化经营。例如,美国的烟草公司由于社会对吸烟的限制日益增多,纷纷转向其他产业,如酒类、软饮料和冷冻食品等。

(6)收缩防御。在所有市场阵地上全面防御有时会得不偿失,在这种情况下,最好是实行战略收缩,即放弃某些疲软的市场阵地,把力量集中用到主要的市场阵地上去。

三、提高市场占有率

市场主导者设法提高市场占有率,也是增加收益、保持领先地位的一个重要途径。市场占有率是与投资收益率有关的最重要的变量之一。市场占有率越高,投资收益率也越大。市场占有率高于40%的企业其平均投资收益率相当于市场占有率低于10%的企业的 3 倍。因此，许多企业在市场占有率上占据第一位或第二位，否则便撤出该市场。例如，IBM公司为了恢复其市场占有率，在 3 个多月的时间里投入 1 亿美元来扩大其OS/2 WARP 的市场占有率；在新加坡市场上，它同电脑制造商签订协议，在电脑上预装这种软件，从而使其市场占有率增加了 1 倍。

但是，也有些研究者对上述观点提出不同意见。对某些行业的研究发现，除了市场主导者以外，有些市场占有率低的企业，依靠物美价廉和专业化经营，也能获得很高的收益，只有那些规模不大不小的企业收益最低，因为它们既不能获得规模经济效益，也不能获得专业化竞争的优势，所以，企业提高市场占有率时应考虑以下三个因素：

第一，引起反垄断活动的可能性。许多国家有反垄断法，当企业的市场占有率超过一定限度时，就有可能受到指控和制裁。

第二，为提高市场占有率所付出的成本。当市场占有率已达到一定水平时，再要求进一步的提高就要付出很大代价，结果可能得不偿失。美国的另一项研究表明，企业的最佳市场占有率是 50%。因此，有时为了保持市场领先地位，甚至要在较疲软的市场上主动放弃一些份额。

第三，争夺市场占有率时所采用的市场营销组合战略。有些市场营销手段对提高市场占有率很有效，却不一定能增加收益。只有在以下两种情况下市场占有率同收益率成正比：一是单位成本随市场占有率的提高而不降低，如 20 世纪 20 年代初福特公司的 T 型车；二是在提供优质产品时，销售价格的提高大大超过为提高质量所投入的成本。

总之，市场主导者必须善于扩大市场需求总量，保卫自己的市场阵地，防御挑战者的进攻，并在保证收益增加的前提下，提高市场占有率。这样，才能持久地占据市场领先地位。

案例 6-1　青岛海尔不断推出新产品，维护市场主导地位

自 2002 年起，连续三年获得中国第一品牌的青岛海尔，从它的成长历史可以看出开发新产品的重大意义：1996 年为满足消费者一台空调用两个房间的需要，研制出“一拖二”空调，推出的时间虽然是当年的 9 月份，但由于产品深受欢迎，一年以内的产量早已预先订完；1996～1997 年，为了方便消费者夏天洗衣服，满足小容量、节能节水、少占空间的需要，及时推出 1.5 千克容量的“小小神童”洗衣机，而其他企业还停留在研制大容量洗衣机中，因此得到广大消费者的青睐，成为当年洗衣机的销量冠军，并打破了该行业的“电风扇一转，洗衣机完蛋；电风扇一停，洗衣机准行”的传统思想；1998 年那年，科学家发现了南极臭氧层被氟里昂破坏并被大量报道，人们纷纷关心地球的生态环境，海尔又适时地推出无氟冰箱“金王子”，与全球性的保护地球臭氧层活动相互辉映，并成功打入欧洲市场；1999 年，当空调市场日趋饱和时，人们有个普遍的想法“买得起用不起”，海尔成功推出变频空调，大大节省了用电量，又是深受好评；2000～2005 年间又推出了许多新产品，如环保节能型冰箱、能净化空气的空调、小巧方便的笔型手机、不用洗衣粉的洗衣机、能将油烟与人有效隔离的风幕吸油烟机等。这些新产品上市后，由于都是通过市场调查了解消费者潜在的需求之后而进行精心设计与制造的，根本用不着家电业流行的低价、降价竞争，相反，由于产品质量比较好，适应了当时市场上不同消费者的需要，因此价格虽然还比较高，却能赢得消费者的认可。用海尔总裁张瑞敏的话说是打价值战而不是价格战！海尔通过一系列的新产品开发，不仅树立了良好的企业品牌形象，而且也使企业具有较好的经济效益与社会效益。

第三节　市场挑战者战略

市场挑战者和市场跟随者是指那些在市场上处于次要地位(第二、第三甚至更低地位)的企业，如美国汽车市场的福特公司、软饮料市场的百事可乐公司等。这些处于次要地位的企业可采取两种战略：一是争取市场领先地位，向竞争者挑战，即市场挑战者；二是安于次要地位，在“共处”的状态下求得尽可能多的收益，即市场跟随者。每个处于市场次要地位的企业，都要根据自己的实力和环境提供的机会与风险，决定自己的竞争战略是“挑战”还是“跟随”。

市场挑战者如果要向市场主导者和其他竞争者挑战，首先必须确定自己的战略目标和挑战对象，然后还要选择适当的进攻战略。

一、确定战略目标和挑战对象

战略目标同进攻对象密切相关，对不同的对象有不同的目标和战略。一般来说，挑战者可在下列三种情况中进行选择：

(1)攻击市场主导者。这种进攻的风险是很大的，然而其吸引力也是很大的。挑战者需仔细调查研究领先企业的弱点：有哪些未满足的需要，有哪些使顾客不满意的地方。找到主导者的弱点，就可作为自己进攻的目标。例如，为了向亚洲的主要金融市场东京发起挑战，中国香港和新加坡采取的策略是向顾客收取更低的费用，提供更自由的管理，努力克服官僚主义作风等。此外，还可开发出超过领先企业的新产品，以更好的产品来夺取市场的领先地位。例如，施乐公司开发出更好的复印技术(用干式复印代替湿式复印)，这就从3M公司手中夺去了复印机市场。后来，佳能公司也如法炮制，通过开发台式复印机夺去了施乐公司一大块市场。

(2)攻击与自己实力相当者。挑战者对一些与自己势均力敌的企业，可选择其中经营不善而发生亏损者作为进攻对象，设法夺取它们的市场阵地。

(3)攻击地方性小企业。对一些地方性小企业中经营不善、财务困难者，可夺取它们的顾客，甚至这些小企业本身。例如，美国几家主要的啤酒公司能成长到目前的规模，就是靠夺取一些小企业的顾客来达到的。

总之，战略目标决定于进攻对象，如果以主导者为进攻对象，其目标可能是夺取某些市场份额；如果以小企业为对象，其目标可能是将它们逐出市场。但无论在何种情况下，如果要发动攻势，进行挑战，就必须遵守一条军事上的原则：每一项军事行动都必须指向一个明确的、肯定的和可能达到的目标。

二、选择进攻战略

在确定了战略目标和进攻对象之后，挑战者还需要考虑采取怎样的进攻战略。这里，有五种战略可供选择：

(1)正面进攻。正面进攻就是集中全力向对手的主要市场阵地发动进攻，即进攻对手的强项而不是弱点。在这种情况下，进攻者必须在产品、广告、价格等主要方面大大超过对手，才有可能成功，否则不可采取这种进攻战略。正面进攻的胜负取决于双方力量的对比。正面进攻的另一种措施是投入大量研究与开发经费，使产品成本降低，从而以降低价格的手段向对手发动进攻，这是持续实行正面进攻战略最可靠的措施之一。例如，日本航空公司正受到其他亚洲航空公司的挑战。该公司雇用高水平的员工，而且运营成本较高，因此无法与其亚洲对手展开持久的价格战。同时由于怕竞争不过本地的航空公司，它也无法开辟新的航线，即使这些航线的目的地是不断繁荣的东南亚地区。

另一种价格挑战的策略是挑战者通过巨额投入以实现更低的生产成本，然后以此来向对手发起价格攻击。德克萨斯仪器公司就很成功地运用了这种价格武器，取得了战略上的辉煌。日本公司和韩国公司也广泛使用这种涉及价格和降低成本的正面进攻策略。

(2)侧翼进攻。侧翼进攻就是集中优势力量攻击对手的弱点，有时可采取"声东击西"的战略，佯攻正面，实际攻击侧翼或背面。这可分为两种情况：一种是地理性的侧翼进攻，即在全国或全世界寻找对手力量薄弱的地区，在这些地区发动进攻；另一种是细分性侧翼进攻，即寻找领先企业尚未为之服务的细分市场，在这些小市场上迅速填空补缺。侧翼进攻符合现代市场营销观念——发现需要并设法满足它。侧翼进攻是一种最有效和最经济的战略形式，比正面进攻有更多的成功机会。

(3)包围进攻。包围进攻是一种全方位、大规模的进攻战略。挑战者拥有优于对手的资源，并确信借助围堵计划足以打垮对手时，可采用这种战略。例如，近年来日本精工表公司已经在各个主要手表市场的销售中取得了成功，并且以其品种繁多、不断更新的款式使竞争者和消费者瞠目结舌。该公司在美国市场上提供了约 400 种流行款式，其营销目标是在全球制造并销售大约 2300 种手表。美国一家竞争对手的副总裁不无羡慕地说："精工表公司通过流行的款式、特性、使用者偏好以及一切可以鼓励消费者的手段来实现它的目标。"

(4)迂回进攻。这是一种最间接的进攻战略，完全避开对手的现有阵地而迂回进攻。其具体办法有三种：一是发展无关的产品，实行产品多角化；二是以现有产品进入新地区的市场，实行市场多角化；三是发展新技术、新产品，取代现有产品。

(5)游击进攻。这是主要适用于规模较小、力量较弱的企业的一种战略。游击进攻的目的在于以小型的、间断性的进攻干扰对手的士气，以占据长久性的立足点，因为小企业无力发动正面进攻或有效的侧翼进攻，只有向较大对手市场的某些角落发动游击式的促销或价格攻势，才能逐渐削弱对手的实力。但是，也不能认为游击战只适合于财力不足的小企业，持续不断的游击进攻，也是需要大量投资的。还应指出，如果要想打倒对手，光靠游击战不可能达到目的，还需要发动更强大的攻势。

上述市场挑战者的进攻战略是多样的，一个挑战者不可能同时运用所有这些战略，但也很难单靠某一种战略取得成功。通常是设计出一套战略组合即整体战略，借以改善自己的市场地位。例如，美国百事可乐公司对可口可乐公司是一个举世瞩目的典型挑战者。它在 1950～1960 年的 10 年间，发动了多样化的巨大攻势，取得很大成功，销售量增长了

4倍。但是,并非所有居于次要地位的企业都可充当挑战者,如果没有充分把握不应贸然进攻主导者,最好是跟随而不是挑战。

案例6-2　稳定价格开拓市场

1988年,国内味精原料价格涨幅高达20%,不少企业纷纷提高产品价格。河南周口味精厂却通过新闻媒介宣布:不管市场环境发生什么变化,两年内他们生产的"莲花"牌味精决不涨价。

该厂做出此项决定是经过周密分析的:涨价,可以解决燃眉之急;不涨价,一方面可乘机扩大市场占有率,另一方面可以提高企业知名度,为今后长期占有市场打下基础。1988年,该厂因涨价因素导致费用支出增加900万元,但他们通过挖潜消化了其中的730万元。尽管在利润上企业吃了点亏,却把别的厂丢掉的市场抢了过来。当年即大规模进军沈阳、天津、西安、武汉等一批大城市,实现了新品销售"由社会渠道向国营商业主渠道、由农村向中心城市发展"的战略转移,而那些涨价的企业由于市场萎缩、资金周转困难,数月后不得不把价格又降下来。

第二年,在市场疲软的阴影下,许多企业纷纷压缩产量、降价甩卖。周口味精厂不但没有降价,反而把生产能力从7000吨扩大到4万吨。对此,他们的解释是:价格稳定是企业信誉的一个重要方面。我们的产品是名牌,质量一流,销路畅通,为什么要降价?至于扩大产量,是因为我们对国内、国外味精市场仔细分析后认为,在未来两年内,国内现有的180多家味精厂,将有大量小厂在竞争中被淘汰,控制市场的将只是少数几个大厂。扩建增产是正逢其时。

周口味精厂运用了反向思维营销方法经营取得了成功。反向思维不是标新立异,更不是唱反调,而是建立在理性思维和科学预测基础之上的大胆行动。市场起伏不定,价格潮起潮落。企业会遭到无情的淘汰;若能把握市场涨跌的规律,反其道而行之,往往能收到意想不到的效果。周口味精厂面对其他企业的降价处理的冲击,审时度势,采取了"你涨我不涨,你降我不降"的应付竞争策略,使其经营取得了成功。

第四节　市场跟随者战略

一、产品模仿与市场跟随

在很多情况下,做一个跟随者比做挑战者更加有利:一是让市场主导者和挑战者承担新产品开发、信息收集和市场开发所需的大量经费,自己坐享其成,减少支出和风险;二是避免承受向市场主导者挑战可能带来的重大损失。许多居第二位及后面位次的公司往往选择跟随而不是挑战。

西奥多·莱维特曾指出,产品模仿有时像产品创新一样有利。因为一种新产品的开发者要花费大量投资才能取得成功,并获得市场领先地位,而其他企业(市场跟随者)从事仿造或改良这种产品,虽然不能取代市场主导者,但因不需大量投资,也可获得很高的利润,其盈利率甚至可能超过全行业的平均水平。

学者们研究发现,日本模仿者的速度和效率都很高。例如,宝洁公司20世纪80年代曾成功推出最新配方的博特洗发香波。该香波洗发和护发合一,在美国 4 年内没有模仿者,而进入日本市场后,6 个月内竟出现两个竞争品牌(花王和联合利华日本公司,而后者的西方母公司在美国市场并没有如此迅速的反应)。在接下来的 6 个月,市场上又出现了加有漂洗功能的三合一新配方和更多的二合一产品。快速模仿要求企业密切关注市场发展,而这正是日本企业所擅长的。这同时还要求企业全体员工的团结奋进,以及对领先进入者产品改进和发展新的技术等。日本企业渐进改善策略的灵活性和专有技术的迅速传播在模仿中起到了促进作用。松下公司研究人员用 10 年时间来研究录像带系统,而 Betamax 系统推入市场后,JVC 公司仅用了不到 6 个月时间就开发了新版本,然后又用较多时间开发出加长时间的 VHS 系统。

二、市场跟随者的主要战略

市场跟随者与挑战者不同,它不是向市场主导者发动进攻并图谋取而代之,而是跟随在主导者之后自觉地维持共处局面。这种自觉共处状态在资本密集且产品同质的行业(如钢铁、化工等)中是很普遍的现象。在这些行业中产品差异性很小,但价格敏感度很高,随时都有可能发生价格竞争而导致两败俱伤。因此,这些行业中的企业通常彼此自觉地不互相争夺客户,不以短期的市场占有率为目标,而是效法主导者为市场提供类似的产品,因而市场占有率相当稳定。

但是,这不等于说市场跟随者就可以忽视战略。每个市场跟随者必须懂得如何保持现有顾客,并争取一定数量的新顾客;必须设法给自己的目标市场带来某些特有的利益,如地点、服务、融资等;必须尽力降低成本并保持较高的产品质量和服务质量。市场跟随者也不是被动地单纯追随主导者,它必须找到一条不致引起竞争性报复的发展道路。以下是三种可供选择的跟随战略:

(1)紧密跟随。这种战略是在各个细分市场和市场营销组合方面,尽可能仿效主导者。这种跟随者有时好像是挑战者,但只要它不从根本上侵犯到主导者的地位,就不会发生直接冲突,有些甚至被看成是靠拾取主导者的残余来谋生的寄生者。

(2)距离跟随。这种跟随者是在主要方面,如目标市场、产品创新、价格水平和分销渠道等方面都追随主导者,但与主导者保持一定差异。这种跟随者可通过兼并小企业而使自己发展壮大起来。

(3)选择跟随。这种跟随者在某些方面紧跟主导者,而在另一些方面又自行其是。也就是说,它不是盲目跟随,而是择优跟随,在跟随的同时还要发挥自己的独创性,但不进行直接的竞争。在这类跟随者之中,有些可能发展成为挑战者。

此外,还有一种“跟随者”在国际市场上十分猖獗,即名牌货的伪造者或仿制者,它们的存在对许多国际驰名的大公司是一个巨大的威胁。例如,在巴黎,有的假冒名牌货在市场上的流通量竟比真货多出 8 倍。一件真正的鳄鱼牌高级衬衣标价 350 法郎,而在一些店铺里用几十法郎就可买到同样商标的冒牌货。假冒伪劣产品泛滥,已成为新的国际公害。现在这种假冒活动的危害在我国也日益严重,对此,必须设法清除和击退。

第五节　市场补缺者战略

在现代市场经济条件下，每个行业几乎都有些小企业，它们关注市场上被大企业忽略的某些细小部分，在这些小市场上通过专业化经营来获取最大限度的收益，也就是在大企业的夹缝中求得生存和发展。这种有利的市场位置在西方称之为“Niche”，即补缺基点。例如，在亚洲的啤酒市场上，真正领先的是本地的企业，如日本的麒麟公司、菲律宾的生力公司、新加坡的虎啤公司和韩国的东方公司。由于这一市场日趋繁荣和复杂，外国啤酒公司只得寻求适合自己的补缺市场。

所谓市场补缺者，就是指精心服务于市场的某些细小部分，而不与主要的企业竞争，只是通过专业化经营来占据有利的市场位置的企业。这种市场位置(补缺基点)不仅对于小企业有意义，而且对某些大企业中的较小部门也有意义，它们也常常设法寻找一个或几个这种既安全又有利的补缺基点。

一、补缺基点的特征

一个好的“补缺基点”应具有以下特征：

(1)有足够的市场潜量和购买力。

(2)利润有增长的潜力。

(3)对主要竞争者不具有吸引力。

(4)企业具备占有此补缺基点所必需的能力。

(5)企业既有的信誉足以对抗竞争者。

二、市场补缺者战略

那么，一个企业如何取得补缺基点呢？取得补缺基点的主要战略是专业化市场营销。企业为取得补缺基点可在市场、顾客、产品或渠道等方面实行专业化。下面是几种可供选择的专业化方案：

(1)最终用户专业化，专门致力于为某类最终用户服务，如计算机行业有些小企业专门针对某一类用户(如诊疗所、银行等)进行市场营销。

(2)垂直层面专业化，专门致力于分销渠道中的某些层面，如制铝厂专门生产铝锭、铝制品或铝质零部件。

(3)顾客规模专业化，专门为某一种规模(大、中、小)的客户服务，如有些小企业专门为那些被大企业忽略的小客户服务。

(4)特定顾客专业化，只对一个或几个主要客户服务，如美国有些企业专门为西尔斯公司或通用汽车公司供货。

(5)地理区域专业化，专为国内外某一地区或地点服务。

(6)产品或产品线专业化，只生产一大类产品，如美国的绿箭公司专门生产口香糖这一种产品，现已发展成为一家世界著名的跨国公司。

(7)客户订单专业化，专门按客户订单生产预订的产品。

(8)质量和价格专业化,专门生产经营某一种质量和价格的产品,如专门生产高质高价产品或低质低价产品。

(9)服务项目专业化,专门提供某一种或几种其他企业没有的服务项目,如美国有一家银行专门承办电话贷款业务,并为客户送款上门。

(10)分销渠道专业化,专门服务于某一类分销渠道,如专门生产适于超级市场销售的产品;专门为航空公司的旅客提供食品。

作为市场补缺者要完成三个任务:创造补缺市场、扩大补缺市场、保护补缺市场。例如,著名的运动鞋生产商耐克公司,不断开发适合不同运动项目的特殊运动鞋,如登山鞋、旅游鞋、自行车鞋、冲浪鞋等,这样就开辟了无数的补缺市场。每当开辟出这样的特殊市场后,耐克公司就继续为这种鞋开发出不同的款式和品牌,以扩大市场占有率,如耐克充气乔丹鞋、耐克哈罗克鞋。最后,如果有新的竞争者闻声而来的话,耐克公司还要全力以赴保住其在该市场的领先地位。

选择市场补缺基点时,多重补缺基点比单一补缺基点更能减少风险,增加保险系数。因此,企业通常应选择两个或两个以上的补缺基点,以确保企业的生存和发展。总之,只要企业善于经营,小企业也有许多机会可以在获利的条件下周到地为顾客服务。

案例 6-3 "百万"与"彩虹"的滞与俏

1990 年夏秋,蓉城成都市场上出现了一件引人注目的事:名闻遐迩、销路极好的"百万"牌蚊帐竟"走麦城",滞销积压,而"彩虹"牌电热灭蚊器却在市场上占尽风流。

两种商品,同为避蚊,为什么在市场上一衰一盛,呈现出巨大的反差?

"百万"牌蚊帐是由成都百万蚊帐有限公司生产经销的,这是一家个体企业,总经理是大名鼎鼎的"杨百万"——杨义安。1980 年,杨义安以 500 元起家,凭着他的精明办起了蚊帐作坊(后改为公司),自产自销精美实用的尼龙蚊帐和花边锦纶长丝蚊帐,"洁而雅、柔而实"的"百万"蚊帐很快在市场上走红。1988 年销售蚊帐 9 万余顶,遍及全国 20 多个省、市、自治区,年总产值 500 万元,拥有资财 120 万元,接着,杨义安扶勇而进,在全国最大的国营百货商店上海"一百"和北京王府井百货大楼占得一隅,设下"百万"蚊帐专柜。那时,"百万"蚊帐销遍天下无敌手,连港澳报纸亦称他是"中国蚊帐王"。

殊不知,市场像"三月的天,娃娃的脸",说变就变。当记者去"百万"公司采访,目睹的竟是萧条景象:一位值班人员告诉记者,今夏以来,蚊帐"简直卖不动"。不得已,公司从上个月起停产了,100 多职工无活可干,只好每人发给一点生活费,回家休假待命。值班员连声叹息:"唉,今年的旺季还比不上往年的淡季"。

是人们的生活环境不再需要驱蚊避蚊了吗?不是。在"百万"蚊帐为销售发愁时,成都电热器厂生产的"彩虹"牌电热灭蚊器却凯歌高奏,涌进千家万户,产量和质量都夺得全国同行业的桂冠。

在成都电热器厂,虽冬季来临,记者看到却是红火的生产场面。刘荣富厂长说:"根据这几年的经验,若不乘淡季多生产一些发往全国各地储备,明年旺季一到就忙不过来。"

8 年前,这家成都市轻工局所属企业曾面临崩溃。厂长刘荣富没有退缩,发动全厂 400 多名职工出主意、想办法,千方百计调动科技人员积极性,决定开发中小型家用新产品。经科技人员紧张攻关,1987 年 4 月灭蚊器试制成功,厂里又从国外引进了灭蚊药片生产线。

“彩虹”电热灭蚊器一投放市场，就以其神效、价廉、使用方便大受欢迎，当年就销出25万个、灭蚊药片60万盒。工厂乘胜前进，增加花色品种，进一步改进功能，销量直线上升，9个月实现产值2800万元，利润350万元。同时，厂里又开发电热毯、蒸气喷雾电熨斗、多用电热锅、液体电热蚊香、家用高档喷雾杀虫剂，“彩虹”家庭成员浩浩荡荡开进市场。工厂也一跃而为成都55户大中型骨干企业之一。

思考题

1. 如何识别竞争者才能收到最好的效果？
2. 分析竞争者的反应类型有何意义？
3. 对竞争者企业如何采取应对的策略？
4. 市场主导者可采用的市场竞争战略有哪些？
5. 市场挑战者可采用哪些进攻战略？
6. 市场跟随者可分为哪些类型？
7. 理想的补缺基点具备哪些特征？

第七章　产品策略

在市场营销活动中，企业通过提供一定的产品或服务来满足顾客需求，企业和市场的关系是通过产品来联结的。产品是市场交易活动的物质基础。因此，市场营销组合的核心，或者说 4ps 因素的第一因素就是产品。产品策略直接影响和决定着其他市场营销组合因素的决策。因而如何正确确定企业的产品组合结构、开发什么样的产品来满足顾客需求、产品在品牌和包装上采取什么样的策略来为顾客服务，就成为企业的一项极其重要的决策，也是市场竞争的基础策略。本章将介绍产品的概念及产品组合，分析产品生命周期的特征及相应的对策，新产品开发、应用和扩散的过程。

本章要点：

- 全面认识产品的概念
- 产品组合的分析方法和策略
- 产品生命周期的特征与对策
- 新产品开发的意义与过程
- 新产品的应用过程
- 新产品的扩散过程

如果说市场是企业与消费者之间的交换媒介，那么，产品就是这个媒介中的载体，是连接两者之间的实质性纽带，产品在整个市场营销组合的过程中是最重要的因素，产品策略也是整个营销组合策略中最主要的内容。

第一节　产品概念与分类

要做出正确的产品策略，必须先明确产品的概念。所谓产品，是指能提供给市场，用于满足人们某种欲望和需要的任何事物，包括实物、服务、场所、组织、观察、主意等。可见产品的范围非常广泛，可以是电视机、空调等实物，也可以是律师、注册会计师等人员，甚至可以是一种观念或主意，如广告公司的广告创意。

一、产品整体概念

在设计和销售产品时，市场营销者必须从产品的整体概念出发考虑产品，即市场营销中所指的产品是一个整体概念。产品整体概念包含核心产品、形式产品、期望产品、延伸产品和潜在产品 5 个层次，如图 7-1 所示。

（一）核心产品层

核心产品又称为实质产品，是指产品能向顾客提供的基本利益和效用。这是产品最基本的层次，是满足顾客需要的核心内容。顾客购买某种产品，不是为了获得它的所有权，而是由于它能满足自己某一方面的需求或欲望。人们购买化妆品，并不是为了获得它

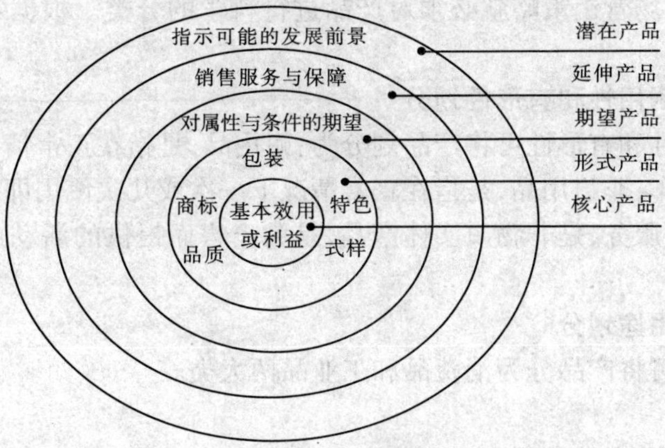

图 7-1　整体产品概念的层次

的某些化学成分,而是要获得“美”。同样,人们买空调是为了“凉爽”。

(二)形式产品层

形式产品是指核心产品借以实现的形式或目标市场对某一需求的特定满足形式。形式产品包含五个要素:包装、品牌、质量、式样、特征。这五个要素,物质产品都具备,而服务也具有相类似的要素,可能具备其中的部分或全部特点。形式产品是呈现在市场上可以为顾客所识别的,因此它是顾客选购商品的直观依据。

(三)期望产品层

期望产品是指顾客购买某产品时通常希望和默认的一组属性与条件。例如,旅客在寻找一旅馆时期望干净的床、洗漱用品、衣橱等。对没有特别偏好的顾客来讲,由于大多数企业的营销者都准备了一个期望产品,而且能够满足该类顾客的最低期望,所以获得该类产品的便利性成为选择这一产品的首选考虑因素。

(四)延伸产品层

延伸产品指顾客购买产品时所获得的全部附加利益与服务,包括安装、送货、保证、提供信贷、售后服务等。如今的竞争主要发生在延伸产品的层次,这正如美国学者西奥多·莱维特指出的:“现代竞争的关键,并不在于各家公司在其工厂中生产什么,而在于它们能为其产品增加些什么内容——诸如包装、服务、广告、用户咨询、融资信贷、及时送货、仓储,以及人们所重视的其他价值。每一公司应寻求有效的途径,为其产品提供附加价值。”能正确发展延伸产品的公司必将在竞争中获得优势。

(五)潜在产品层

潜在产品是指最终可能实现的全部附加部分和新转换部分,或者说是指与现有产品相关的未来可发展的潜在性产品。潜在产品指出了产品可能的演变趋势和前景,如彩色电视机可发展为录放影机、电脑终端机,等等。

产品的整体概念体现了以顾客需求为中心的营销观念。没有产品的整体概念的充分认识,就不能真正贯彻现代市场营销观念。

二、产品分类

在现代市场营销观念下,每一个产品类型都有与之相适应的市场营销组合策略。所以,要制定科学的市场营销策略就必须对产品进行科学的分类。根据不同特征可以将产品划分为不同类别。

(一)按产品的耐用性和有形性划分

按产品的耐用性和有形性可将产品划分为:耐用品,是指在正常情况下能够多次使用的物品,如住房、汽车;非耐用品,是指在正常情况下一次或几次使用即被消费掉的有形物品,如食品、化妆品;服务,是非物质实体产品,是为出售而提供的活动或利益,如修理、理发、教育等。

(二)按产品的用途划分

按产品的用途可将产品分为消费品和工业品两大类。

1.消费品

对消费品,按消费者的购买习惯可分为下列四种:

(1)便利品,是指消费者通常频繁购买或需要随时购买,并且只花最少精力和最少时间去比较品牌、价格的消费品,例如肥皂、报纸等。便利品可进一步分成常用品、冲动品以及救急品。常用品是顾客经常购买的产品,如牙膏;冲动品是顾客未经过计划或搜寻而顺便购买的产品;救急品是顾客的需求十分紧迫时买的产品。

(2)选购品,是指消费者为了物色适当的物品,在购买前往往要去许多家零售商店了解和比较商品的花色、式样、质量、价格等的消费品。例如儿童衣料、女装、家具等都是选购品。选购品挑选性强,消费者不知道哪家的最合适,且因其耐用程度较高不需经常购买,所以消费者有必要和可能花较多的时间与精力去许多家商店物色合适的物品。选购品可划分为同质品和异质品。同质选购品质量相似,但价格却明显不同,要选购。而对于服装、家具等异质选购品,产品特色比价格更重要。

(3)特殊品,是指消费者能识别的独特产品或名牌产品,而且习惯上愿意多花时间和精力去购买的消费品。例如,特殊品牌和造型的奢侈品、名牌男服、供收藏的特殊邮票和钱币等。消费者在购买前对要物色的特殊品的特点、品牌等均有充分认识,这一点同便利品相似;但是,消费者只愿购买特定品牌的某种商品,而不愿购买其他品牌的某种特殊品,这又与便利品不同。

(4)非渴求物品,是指顾客不知道的物品,或者虽然知道却没有兴趣购买的物品。例如,刚上市的新产品、墓地、人寿保险等。非渴求商品的性质,决定了企业必须加强广告、推销工作,同时切实做好售后服务和维修工作。

2.工业品

对工业品,可以根据它们如何进入生产过程和相对昂贵这两点来进行分类。我们可以把工业品分成三类:材料和部件、资本项目、供应品与服务。

(1)材料和部件,是指完全要转化为制造商所生产的成品的那类产品。它们可分成两类:原材料、半成品和部件。原材料本身又可以分成两个主类:农产品和天然产品。半成品和部件可以用构成材料(如铁、棉纱)与构成部件(如马达、车胎)来加以说明。构成材料和构成部件通常具有标准化的性质,意味着价格与服务是影响购买的最重要因素。

(2)资本项目,是指部分进入产成品中的商品。包括两个部分:装备和附属设备。装备包括建筑物(如厂房)与固定设备(如电梯)。附属设备包括轻型制造设备和工具(如手用工具),以及办公设备(如打字机、办公桌)。这种产品不会成为最终产品的组成部分,但在生产过程中起辅助作用。

(3)供应品和服务,是指根本不会形成最终产品的那类物品。供应品可以分为两类:操作用品(如润滑油、打字纸)和维修用品(如油漆、钉子)。供应品相当于工业领域内的方便品。商业服务包括维修或修理服务(如清洗窗户、修理打字机)和商业咨询服务(如法律咨询、广告设计)。

因此,针对不同的产品特征来制定不同的市场营销战略是厂家的必选之路。下列例子是对这一营销原则的具体反映。

案例 7-1　产品特征对营销战略的影响

我们在这里通过钢材和电动铲车这两种产品,来说明产品的物理特征和使用形式对营销战略是如何产生影响的。

(1)钢材。钢材是耐用品,是生产和建筑行业的重要构成材料。钢材基本上是一种商品,也是一种主要的产品变量。对于购买者,此处产品变量涉及到质量的稳定性和制造商所拥有产品线的广度。买主所关心的重要因素是价格,因此出售价格越低,销售者接收到订单的机会就越多。采用数量折扣,以及提供优惠的信用条件的减价方式,可以收到明显效果。

由于绝大多数销售者提供的购买条件基本相似,所以销售者之间的竞争主要是非价格竞争。销售者交货可靠程度是一个十分重要的变量,原因是买主的生产需要有源源不断的货源供应或者是能够满足紧急订货。那么,离买主地点最近或者确实能如期交货的销售者,在竞争中就能取得明显的竞争优势。如果公司产品价格不合理或交货期限不能保证优势,但推销人员可以通过合同的制定,与顾客随时保持联系,来为公司作贡献。广告在这里只是扮演一个微不足道的角色,为了促进新型合金钢的销售,通常采用树立企业形象和树立新产品形象的广告形式。经营这种业务的公司很难找到一种恰当的营业手段能大量提高市场份额,因为一旦采用某种手段,竞争者会迅速采用相同或相抵消的战术进行报复。

(2)电动铲车。因为铲车总是根据它所要完成的不同任务的要求来设计,所以铲车的营销组合与钢材截然不同。买主选择铲车的依据是必须满足一定的尺寸要求、载重能力、运营成本、特点和价格。在进行交易时,销售者的产品设计能力是买卖能否成交的重要因素。要想使铲车以高价出售,就必须使它具有良好的性能、独到的特点、独特的式样或使用时让人感到舒服。

电动铲车销售的另一个重要变量是销售者为用户购买提供的方便程度。这些便利特别表现在交货期、部件供应程度和售后服务方面。这些便利有些是由中间商配合提供的,制造商总是通过中间商来销售他们的产品。在贸易杂志上做广告大大促进用户对该公司产品的知晓程度和兴趣,起到良好的作用。促销预算的范围包括产品分类表、产品目录、产品使用培训影片、贸易展览和推销员竞赛。

第二节 产品组合策略

大部分企业都不只生产一种产品,而是拥有多种产品,如何将这些产品统筹安排好,就是产品组合所要解决的事情。

一、产品组合及其相关概念

(一)产品组合、产品线与产品项目

产品组合是指企业生产经营各种不同类型产品之间质的组合和量的比例。产品组合由全部产品线和产品项目构成。

产品线是指产品在技术上和结构上密切相关,具有相同使用功能,规格不同而满足同类需求的一组产品。如雅芳化妆品公司的产品线有化妆品、珠宝首饰和家常用品三条。

产品项目是指产品线内不同品种、规格、质量和价格的特定产品。很多企业都拥有众多的产品项目,如雅芳化妆品公司有1300个以上的产品项目,而通用电器公司则有25万个产品项目。

(二)产品组合的宽度、长度、深度和关联性

产品组合的宽度指企业拥有的不同产品线的数目;产品组合长度指每条产品线内不同规格的产品项目的数量;产品组合的深度是指产品线上平均具有的产品项目数。产品组合的关联性则是指企业各条产品线在最终用途、生产条件、分配渠道或其他方面的密切相关程度。

产品组合的宽度越大,说明企业的产品线越多;反之,宽度窄,则产品线少。同样,产品组合的深度越大,企业产品的规格、品种就越多;反之,深度浅,则产品就越少。产品组合的深度越浅,宽度越窄,则产品组合的关联性越大;反之,则关联性小。

产品组合的宽度、长度、深度和关联性对企业的营销活动会产生重大影响。一般而言,增加产品组合的宽度,即增加产品线和扩大经营范围,可以使企业获得新的发展机会,更充分地利用企业的各种资源,也可以分散企业的投资风险;增加产品组合的长度和深度,会使各产品线具有更多规格、型号和花色的产品,更好地满足消费者的不同需要与爱好,增强行业竞争力;增加产品组合的关联性,则可发挥企业在其擅长领域的资源优势,避免进入不熟悉行业可能带来的经营风险。因此,产品组合决策就是企业根据市场需求、竞争形势和企业自身能力对产品组合的宽度、长度、深度和关联性方面做出的决策。

案例7-2 宝洁公司的产品组合

表7-1中表明宝洁公司产品组合的宽度是五条产品线(实际上,该公司还有许多另外的产品线,如护发产品、保健产品、饮料、食品,等等)。

在表7-1中,产品项目总数是26个。我们再来看一看该公司产品线的平均长度。该公司产品组合的平均长度就是总长度(26)除以产品线数(5),结果为5.2。

宝洁公司的产品项目如“佳洁士”牌牙膏有三种规格和两种配方(普通味和薄荷味),“佳洁士”牌牙膏的深度就是6。通过计算宝洁公司每一品牌的产品品种数目,然后加总除以宽度,我们就可以计算出公司产品组合的平均深度。

由于宝洁公司的产品都通过同样的分销渠道出售，因此可以说，该公司的产品线具有较强的关联性。就这些产品对消费者的用途不同而言，该公司的产品缺乏关联性。

表 7-1　宝洁公司的产品组合

产品组合	产品组合的宽度				
	洗涤剂	牙膏	香皂	方便尿布	纸巾
产品线长度	象牙雪 1930 洁拂 1933 汰渍 1946 快乐 奥克多 1952 达士 1954 大胆 1965 吉思 1966 黎明 1972 独立 1979	格利 1952 佳洁士 1955 登魁 1980	象牙 1879 柯柯 1885 拉瓦 1893 佳美 1926 爵士 1952 舒肤佳 1963 海岸 1974	帮宝适 1961 露肤 1976	查敏 1928 白云 1958 普夫 1960 旗帜 1982

二、产品组合的分析方法

产品组合的状况则直接关系到企业效益的好坏，故企业必须不断优化产品组合结构。为了优化产品组合，使每一产品线、每一产品线下的产品项目都取得良好效益，企业应对现行产品组合做出系统的分析和评价。分析和评价产品组合的方法主要有：产品线销售额和利润分析法与产品项目市场定位分析法。

(一)产品线销售额和利润分析法

产品线上的每一个产品品种对总销售额和利润所作的贡献是不同的。图 7-2 显示了一条拥有 5 个产品线以及各产品的销售与盈利情况。

根据图 7-2 所示，第一个产品项目的销售额、利润额分别占整个产品线总销售额和总利润额的 50%和 30%；第二个产品项目销售与利润占总销售额和总利润额的比重均为 30%。这两个项目的销售和利润额共占总销售额的 80%和总利润额的 60%。如果这两个项目遇到强烈的竞争，整条产品线的销售额和利润额将急剧下降。为此，企业一方面应采取切实措施，巩固第一、第二两个产品项目的市场地位；另一方面，应根据市场环境变化加强对第三、第四产品项目的市场营销。第五个产品项目只占整个产品线销售额和利润额的 5%，如发展前景不大，企业可考虑停止这种产品生产，以便抽出力量加强其他产品项目的营销或开发新产品。

(二)产品项目市场定位分析法

该法适用于分析各产品线的产品项目与竞争者同类产品的对比状况，全面衡量各产品项目与竞争产品的市场地位，现举例说明如下。

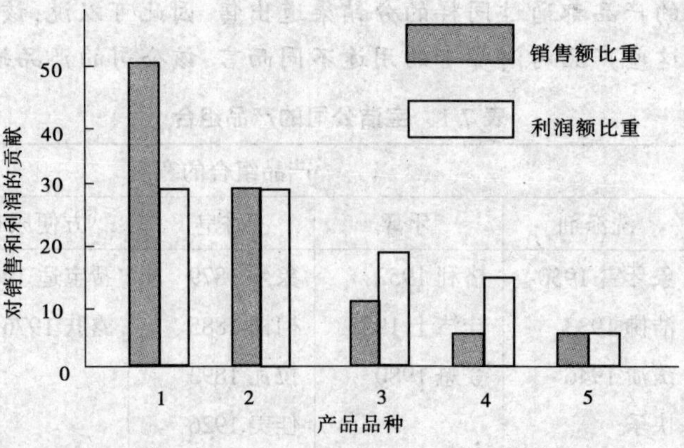

图 7-2　产品品种对产品线总销售额和利润的贡献

案例 7-3　沙发项目的市场竞争地位分析

A 家具公司的一条产品线是沙发，顾客对沙发最重视的两个属性是价格和功能。价格分为高、中、低三个档次；功能分为单功能（只能坐）、双功能（即能坐也能睡）、多功能（坐、睡和代箱子）。A 公司有 B、C 两个竞争者。B 公司生产两种沙发：高、中档的单功能沙发；C 公司也生产两种沙发：低档的双功能和三功能沙发。A 公司根据市场竞争情况，权衡利弊，决定生产三种沙发：高档的双功能沙发、中档的双功能和三功能沙发，因为这三个市场位置没有竞争者。从图 7-3 可以看出，仍有两个市场空白点，各公司没有生产的原因，可能是目前生产这种沙发的费用太高或需求不足，或经济上暂无可行性等。

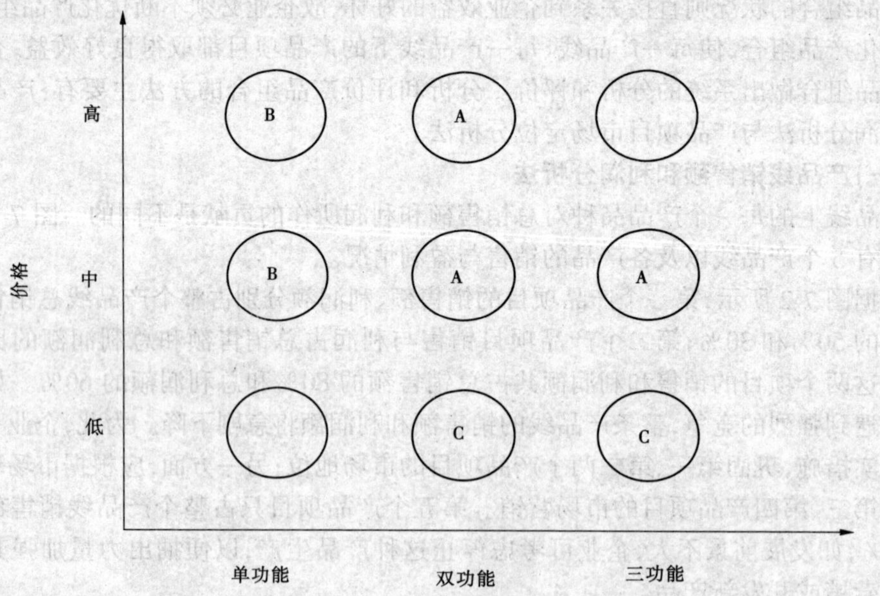

图 7-3　产品项目市场定位分析

三、产品组合策略

优化产品组合，可依据不同情况采取以下策略。

（一）扩大产品组合

扩大产品组合包括拓展产品组合的宽度和加强产品组合的深度，前者指在原产品组合中增加产品线，扩大经营范围；后者指在原有产品线内增加新的产品项目。当企业预测现有产品线的销售额和盈利率在未来可能下降时，就须考虑在现有产品组合中增加新的产品线，或加强其中有发展潜力的产品线。

（二）缩减产品组合

市场繁荣时期，较长、较宽的产品组合会为企业带来更多的盈利机会。但是在市场不景气或原料、能源供应紧张时期，缩减产品线反而能使总利润上升，因为剔除那些获利小甚至亏损的产品线或产品项目，企业可集中力量发展获利多的产品线和产品项目。

（三）产品线延伸策略

总体来看，每一企业的产品线只占所属行业整体范围的一部分，每一产品都有特定的市场定位。例如，宝马汽车公司（BMW）所生产的汽车在整个汽车市场上属于中高档价格范围。当一个企业把自己的产品线长度延伸超过现有范围时，我们称之为产品线延伸。具体有向下延伸、向上延伸和双向延伸三种实现方式。

1.向下延伸

向下延伸是在高档产品线中增加低档项目。实行这一决策需要具备以下市场条件之一：利用高档名牌产品的声誉，吸引购买力水平较低的顾客慕名购买此产品线中的廉价产品；高档产品销售增长缓慢，企业的资源设备没有得到充分利用，为赢得更多的顾客，将产品线向下伸展；企业最初进入高档产品市场的目的是建立品牌信誉，然后再进入中、低档市场，以扩大市场占有率和销售增长率；补充企业的产品线空白。实行这种策略也有一定的风险。如处理不慎，会影响企业原有产品特别是名牌产品的市场形象，而且也有可能激发更激烈的竞争对抗。虽然新的低档产品项目可能会蚕食掉较高档的产品项目，但某些公司的重大失误之一就是始终不愿意填补市场上低档产品的空隙。哈利·戴维森公司的失败就在于忽视了轻型摩托车的市场。

2.向上延伸

向上延伸是在原有的产品线内增加高档产品项目。实行这一策略的主要目的是：高档产品市场具有较大的潜在成长率和较高利润率的吸引；企业的技术设备和营销能力已具备加入高档产品市场的条件；企业要重新进行产品线定位。采用这一策略也要承担一定的风险，要改变产品在顾客心目中的地位是相当困难的，处理不慎，还会影响原有产品的市场声誉。

3.双向延伸

双向延伸即原定位于中档产品市场的企业掌握了市场优势以后，向产品线的上下两个方向延伸。

案例 7-4　双向延伸的成功案例

（1）得克萨斯仪器公司的延伸策略。在得克萨斯仪器公司的便携式计算机进入市场前，该市场主要由玻玛公司低价、低质的计算机和惠普公司高质、高价的计算机所控制。得克萨斯仪器公司以中等价格和中等质量向市场推出了第一批计算机。然后，它又逐步向市场的高、低两端增加计算机品种。该公司推出了质量优于玻玛公司但价格与之持平，甚至更低的计算机品种，击败了玻玛公司；该公司还设计了高质量的但售价低于惠普公司的计算机，夺走了惠普公司高端产品的大部分市场，控制了高档市场。双向延伸策略使得克萨斯仪器公司占据了便携式计算机市场的领导地位。

(2)丰田公司的产品延伸。丰田公司对其产品线也采取了双向延伸的策略。在其中档产品"卡罗纳"牌的基础上，为高档市场增加了"佳美"牌，为低档市场增加了"小明星"牌。该公司还为豪华汽车市场推出了"凌志"牌，这样"凌志"的目标是吸引高层管理者；佳美的目标是吸引中层经理；"卡罗纳"的目标是吸引基层经理；而"小明星"牌的目标是手里钱不多的首次购买者。此种策略的主要风险是有些买主认为在两种型号之间(如"佳美"和"凌志"之间)差别不大，因而会选择较低档的品种。但对于丰田公司来说，顾客选择了低档品种总比走向竞争者好。另外，为了减少与丰田的联系，减低自相残杀的风险，凌志并没有在丰田的名下推出，它也有与其他型号不同的分销方式。

(四)产品线现代化决策

现代社会科技发展突飞猛进，产品开发也是日新月异，产品的现代化成为一种不可改变的大趋势，产品线也必然需要进行现代化改造。产品大类现代化策略首先面临这样的问题：是逐步实现技术改造，还是以更快的速度用全新设备更换原有产品大类。逐步现代化可以节省资金耗费，但缺点是竞争者很快就会察觉，并有充足的时间重新设计它们的产品大类；而快速现代化策略虽然在短时期内耗费资金较多，却可以出其不意，击败竞争对手。

(五)产品线号召决策

有的企业在产品线中选择一个或少数几个产品项目加以精心打造，使之成为颇具特色的号召性产品去吸引顾客。有时候，企业以产品线上低档产品型号进行特别号召，使之充当开拓销路的廉价品。比如某空调器公司会宣布一种只卖 999 元的经济型号，而它的高档产品要卖 20000 多元，从而在吸引顾客来看经济型空调时，尽力设法影响他们购买更高档的空调。有时候，经理们以高档产品项目进行号召，以提高产品线的等级。有时候，公司发现产品线上有一端销售情况良好，而另一端却有问题。公司可以对销售较慢的那一端大力号召，以努力促进对销售较慢产品的需要。

第三节　产品生命周期

一种产品进入市场后，它的销售量和利润都会随时间推移而改变，呈现一个由少到多再由多到少的过程，就如同人的生命一样，由诞生、成长到成熟，最终走向衰亡，这就是产品的生命周期现象。所谓产品生命周期，是指产品从进入市场开始，直到最终退出市场为止所经历的市场生命循环过程。产品只有经过研究开发、试销，然后进入市场，它的市场生命周期才算开始。产品退出市场，则标志着生命周期的结束。

一、产品生命周期原理

(一)产品生命周期阶段

典型的产品生命周期一般可分为四个阶段,即介绍(引入)期、成长期、成熟期和衰退期(见图7-4)。

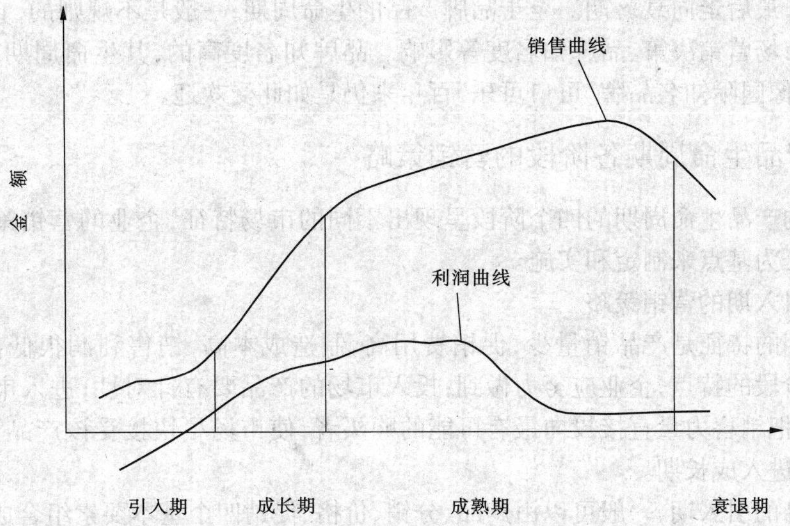

图7-4　产品生命周期与销售利润曲线

1.介绍(引入)期

新产品投入市场,便进入引入期。此时,顾客对产品还不了解,只有少数追求新奇的顾客可能购买,销售量很低。为了扩展销路,需要大量的促销费用,对产品进行宣传。在这一阶段,由于技术方面的原因,产品不能大批量生产,因而成本高,销售额增长缓慢,企业不但得不到利润,反而可能亏损。产品也有待进一步完善。

2.成长期

这时顾客对产品已经熟悉,大量的新顾客开始购买,市场逐步扩大。产品大批量生产,生产成本相对降低,企业的销售额迅速上升,利润也迅速增长。竞争者看到有利可图,将纷纷进入市场参与竞争,使同类产品供给量增加,价格随之下降,企业利润增长速度逐步减慢,最后达到生命周期利润的最高点。

3.成熟期

市场需求趋向饱和,潜在的顾客已经很少,销售额增长缓慢直至转而下降,标志着产品进入了成熟期。在这一阶段,竞争逐渐加剧,产品售价降低,促销费用增加,企业利润下降。

4.衰退期

随着科学技术的发展,新产品或新的代用品出现,将使顾客的消费习惯发生改变,转向其他产品,从而使原来产品的销售额和利润额迅速下降。于是,产品又进入了衰退期。

(二)产品种类、形式、品牌的生命周期

产品种类是指具有相同功能及用途的所有产品。产品形式是指同一种类产品中,辅

助功能、用途或实体销售有差别的不同产品。而产品品牌则是指企业生产与销售的特定产品。如“白沙”牌过滤嘴香烟，香烟表示产品种类；过滤嘴香烟是香烟的一种形式，即产品形式；“白沙”牌过滤嘴香烟则专指过滤嘴香烟中的一种特定产品，一种产品品牌。产品种类的生命周期要比产品形式、产品品牌长，有些产品种类生命周期中的成熟期可能无限延续。产品形式一般表现出上述比较典型的生命周期过程，即从引入期开始，经过成长期、成熟期，最后走向衰落期。至于品牌产品的生命周期，一般是不规则的，它受到市场环境及企业市场营销决策、品牌知名度等影响。品牌知名度高的，其生命周期就长，反之亦然。例如，像国际知名品牌“可口可乐”百年来仍是如此受欢迎。

二、产品生命周期各阶段的营销策略

典型的产品生命周期的四个阶段呈现出不同的市场特征，企业的营销策略也就以各阶段的特征为基点来制定和实施。

（一）引入期的营销策略

引入期的特征是产品销量少，促销费用高，制造成本高，销售利润很低甚至为负值。根据这一阶段的特点，企业应努力做到：投入市场的产品要有针对性；进入市场的时机要合适；设法把销售力量直接投向最有可能的购买者，使市场尽快接受该产品，以缩短引入期，更快地进入成长期。

在产品的引入期，一般可以由产品、分销、价格、促销四个基本要素组合成各种不同的市场营销策略。仅将价格高低与促销费用高低结合起来考虑，就有下面四种策略：

(1)快速撇脂策略。即以高价格、高促销费用推出新产品。实行高价策略可在每单位销售额中获取最大利润，尽快收回投资；高促销费用能够快速建立知名度，占领市场。实施这一策略须具备以下条件：产品有较大的需求潜力；目标顾客求新心理强，急于购买新产品；企业面临潜在竞争者的威胁，需要及早树立品牌形象。一般而言，在产品引入阶段，只要新产品比替代的产品有明显的优势，市场对其价格就不会那么计较。

(2)缓慢撇脂策略。以高价格、低促销费用推出新产品，目的是以尽可能低的费用开支求得更多的利润。实施这一策略的条件是：市场规模较小；产品已有一定的知名度；目标顾客愿意支付高价；潜在竞争的威胁不大。

(3)快速渗透策略。以低价格、高促销费用推出新产品。目的在于先发制人，以最快的速度打入市场，取得尽可能大的市场占有率。然后再随着销量和产量的扩大，使单位成本降低，取得规模效益。实施这一策略的条件是：该产品市场容量相当大；潜在消费者对产品不了解，且对价格十分敏感；潜在竞争较为激烈；产品的单位制造成本可随生产规模和销售量的扩大迅速降低。

(4)缓慢渗透策略。以低价格、低促销费用推出新产品。低价可扩大销售，低促销费用可降低营销成本，增加利润。这种策略的适用条件是：市场容量很大；市场上该产品的知名度较高；市场对价格十分敏感；存在某些潜在的竞争者，但威胁不大。

（二）成长期市场营销策略

新产品经过市场引入期以后，消费者对该产品已经熟悉，消费习惯业已形成，销售量迅速增长，这种新产品就进入了成长期。进入成长期以后，老顾客重复购买，并且带来了新的顾客,销售量激增,企业利润迅速增长,在这一阶段利润达到高峰。随着销售量的增大,企业生产规模也逐步扩大,产品成本逐步降低,新的竞争者会投入竞争。随着竞争的加剧,新的产品特性开始出现,产品市场开始细分,分销渠道增加。企业为维持市场的继续成长,需要保持或稍微增加促销费用,但由于销量增加,平均促销费用有所下降。针对成长期的特点,企业为维持其市场增长率,延长获取最大利润的时间,可以采取下面几种策略:

(1)改善产品品质。如增加新的功能、改变产品款式、发展新的型号、开发新的用途等。对产品进行改进,可以提高产品的竞争能力,满足顾客更广泛的需求,吸引更多的顾客。

(2)寻找新的细分市场。通过市场细分,找到新的尚未满足的细分市场,根据其需要组织生产,迅速进入这一新的市场。

(3)改变广告宣传的重点。把广告宣传的重心从介绍产品转到建立产品形象上来,树立产品名牌,维系老顾客,吸引新顾客。

(4)适时降价。在适当的时机,可以采取降价策略,以激发那些对价格比较敏感的消费者产生购买动机和采取购买行动。

(三)成熟期市场营销策略

进入成熟期以后,产品的销售量增长缓慢,逐步达到最高峰,然后缓慢下降;产品的销售利润也从成长期的最高点开始下降;市场竞争非常激烈,各种品牌、各种款式的同类产品不断出现。

对成熟期的产品,宜采取主动出击的策略,使成熟期延长,或使产品生命周期出现再循环。为此,可以采取以下三种策略:

(1)市场调整。这种策略不是要调整产品本身,而是发现产品的新用途、寻求新的用户或改变推销方式等,以使产品销售量得以扩大。

(2)调整产品。这种策略是以产品自身的调整来满足顾客的不同需要,吸引有不同需求的顾客。整体产品概念的任何一层次的调整都可视为产品再推销。

(3)调整营销组合。这种策略是通过对产品、定价、渠道、促销四个营销组合因素加以综合调整,刺激销售量的回升。例如,提高产品质量、改变产品性能、增加产品花色品种的同时,通过特价、早期购买折扣、补贴运费、延期付款等方法来降价让利;扩展分销渠道、广设分销网点、调整广告媒体组合、变换广告时间和频率、增加人员推销、大搞公共关系等"多管"齐下,进行市场渗透。扩大企业及产品的影响,争取更多的顾客。

(四)衰退期营销策略

在成熟期,产品的销售量从缓慢增加达到顶峰后,会发展为缓慢下降。在一般情况下,如果销售量的下降速度开始加剧,利润水平很低,就可以认为这种产品已进入生命周期的衰退期。衰退期的主要特点是:产品销售量急剧下降;企业从这种产品中获得的利润很低甚至为零;大量的竞争者退出市场;消费者的消费习惯已发生改变等。面对处于衰退期的产品,企业需要进行认真的研究,决定采取什么策略以及在什么时间退出市场。通常有以下几种策略可供选择:

(1)继续策略。继续采用过去的策略,仍按照原来的子市场。使用相同的分销渠道定价及促销方式,直到这种产品完全退出市场为止。

(2)集中策略。把企业能力和资源集中在最有利的子市场和分销渠道上,从中获取利润。这样有利于缩短产品退出市场的时间,同时又能为企业创造更多的利润。

(3)收缩策略。大幅度降低促销水平,尽量降低促销费用。以增加目前的利润。这样可能导致产品在市场上的衰退加速,但也能从忠实于这种产品的顾客中得到利润。

(4)放弃策略。对于衰退比较迅速的产品,应该当机立断,放弃经营。可以采取完全放弃的形式,如把产品完全转移出去或立即停止生产;也可采取逐步放弃的方式,使其所占用的资源逐步转向其他产品。

第四节 新产品开发

市场营销学中的新产品概念不是从纯技术角度理解的,产品只要在功能或形态上得到改进,与原有产品有差异,并为顾客带来新的利益,即为新产品。

新产品一般分为五类:①全新产品,运用新的技术创造的更新换代的产品;②新产品线,企业首次进入一个市场的新产品;③现有产品线的增补产品;④现有产品的改进,是对原产品性能的改良或增加新功能;⑤新市场,进入新的市场或略改变原产品功能,对原产品重新定位。对于大多数企业来说主要是改进现有产品而非创造全新产品。

一、以新产品拓宽市场

营销学家菲利普·科特勒说过:每一家公司都必须开发新产品。新产品开发是公司将来生命的源泉。为了保持或提高公司的销售,公司应该从市场的角度积极寻找新产品。消费者需要新产品,而生产厂商应尽最大努力提供给他们。

一家公司要获得新产品,可以通过进行新产品开发或收购来完成。收购途径有三种形式:公司可以购买另一家公司,从其他公司购买许可证和取得产品特许经营权。产品的开发可采取两种方式:公司可委托研究机构或新产品开发公司来为公司开发特定的产品,也可在自己的实验室开发新产品。

菲利普·科特勒曾反复提醒公司的经营者:如果公司不开发新产品就会承担很大的风险。那种"一招鲜,吃遍天"的观念已经落后,现在消费者的口味在不断变化、技术日新月异、产品生命周期日益缩短、国内外公司的竞争日益激烈的情况下,他们的产品将会被淘汰,从而导致公司寸步难行。

当然新产品开发的风险也很大,菲利普·科特勒分析新产品开发失败可能有以下原因:①一位高层经理可能会不顾市场调查研究已做出的否定结论,推行他所喜爱的产品构思;②创意是好的,但是对市场规模估计过高,实际制造的产品并没有达到原先的设计要求;③产品在市场上定位错误,没有开展有效的广告活动,或对产品定价过高,失去了机会;④产品的开发成本高于预计值,使得产品开发失去了经济价值;⑤竞争对手的激烈反击超出事先估计,如七喜汽水推出"非可乐"概念,不久就遭到主要对手可口可乐的强力阻击,雪碧的出现令七喜严重受挫。

菲利普·科特勒认为影响新产品开发的因素主要有:①在有些领域里重要的新产品太

缺乏构思。能改进某种基础产品，如钢铁、化工产品、能源等的新方法、新工艺不多。②过度地细分市场。激烈的竞争导致市场更加细分化，如今的市场中，消费者个性化消费越来越突出，各公司不得不把新产品对准较小的细分市场，而不是一个大众化市场，这意味着每种产品只能获得较小的销售量和较低的利润。③社会和政府限制。新产品必须符合消费者的安全和生态平衡。政府的政策导向使得药品、玩具和其他产业的创新速度减缓。④新产品开发过程中的高代价。一家公司为了找出少数几种好的新产品，必须提出大量的新产品构思，而且公司面临着不断上升的研究与开发费用、制造费用和营销费用。⑤资本短缺。许多公司不能提供或筹集真正的创新研究所需的资金，这点美国是通过建立风险投资基金来完成的，值得借鉴。⑥新产品开发完成的时限缩短。当一种新产品成功后，竞争者会非常快地进行模仿。以新产品开发闻名的索尼公司在竞争者大量仿制其产品前曾经领先了3年，现在，松下和其他竞争者仿制其产品只要六个月，因此留给索尼重新创新的时间已经很少了。

一个研究日本的报告指出，日本企业新产品开发的成功，在很大程度上得益于应用了跨职能小组的工作方式，即矩阵结构。这个小组聚集了研究与开发、工程制造、采购、营销和财务等各类专业技术人员，只有这样，新产品的开发才能有效地进行，该产品的创意必须从市场营销的观点加以研究，这个特定的跨职能小组要参与开发本项目的全面过程。

菲利普·科特勒说："谁最后设计了产品？当然是顾客。"新产品的开发必须迎合顾客与时俱进的消费需求。从海尔的成功可以看出新产品开发的重大意义，海尔开发的新产品之所以成功，无一不是从市场、从顾客需求或潜在的需求角度出发，具有相当大的针对性，与其说是海尔开发的，还不如说是顾客想要的。

二、新产品开发过程

不同行业的生产条件和产品项目不同，新产品开发具体过程也有所差异，但企业开发新产品的过程一般由八个阶段构成，即寻求创意、甄别创意、形成产品概念、制定市场营销策略、商业分析、产品开发、市场试销、批量上市。

（一）寻求创意

新产品开发过程是从寻求创意开始的。所谓创意，就是开发新产品的设想。虽然并不是所有的设想或创意都可变成产品，但寻求尽可能多的创意却可为开发新产品提供较多的机会。所以，现代企业都非常重视创意的开发。新产品创意的主要来源有顾客、科学家、竞争对手、企业推销人员和经销商、企业高层管理人员、市场研究公司、广告代理商等。此外，企业还可以从大学、咨询公司、同行业的团体协会、有关报刊媒体那里寻求有用的新产品创意。一般说来，企业应当主要靠激发内部人员的热情来寻求创意。这就要求建立各种激励制度，对提出创意的职工给予奖励，而且高层主管人员应当对这种活动表现出充分的重视和关心。

营销人员寻找和搜集新产品构思的主要方法有如下几种：

(1)产品属性排列法。将现有产品的属性一一排列出来，然后探讨，尝试改良每一种属性的方法，在此基础上形成新的产品创意。

(2)强行关系法。先列举若干不同的产品，然后把某一产品与另一产品或几种产品强行结合起来，产生一种新的构思。譬如，组合家具的最初构想就是把衣柜、写字台、装饰柜的不同特点及不同用途相结合，设计出既美观又较实用的组合型家具。

(3)多角分析法。这种方法首先将产品的重要因素抽象出来，然后具体地分析每一种特性，再形成新的创意。例如：洗衣粉最重要的属性是其溶解的水温、使用方法和包装，根据这三个因素所提供的不同标准，便可以提出不同的新产品创意。

(4)聚会激励创新法。这种方法最为典型的代表方式是"头脑风暴法"。将若干名有见解的专业人员或发明家集合在一起(一般以不超过 10 人为宜)，开讨论会前提出若干问题并给予时间准备，会上畅所欲言，彼此激励，相互启发，提出种种设想和建议，经分析归纳，便可形成新产品构思。

(5)征集意见法。指产品设计人员通过问卷调查、召开座谈会等方式了解消费者的需求，征求科技人员的意见，询问技术发明人、专利代理人、大学或企业的实验室、广告代理商等的意见，并且长久坚持，形成制度。

案例 7-5　一种新的空调系统的构思

晶华集团公司正在开发一种太阳能空调系统，并希望在近期内推向市场。

20 世纪以来，随着科技进步和社会生产力的极大提高，人类创造了前所未有的物质财富，加速推进了文明发展的进程。与此同时，人口剧增，资源过度消耗，环境污染，生态破坏，已成为全球的重大问题，严重阻碍着经济的发展和人民生活质量的提高，继而威胁着人类的生存和发展。能源工业是国民经济的基础，对社会经济发展和提高人民生活水平极为重要。我国的能源结构多年来一直建立在以煤为主的化石燃料基础上，这必将导致能源资源耗竭，是不可持续的。根据联合国环境与发展大会的有关决议，我国政府呼吁人民共同关心和挽救地球，保持生态平衡，控制水、气、光和噪声等污染，确保人类社会的持续发展。

太阳能是地球上取之不竭、用之不尽的能源，直接利用太阳的光能、热能已成为 20 世纪中叶以来新的能源开发途径。晶华集团公司开发的这种太阳能空调系统，可将太阳辐射热能直接转化为冷热能源，与市场上一般空调机相比，具有节能、运行费低、无污染(无氟利昂)且不受缺电地区限制等突出优点，符合我国大力提倡的新能源发展政策。

据统计，我国华北大部分地区夏季太阳能对地面的辐射强度较高，西北地区强度更大，且照射时间长，是发展太阳能的重点地区。其他地区如西藏、广东、海南等边远缺电地区均可作为理想的太阳能发展地区。

这种太阳能空调系统采用 20 世纪 70 年代末逐渐发展起来的固体吸附式制冷技术，其原理是利用沸石在不同温度下能够大量吸附、脱附水蒸气的性质，将沸石置于密闭的容器内，通过抽真空并对容器内的沸石加热和冷却，在沸石对水的吸附、脱附作用下形成水的蒸发、冷凝循环过程，从而达到制冷的目的。制冷器以太阳能为能源，无机械运动部分，可靠性高且不耗费其他能源。晴天如果采用 1 平方米太阳能，每日制冷量可达 7 千克冰。由于制冷器在制冷过程的同时还可制相同的热量，为热能的综合利用留有余地。

随着城乡人民生活水平的提高，人们对居住环境、工作环境的要求也越来越高。目前北京市冰箱、电视机等耐用消费品的普及率已达 50% 以上。更多的人已将目光瞄准空调，使对空调机的需求急剧增长。但由于空调机的价格一般都在每台 3000～10000 元之间，对普通居民来说仍是一笔较大开支，此外，由于我国总体能源不足，电力部门对空调的使用加以限制，加之我国居民住房建造时对用电负荷估计不足，多数线路无法承受，因此对居民个人来说，空调耗能太大，运行费用相当可观，故有人戏言"买得起空调，用不起空调"。

如果将空调的能源改为取之不尽的太阳能，再假设太阳能空调系统的售价与普通电力空调售价相当，则不仅可节约大量能源，还可使一般居民购买空调的比例大大提高。仅就北京市200万户居民来说，按平均每10户1台，近期占有率10%计，北京市每年需求量为2万台，按全国200个50万人口的城市，每城市按5000台计，每年需求可达100万台。再加上宾馆、饭店、办公室以及流动的火车、汽车等，需求量将更大。

从社会效益分析，太阳能空调系统能有效地减少大气中氟利昂含量，改善环境。从经济效益分析，如小批量生产，年产300台，每台成本约2000元，共需投资60万元，可通过外包加工组装，无需固定投资，60万元可分期投入。若出厂价每台3000元，则当年出售200台即可收回成本。若按年产1万台规模，则需总投资2000万元，年投资收益率为91%(免税)，一年以后可收回投资，第二年利润率为154%。随着工艺和生产水平的提高，该产品也有望打入国际市场。

(二)甄别创意

取得足够创意之后，要对这些创意加以评估，研究其可行性，并挑选出可行性较强的创意，这就是创意甄别。创意甄别的目的就是淘汰那些不可行或可行性较低的创意，使公司有限的资源集中于成功机会较大的创意上。甄别创意时，一般要考虑两个因素：一是该创意是否与企业的策略目标相适应，表现为利润目标、销售目标、销售增长目标、形象目标等几个方面；二是企业有无足够的能力开发这种创意，这些能力表现为资金能力、技术能力、人力资源、销售能力等。

(三)形成产品概念

经过甄别后保留下来的产品创意还要进一步发展成为产品概念。在这里，首先应当明确产品创意、产品概念和产品形象之间的区别。所谓产品创意，是指企业从自己的角度考虑能够向市场提供的可能产品的构想。所谓产品概念，是指企业从消费者的角度对这种创意所作的详尽的描述。而产品形象，则是消费者对某种现实产品或潜在产品所形成的特定形象。企业必须根据消费者的要求把产品创意发展为产品概念。确定最佳产品概念，进行产品和品牌的市场定位后，就应当对产品概念进行试验。所谓产品概念试验，就是用文字、图画描述或者用实物将产品概念展示于一群目标顾客面前，观察他们的反应，了解他们的愿望。

(四)制定市场营销策略

形成产品概念之后，需要制定市场营销策略，企业的有关人员要拟定一个将新产品投放市场的初步的市场营销策略报告书。报告书由三个部分组成：

(1)描述目标市场的规模、结构、行为；新产品在目标市场上的定位；头几年的销售额、市场占有率、利润目标等。

(2)描述新产品的计划价格、分销策略以及第一年的市场营销预算。

(3)阐述计划长期(一般3～5年)销售额和目标利润以及不同时间的市场营销组

合等。

(五)商业分析

新产品开发过程的第五个阶段是进行商业分析。在这一阶段,企业市场营销管理者要复查新产品将来的销售额、成本和利润的估计,看看它们是否符合企业的目标。如果符合,就可以进行新产品开发。估计销售额时要特别注意三个购买量:首次购买量、更新购买量、重购购买量。

(六)产品研制

如果产品概念通过了商业分析,研究与开发部门及工程技术部门就可以把这种产品概念转变成为产品,进入试制阶段。这一阶段应当搞清楚的问题是,产品概念能否变为技术上和商业上可行的产品。如果不能,除在全过程中取得一些有用副产品即信息情报外,所耗费的资金则全部付诸东流。产品原型准备好以后,还必须通过一系列严格的功能测试和消费者测试。

(七)市场试销

如果企业的高层管理者对某种新产品开发试验结果感到满意,就着手用品牌名称、包装和初步市场营销方案把这种新产品装扮起来,把产品推上真正的消费者舞台进行试验。这是新产品开发的第七阶段。其目的在于了解消费者和经销商对于经营、使用和再购买这种新产品的实际情况以及市场大小,然后再酌情采取适当对策。市场试验的规模决定于两个方面:一是投资费用和风险大小;二是市场试验费用和时间。投资费用和风险越高的新产品,试验的规模应越大一些;反之,投资费用和风险较低的新产品,试验规模就可小一些。从市场试验费用和时间来讲,所需市场试验费用越多、时间越长的新产品,市场试验规模应越小一些;反之,则可大一些。不过,总的来说,市场试验费用不宜在新产品开发投资总额中占太大比例。

(八)批量上市

在这一阶段,企业高层管理者应当作以下决策:何时推出新产品;何地推出新产品;向谁推出新产品;如何推出新产品。只有这几方面的问题得到解决,企业才能真正实现其批量上市的目的。

案例 7-6　义祥电器厂的新产品开发之路

义祥电器厂是一家以生产汽车电器为主的集体所有制企业,建立于 1966 年。成立之初是仅仅有几十名职工的街道小厂,到 1980 年发展成市级企业。由于种种原因,企业到 1988 年已连续 3 年亏损,全厂上下士气低落,人心涣散,企业处于濒临倒闭之境。这一年初,新厂长受命于危难之际,走马上任,进行了一系列大刀阔斧的改革。

一、新产品开发的构思

厂长提出为了企业的继续发展,必须居安思危,以开发新产品来求得更大的经济效益。经过市场调查发现,工厂生产的调节器系机械式电压调节器,随着科技的发展,市场上已经出现以现代新技术开发的第二代、第三代产品,即晶体管电压调节器、集成电路电压调节器。只有在现有主导产品的基础上,以老养新,开发新产品,才能为工厂在汽车电器市场上长久地保住一席之地。

二、对新产品开发构思的筛选

对有关技术、营销人员经市场调查后提交的几种方案召开可行性论证分析会议，并结合企业的目标和能力来进行筛选：

(1)认定我国汽车工业是一个很有发展前途的支柱产业，汽车是人们在生产建设、工作和生活中必不可少的交通工具。因此，工厂没有必要去跨行业发展。如果跨行业发展新产品，将遇到三个障碍：进入新行业困难；花费时间长，投入资金大；缺乏跨行业的人才优势。为此，此方案不可取，仍应围绕汽车开发新的电器产品。

(2)发展什么车型的电器产品？工厂分析了我国汽车总类的三大类：重型车，中型车，轻、微型轿车。一致认定，第一类不适合大批量生产，难以创造出规模经济。第二类是国内一汽、二汽大型企业的领地，已形成规模经济，又有较稳定的配套体系，工厂难以进入，而且对于工厂来讲开发的价值也不大。第三类轻、微型轿车，是我国汽车工业发展迅猛的车种，基本上是引进国外先进技术，正处在成长期阶段，工厂进入障碍小。而且该类车种产品的附加值高，技术先进，市场销售量大，能给工厂带来良好的经济效益，并对提高工厂的管理和技术水平都将会有很大的促进。为此，决定围绕第三类车型来开发电器产品。

(3)工厂有关部门呈报开发汽车电器的方案内有三个项目供筛选：转光灯闪亮器；汽车电喇叭；起动机电磁开关。在可行性分析论证会上，结合本行业和企业的特点，大家认为第一个项目闪光器虽有一定的销售市场，但必须达到每年100万台以上的规模经济，企业才会取得一定效益。而且本市另一家工厂已跨行业转产，抢先引进闪光器的国外技术，占领了国内的较多市场。工厂再开发这种产品困难多、风险大，市场又难挤入。第二个项目汽车电喇叭，目前国内虽无企业生产，但该产品投入高，产品的附加值低，又属于劳动密集型产品。如果工厂开发该产品，弊多利少。第三个项目汽车起动机电磁开关，这个产品是起动机上的一个电器总成。随着汽车工业向专业化、大协作、大批量的方向发展，电磁开关已从起动机分裂出来成为一个独立总成。目前，各主机厂正在寻求这种产品的专业化协作厂。该产品随着汽车电器技术的发展，在近几十年内不会出现换代产品，所需的工艺流程、加工设备、技术人才等，与工厂目前生产的电压调压器有互换性，开发这种产品只需投入几台关键设备，具有投入少、产出大、见效快的特点，而且又可以充分利用工厂现有的优势。

经过新产品开发构思的筛选，决定围绕轻、微型车种，开发汽车起动机电磁开关。

三、营销策略设计

为全面实施新产品电磁开关的开发计划，厂长又提出了新的策略性意见：主动出击，广泛宣传，尽快获得本行业主管部门和各主机厂的一致认可，把工厂作为电磁开关的专业化定点协作配套厂，为大批量生产和占领市场开辟重要的通道。工厂主要领导亲自出面，组织力量扫清新产品开发的各种障碍，又派出厂领导和汽车电器工程师等主要骨干参加行业会议，主动介绍本厂现有的生产技术和管理水平，并争取到第二次行业会议在工厂召开，让各主机厂详细了解本厂的技术、设备、工艺、管理、产品质量控制和职工操作技能，使各主机厂工程技术人员和有关主要领导对本厂有进一步的了解。工厂主要领导又派出营销、科技人员深入到各主机厂，邀请各主机厂的生产制造部门和主要领导来厂作全面的考察，促使各主机厂领导和部门负责人确认自己是理想的电磁开关的专业化定点协作配套厂，从技术质量、交货、售后服务等方面能够满足主机厂的配套需要。

四、商业分析

经市场调查预测分析，该产品达到每年10万台，就有一定的经济效益。而工厂已有把握的市场销量可达到每年50万台。工厂开发这种新产品的投入，一年内就能收回，既能解决电压调节器逐步萎缩所造成的剩余劳动力，又能充分发挥现有设备的使用效率。如果批量达到每年30万台，则能进一步降低成本，企业的经济效益必定有较大幅度的增长。

五、产品研制

在电磁开关开发阶段中，技术部门遇到一定的困难，工厂主要领导果断地采取了以下措施：高薪聘请了某单位汽车电器工程师两名，重点解决了电器技术难点的攻关问题；迅速组成了一个强有力的新产品开发小组，在较短的时间内研制出样品100台，送各主机厂确认。

六、市场试用

在各主机厂确认样品的基础上，工厂对新产品进行了一些改进，又很快进行小批量试生产，再送各主机厂试用。同时，各主机厂有关人员又到工厂进行进一步考察，确认生产能力、批量生产的质量控制和管理水平，认定工厂试生产的电磁开关技术质量符合国家标准，内部管理水平较高，能够满足主机厂生产发展的需要，可以投入大批量生产。于是，双方签订了长期配套协作生产的协议书。

七、商品化

义祥电器厂的这项新产品开发获得成功之后，向全国市场进行推广。同时义祥电器厂又开始了微型汽车分电器新产品开发的调研工作。

第五节　新产品的采用与扩散

新产品开发并推向市场之际，就是新产品的采用与扩散过程的开始。

一、新产品采用过程

所谓新产品采用过程，是指消费者个人由接受创新产品到成为重复购买者的各个心理阶段。迄今为止，有关采用过程的研究当首推美国学者埃佛雷特·罗杰斯，他在1962年出版的《创新扩散》一书中，把采用过程看做是创新决策过程，并据此建立了创新决策过程模型。他认为，创新决策过程包括五个阶段，即认识阶段、说服阶段、决策阶段、实施阶段和证实阶段。这五个阶段又受到一系列变量的影响，它们不同程度地促进或延缓了创新决策过程。下面具体分析一下这五个阶段的特点。

(一)认识阶段

在认识阶段，消费者要受个人因素(如个人的性格特征、社会地位、经济收入、性别、年龄、文化水平等)、社会因素(如文化、经济、社会、政治、科技等)和沟通行为因素的影响。他们逐步认识到创新产品，并学会使用这种产品，掌握其新的功能。研究表明，较早意识到创新的消费者同较晚意识到创新的消费者有着明显的区别。一般地，前者较后者有着较高的文化水平和社会地位，他们广泛地参与社交活动，能及时、迅速地收集到有关新产品的信息资料。

(二)说服阶段

有时,消费者尽管认识到了创新产品并知道如何使用,但一直没有产生喜爱和占有该种产品的愿望。而一旦产生这种愿望,决策行为就进入了说服阶段。在认识阶段,消费者的心理活动尚停留在感性认识上,而在说服阶段,其心理活动就具备影响力了。消费者常常要亲自操作新产品,以避免购买风险。不过,即使如此也并不能促使消费者立即购买,除非市场营销部门能让消费者充分认识到新产品的特性。这包括以下几方面。

(1)相对优越性,即创新产品被认为比原有产品好。创新产品的相对优越性越多,如在功能性、可靠性、便利性、新颖性等方面比原有产品的优势越大,就越容易让消费者采用。应该着重指出的是,相对优越性是指消费者个人对创新产品的认识程度,而不是产品的实际状况。在某些情况下,一个确实属于创新的产品若不被消费者所认识,便失去了其相对优越性。

(2)适用性,即创新产品与消费者行为及观念的吻合程度。当创新产品与消费者的需求结构、价值观、信仰和经验相适应或较为接近时,就较容易被迅速采用。

(3)复杂性,即认识创新产品的困难程度。创新产品越是难以理解和使用,其采用率就越低。这就要求企业在新产品设计、整体结构、使用维修和保养方法等方面与目标市场的认知程度相接近,尽可能设计出简单易懂、方便使用的产品。

(4)可试性,即创新产品在一定条件下可以试用。汽车的测试、免费赠送样品等都是为了方便消费者对新产品的试用,减少购买风险,提高采用率。

(5)明确性,指创新产品在使用时,是否容易被人们观察和描述,是否容易被说明和示范。创新产品的消费行为越容易被感知,其明确性就越强,采用率也就越高。总之,在说服阶段,消费者对创新产品将有确定性认识,他会多次在脑海里"尝试"着使用创新产品,看看它究竟是否适合自己的情况。而企业的广告和人员推销将会使消费者提高对产品的认知程度。

(三)决策阶段

通过对产品特性的分析和认识,消费者开始决策,即决定采用还是拒绝采用该种创新产品。他可能决定拒绝采用,此时又有两种可能:以后改变了态度,接受了这种创新产品;继续拒绝采用这种产品。他也许决定采用创新产品,此时也有两种可能:在使用之后觉得效果不错,继续使用下去;使用之后发现令人失望,便中断使用,可能改用别的品牌,也可能干脆不使用这类产品。

(四)实施阶段

当消费者开始使用创新产品时,就进入了实施阶段。在决策阶段,消费者只是在心里盘算究竟是使用该产品还是仅仅试用一下,并没有完全确定。到了实施阶段,消费者就考虑以下问题了:"我怎样使用该产品?"和"我如何解决操作难题?"这时,企业市场营销人员就要积极主动地向消费者进行介绍和示范,并提出自己的建议。

(五)证实阶段

人类行为的一个显著特征是,人们在做出某项重要决策之后总是要寻找额外的信息,来证明自己决策的正确。消费者购买决策也不例外。为了说明问题,这里借用一下不和谐理论中的“认识不和谐”概念。

认识不和谐是指两种或两种以上的认识互不一致或者其中某种认识与一个人的行为相抵触所产生的紧张不安的心理状态。这些认识包括人们对周围事物所持的观念、情感和价值取向等。只要这些认识相互不一致,或者某种认识与一个人的行为不相吻合,不和谐就产生了。不和谐是一种心理不平衡状态,它会造成心理紧张,而心理紧张又促使人们去努力消除这种紧张,从而使心理状态由不平衡(或不和谐)转向平衡(或和谐)。

在创新决策之后存在的不和谐,称为决策后不和谐。由于消费者面临多种选择方案,而每一种方案又都有其优点和缺点,所以只要消费者选择其中的一个方案,不和谐就会发生。在决策之后,消费者总是要评价其选择行为的正确与否。在决策后的最初一段时间内,消费者常常觉得有些后悔,他会发现所选方案存在很多缺陷,而认为未选方案有不少优点。事实上,如果再给一次机会,他会选择其他方案。不过,后悔阶段持续时间不长便被不和谐减弱阶段所代替。此时,消费者认为已选方案仍然较为适宜。

在整个创新决策过程中,证实阶段包括了决策后不和谐、后悔和不和谐减弱三种情况。消费者往往会告诉朋友们自己采用创新产品的明智之处,倘若他无法说明采用决策是正确的,那么就可能中断采用。

二、新产品扩散过程

所谓新产品扩散,是指新产品上市后随着时间的推移不断地被越来越多的消费者所采用的过程。也就是说,新产品上市后逐渐地扩张到其潜在市场的各个部分。扩散与采用的区别,仅仅在于看问题的角度不同。采用过程是从微观角度考察消费者个人由接受创新产品到成为重复购买者的各个心理阶段,而扩散过程则是从宏观角度分析创新产品如何在市场上传播并被市场所采用的更为广泛的问题。

(一)新产品采用者的类型

在新产品的市场扩散过程中,由于个人性格、文化背景、受教育程度和社会地位等因素的影响,不同的消费者对新产品接受的快慢程度不同。罗杰斯根据这种接受程度快慢的差异,把采用者划分成五种类型,即创新采用者(简称为“创用者”)、早期采用者、早期大众、晚期大众和落后采用者(见图7-5)。

1.创新采用者

该类采用者约占全部潜在采用者的2.5%。任何新产品都是由少数创新采用者率先使用,因此他们具备如下特征:极富冒险精神;收入水平、社会地位和受教育程度较高;一般是年轻人,交际广泛且信息灵通。

企业市场营销人员在向市场推出新产品时,应把促销手段和传播工具集中于创新采用者身上。如果他们的采用效果较好,就会大力宣传,影响到后面的使用者。不过,找出创新采用者并非易事,因为很多创新采用者在某些方面倾向于创新,而在其他方面可能是落后采用者。

2.早期采用者

早期采用者是第二类采用创新的群体,占全部潜在采用者的13.5%。他们大多是某个群体中具有很高威信的人,受到周围朋友的拥护和爱戴。正因如此,他们常常去收集有

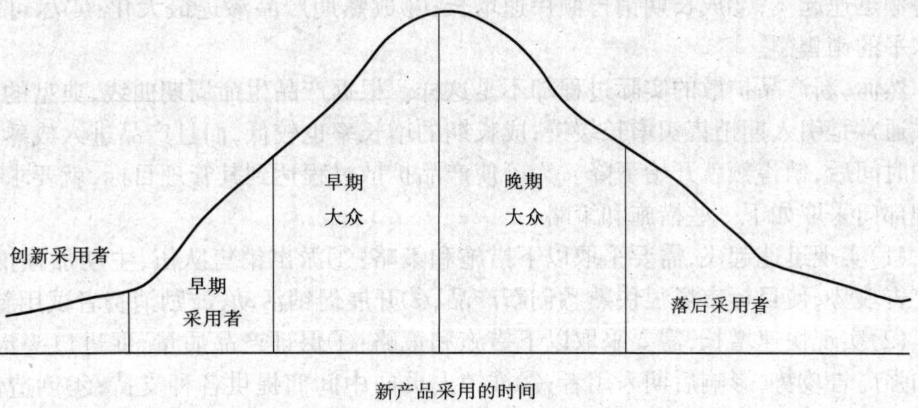

图 7-5　新产品采用者的类型

关新产品的各种信息资料，成为某些领域的舆论领袖。这类采用者多在产品的引入期和成长期采用新产品，并对后面的采用者影响较大。所以，他们对创新扩散有着决定性影响。

3. 早期大众

这类采用者的采用时间较平均采用时间要早，占全部潜在采用者的 34%，其特征是：深思熟虑，态度谨慎；决策时间较长；受过一定教育；有较好的工作环境和固定收入；对舆论领袖的消费行为有较强的模仿心理。他们虽然也希望在一般人之前接受新产品，但却是在经过早期采用者认可后才购买，从而成为赶时髦者。由于该类采用者和晚期大众占全部潜在采用者的 68%，因而，研究其消费心理和消费习惯对于加速创新产品扩散有着重要意义。

4. 晚期大众

这类采用者的采用时间较平均采用时间稍晚，占全部潜在采用者的 34%，其基本特征是多疑。他们的信息多来自周围的同事或朋友，很少借助宣传媒体收集所需要的信息，其受教育程度和收入状况相对较差，所以，他们从不主动采用或接受新产品，直到多数人都采用且反映良好时才行动。显然，对这类采用者进行市场扩散是极为困难的。

5. 落后采用者

这类采用者是采用创新的落伍者，占全部潜在采用者的 16%。他们思想保守，拘泥于传统的消费行为模式。他们与其他的落后采用者关系密切，极少接触宣传媒体，其社会地位和收入水平最低。因此，他们在产品进入成熟期后期乃至进入衰退期时才会采用。与一般人相比较，落后采用者在社会经济地位、个人因素和沟通行为这三个方面存在着差异。这种比较为新产品扩散提供了重要依据，对企业营销沟通具有指导意义。

(二)新产品扩散过程管理

新产品扩散过程管理是指企业通过采取措施使新产品扩散过程符合既定营销目标的一系列活动。企业之所以能对扩散过程进行管理，是因为扩散过程除受到外部不可控制因素(如竞争者行为、消费者行为、经济形势等)的影响外，还要受到企业营销活动(如产品质量、人员推销、广告水平、价格策略等)的制约。企业扩散管理的目标主要有：①引入期销售额迅速起飞;②成长期销售额快速增长;③成熟期产品渗透最大化;④尽可能维持一定水平的销售额。

然而,新产品扩散的实际过程却不是这样。根据产品生命周期曲线,典型的产品扩散模式通常是引入期销售额增长缓慢,成长期的增长率也较低,而且产品进入成熟期一段不长的时间后,销售额就开始下降。为了使产品扩散过程达到其管理目标,就要求企业营销管理部门采取如下一些措施和策略:

(1)实现迅速起飞,需要采取以下措施和策略:①派出销售队伍,主动加强推销:②开展广告攻势,使目标市场很快熟悉创新产品;③开展促销活动,鼓励消费者试用新产品。

(2)实现快速增长,需要采取以下措施和策略:①保证产品质量,促进口头沟通;②继续加强广告攻势,影响后期采用者;③推销人员向中间商提供各种支持;④创造性地运用促销手段使消费者重复购买。

(3)实现渗透最大化,需要采取以下措施和策略:①继续采用快速增长的各种策略;②更新产品设计和广告策略,以适应后期采用者的需要。

(4)要想长时间维持一定水平的销售额,需要采取以下措施和策略:①使处于衰退期的产品继续满足市场需要;②扩展分销渠道;③加强广告推销。

(三)意见领袖和口头传播对扩散的影响

我们在前面提出,扩散过程就是创新产品不断地被更多消费者所采用的过程。对于企业而言,它总是希望产品扩散越快越好,消费者接受得越快越好。因此,缩短消费者由不熟悉新产品到采用新产品所花费的时间就成为企业营销目标之一。前面对采用和扩散过程的分析不同程度地解决了这个问题,这里再从信息沟通的角度进行研究。

1.信息沟通与新产品扩散

在新产品扩散过程中,有关信息和影响是怎样从营销人员那里传递到目标市场的呢?最初,人们认为信息和影响是借助于宣传媒体的力量直接传递到消费者那里。这就是一级流动过程,即从宣传媒体到消费者。后来,研究者们发现,信息的流动并非经过一级,而是经过两级。他们认为,新产品常常是从宣传媒体传递到意见领袖,然后再从意见领袖流向追随者,追随者受意见领袖的影响远远超过宣传媒体的影响,这叫做两级流动模型。在这里,宣传媒体是主要的信息源,追随者是信息受众,而意见领袖则对信息受众接受信息有着重要作用,他们依靠自身的威信和所处的位置加速了信息的流动。

2.意见领袖的作用

在新产品扩散过程中,意见领袖具有以下作用:①告知他人(追随者)有关新产品的信息;②提供建议以减轻别人的购买风险;③向购买者提供积极的反馈或证实其决策。所以,意见领袖是一个告知者、说服者和证实者。不过,意见领袖只是一个或几个消费领域的领袖,他们仅仅在这一个或几个领域施加自身的影响。离开这些领域,他们就不再是领袖,也就没有影响了。

3.意见领袖与其追随者

每一个社会阶层都有意见领袖。大多数情况下,信息是在每一个阶层内水平流动而不是在阶层之间垂直流动。意见领袖同其追随者有着显著不同的特征:①意见领袖交际广泛,同宣传媒体和各种交易中间商联系紧密;②意见领袖容易被接触,并有机会、有能力影响他人；③具有略高于其追随者的社会经济地位，但不能高出太多，否则二者就难以沟通；④乐于创新，尤其当整个社会倡导革新时。

思考题

1. 如何全面认识产品的概念？
2. 什么叫产品组合？产品组合的策略如何？
3. 什么是产品生命周期？在各阶段如何运用不同的营销策略？
4. 如何开发新产品？
5. 新产品的采用通常分哪几个阶段？
6. 新产品采用者有哪几种类型？

第八章　价格策略

价格是市场营销策略中十分复杂、十分敏感而又难以控制的因素，它直接影响着消费者的购买行为，也关系到企业的市场份额和盈利率，因此企业必须重视价格策略的选择和应用。通过本章学习，将使我们明白影响企业定价的主要因素，了解企业定价目标，掌握定价方法以及定价策略。

本章要点：

- 影响企业定价的主要因素
- 企业定价的各种目标
- 成本导向定价、需求导向定价和竞争导向定价方法
- 企业定价策略

价格从宏观上来说，是关系国民经济全局的问题，涉及人民的物质文化生活；对于市场来说，价格是一个灵敏的经济杠杆；就企业的经营销售活动来看，价格是个重要的营销因素。随着企业自主权的扩大，价格对企业生产和经营的调节作用越来越显著，企业商品的价格是否适当，对商品的销路、市场占有率以及经济效益有较大影响。因此，有必要认真研究价格策略。价格策略是市场营销因素组合中极其重要的组成部分，它在很大程度上决定和影响其他市场营销组合因素。

第一节　影响企业定价的因素

概括地说，影响企业定价的各项因素可以分为三大类：一是理论基础，即产品价值是企业定价的理论基础；二是生产经营方面的因素，包括成本费用、销售数量、资金周转等；三是市场需求竞争方面的因素，包括需求价格弹性、同类产品竞争状况、产品生命周期等。下面分别予以阐述。

一、产品价值

产品价值是企业定价的理论依据。马克思主义政治经济学基本原理告诉我们：所谓价值就是指凝结在商品中的无差别的一般的人类劳动，它是由社会必要劳动时间来决定的。因此，生产产品所消耗的社会必要劳动时间，就代表着产品的价值。同时，产品的价值又必须通过交换来实现。货币产生以后，这种交换便通过货币来进行。因此，价值是价格的基础，产品价格是产品价值的表现形式。

价格由价值决定，但价格并不一定与价值完全一致，由于市场供求变化、竞争状况及政府干预等诸多因素的影响，在市场交换活动中不可避免地会出现产品价格背离价值的现象。但若从一个较长时期的价格运动轨迹来看，价格总是以价值为中心，围绕价值上下

波动,这就是价值规律的表现,价值规律原理是价格形成的理论基础。

二、成本费用

成本费用是价格构成的基本要素,是产品价格的主要构成部分,直接影响着价格水平的高低。

企业在制定价格时,必须首先要求价格不能低于平均成本费用。但是,产量与价格又是两个相互制约的因素。在成本费用不变的条件下,价格越高,盈利越大,但过高的价格会导致需求量(销售量)的缩减,进而迫使企业降低产量,减少收入。因此,企业在制定产品价格时,应对成本费用做出全面、深入的分析,以寻求价格与产量之间的最佳组合。

三、市场供求

供求规律是商品经济的内在规律,市场供求的变化与产品价格的变动是相互影响、相互制约的。这里,我们从两个方面来分析供求与价格的关系。

(一)价格与需求

经济学上讲的需求是指消费者在一定时期内在各种可能的价格下愿意购买而且能够购买某种商品的数量。因此,价格对需求的影响至关重要。它们的相互关系是:当产品降价时,会吸引新的需求者加入购买的行列,也会刺激原来的需求者增加购买量;反之,当产品价格提高时,会影响需求者减少需求量,或改变需求方向,去选购其他代用品。因此,价格与需求量呈反方向变化。

(二)价格与供给

经济学上讲的供给是指生产者在一定时期内在各种可能的价格下愿意而且能够提供出售的某种商品的数量。价格与供给的关系是:当某种产品价格上升时,会刺激原产品生产者扩大生产供应,还会刺激其他生产者加入该产品的生产经营,从而导致产品供给量的增加;当某种产品价格下降时,该产品生产者会因利润减少而缩小生产产量,或因亏本而停产,结果使得这种产品的供给量减少。价格与供应量呈同方向变化。

四、销售数量

价格的制定,应当实现价格与销售量的最佳组合,以利于实现最高盈利。但在这里应注意的是:就单个商品而言,如果成本费用不变,则价格越高,盈利越大,但企业盈利总额并不是单位商品盈利之和,单位商品包含的盈利水平高并不意味企业总盈利水平必然就高。计算企业盈利的正确公式应是:

$$\begin{aligned}\text{企业盈利} &= \text{全部销售收入} - \text{全部成本费用}\\ &= \text{商品销售量} \times (\text{单位商品价格} - \text{平均成本费用})\end{aligned}$$

从上式可以看出,企业盈利是单位商品实现的盈利与销售数量的乘积。但这两个因素是相关的,由于价格对需求存在反作用,价格过高可能导致需求量及销售量的缩减,进而减少企业收入及盈利水平。因此,其他条件既定,企业盈利状况最终取决于价格与销售量之间的不同组合。

五、市场竞争

市场竞争状况不同也会影响企业对产品的定价。根据西方经济学理论，按竞争程度的不同，可把竞争分为四类：完全竞争、完全垄断、垄断竞争、寡头垄断。

（一）完全竞争

完全竞争又称纯粹竞争，它主要是指这样一种状态：市场上有无数的买者和卖者；同一行业中的每一个厂商生产的产品是完全无差别的；厂商进入或退出一个行业是完全自由的；市场中每一个买者和卖者都掌握着与自己的经济决策有关的商品和市场的全部信息。在这种条件下，价格是在竞争中由整个行业的供求关系自发决定的，每个企业只能是价格的接受者，而不是价格的制定者，因此无所谓定价问题。

（二）完全垄断

完全垄断是指整个行业的市场完全为一家卖主所垄断，可以是政府垄断或政府特许的私人垄断。在这种条件下，垄断者可根据自己的经营目标在法律允许的限度内自由定价。

（三）垄断竞争

垄断竞争是指既有垄断又有竞争，即介于完全垄断和完全竞争之间的一种状态。这种垄断是指由于产品差别的存在，每一个生产者都对自己的产品有垄断权，但同时可替代的同类产品的生产者又为数众多，彼此之间展开激烈的竞争，价格就是在这种竞争中形成的。在这种条件下，每一个生产经营者都是他的产品价格的制定者，都有一定程度的定价自由。

（四）寡头垄断

寡头垄断是介于垄断竞争与完全垄断之间的一种状态，是指为数不多的几家大企业供给该行业的大部分产品，因而它们对市场价格和供给量都有决定性的作用。在这种条件下，价格往往不是由供求关系直接决定，而是由少数寡头垄断者协调操纵的，称为"操纵价格"。这种价格比较稳定，价格竞争趋于缓和，但非价格竞争很激烈。

六、产品生命周期

在产品生命周期的不同阶段，产品的定价也不一样。企业应根据其阶段特征，在定价时做出相应的决策。

（一）投入期

投入期是指产品初创时期，其各项成本费用较高，因而该阶段价格水平也较高，但为防止价格过高影响产品销路，企业定价时应以补偿成本费用而不是以获取盈利为主要依据，而且应着重考虑变动成本费用。至于固定成本费用的补偿，因需要以大批量销售为基础，应放在以后的阶段完成。

（二）成长期

这一时期成本费用大幅度下降，市场销售量扩大，价格应有条件地下调。企业定价时应依据预期目标盈利率的要求，制定相应的价格。

（三）成熟期

这一时期由于市场竞争的加剧，如果再维持原价就难以保持企业的市场份额。因为固定成本费用已全部补偿,预期目标盈利率也已基本定型,这时,定价应以维持企业市场占有率为主要目标,采用竞争性低价。

(四)衰退期

这一时期因为产品逐渐趋于淘汰,销售条件日益恶化。企业定价应以尽快收回占压的资金为目标,大幅度降低价格,必要时价格甚至可以与平均变动成本一致,以便尽快地将有限的资金转入新产品的开发与生产上来。

七、政策因素

首先,政府对产品的各项政策是企业确定产品价格的重要依据,如政府决定的产品增值税直接影响产品成本,进而影响产品的定价。其次,政府对产品价格的控制。世界各国对市场物价都有相应的规定,有监督性的,有保护性的,也有限制性的。企业定价时,必须遵循。如在通货膨胀时,政府甚至会对商品的价格进行全面冻结,以减缓通货膨胀。因此,企业定价必须重视和研究政策因素,进入国际市场更应了解所在国对输入货物的管制,无论是输入配额还是关税的限制,都将影响价格的制定。

除此之外,在市场营销实践中,消费者心理预期、需求交叉弹性等也是影响某些产品在某些时候定价的重要因素。

案例 8-1　康柏电脑的降价策略

1983 年,菲弗尔出任康柏公司副总裁。他认真总结了康柏公司存在的问题,提出了新的发展战略,即坚持发展个人电脑,使个人电脑普及化。但它的个人电脑价格太贵,超出一般消费者的购买力。于是,菲弗尔做出了大胆的决定:把康柏电脑的售价降低 1/3。

降低售价的做法能成功吗?果然不出菲弗尔所料,康柏个人电脑降价成了新闻。为保证盈利并满足日益增长的需要,菲弗尔要求生产的各个环节降低成本,并要求工厂 24 小时连续生产。菲弗尔说,他不是不要利润,利润与市场占有份额紧密地联系在一起,没有市场,价格订得再高,也实现不了利润。营销的关键问题在于打开市场,而要打开市场取决于两个要素:一是品牌形象好;二是便宜。康柏在具备了品牌优势后,要谋求大发展,就要降价。当其他生产名牌个人电脑的公司醒悟到菲弗尔降价之举的道理之后纷纷仿效,一时间,名牌个人电脑的售价都降了下来。然而,并不是所有的公司都经得起降价的考验,在菲弗尔挑起的价格大战面前,不少公司因财力不支而倒闭,而康柏电脑在降价后不仅没赔本,反而从 1992 年起使康柏成为业界中少有的连年盈利的公司。记者就此问菲弗尔的经营之道,他说:"对于康柏来说,降价与降低生产成本和进行规模生产是并行的,只有这样,才能既减轻顾客的负担,又使康柏获得理想的利润。"在康柏转入批量生产时,每一道工序的造价都尽可能地降低。1993 年,当年生产量从 150 万台提高到 300 万台时,全部生产成本几乎下降了 1000 万美元。业界人士评价道:"个人电脑走向普及之路是与菲弗尔的功劳分不开的。"

第二节　定价目标

定价目标是指企业通过制定特定价格,凭借价格所产生的销售效果去实现预期的目的，企业建立定价目标是企业各种定价活动的先导，又是整个定价活动所追求的结果。企业在组织和实施各种经营活动之前，必须建立一个企业营销总目标。在营销总目标的制约下，企业在定价之前必须先确定定价目标，由于不同企业所处的内、外部环境不同，因此企业的定价目标也不同。但从一般情况来说，定价目标主要有以下几种。

一、利润最大化定价目标

利润最大化是指企业在一定时期内可能获得的最高盈利总额，盈利是企业生存和发展的先决条件，因而争取最高利润，使企业得到迅速发展，是不少企业追求的目标。追求利润最大化的定价目标应以企业和产品的良好声誉为前提，产品在市场地位较高、竞争力较强的情况下，这一定价目标才切实可行。

但是，利润最大化对企业来说，并不一定等于最高定价。企业盈利的大小取决于价格和销售量两方面因素，过高的价格会引起消费者抵制、竞争者涌入、仿冒品增多，从而影响本企业产品的销量，使其产品市场份额降低。因此，尽管企业以追求利润最大化为定价目标，其价格的高低也应适当。价格若定得太高，会制约销售量，反而使利润水平降低。

此外，利润最大化应以企业长期的最大利润为目标，同时，选择一个适应特定环境的短期目标来制定价格，这个定价目标尽管有时与长期目标存在某些偏离，但却是在一定时期内为实现长期目标必要的和有效的手段。

二、投资收益率定价目标

投资收益率是指企业在一定时期内所获得的投资报酬额与投资总额的比率，它能够反映出企业的投资效益。企业对于所投入的资金，都希望在预期时间内分批收回。因此，在定价时，一般在总成本费用之外加上一定比例的预期盈利或预期收益作为定价目标。所以，在这种定价目标下，投资收益率的确定与价格水平之间直接相关。在实际操作中，确定投资收益率应掌握两条原则：一是要规定投资收益率的最低限度，以保证企业在预定的时间内按期分批地收回投资；二是应限定投资收益率的最高限度，以免过高的收益率引起价格提高，销售量减少，影响投资收益率的实现。

三、提高市场占有率定价目标

市场占有率也即市场份额，是指一个企业在某一市场上出售某种产品的销售额或销售量相对该行业同一时期内该种产品在市场上的总销售额或销售量中所占的比率。市场占有率是企业经营状况和竞争实力的综合反映，它显示出企业和产品的市场地位。高市场占有率使企业具备更强的市场控制能力、产品拥有更大的知名度，这些都为企业盈利创造了有利条件。正因为如此，提高市场占有率通常是企业普遍采用的定价目标。

四、适应价格竞争定价目标

适应价格竞争的定价目标是指企业以服从竞争需要为前提来制定价格。在激烈的市场竞争中，厂商无论规模大小，对于竞争者的价格都很敏感，企业在定价前会仔细研究竞争对手的产品和价格情况，然后有意识地利用各种价格策略去对付竞争者。根据市场营销实践，一般主要有以下几种做法：实力雄厚的大企业以低于竞争对手的价格排挤竞争者，借此提高其市场占有率；实力弱小的企业追随主导竞争者价格或以略低于市场通行价格的方法挤入市场；在产品工艺、技术、质量或服务等方面占据优势的企业，则以高于竞争者的价格进行企业和产品的市场定位，由此提高产品的知名度。

五、维持价格稳定定价目标

维持价格稳定的定价目标是指企业以保护自己为主要目的，为避免卷入“价格战”而制定价格。在当今激烈的企业竞争条件下，愈演愈烈的价格竞争通常会使竞争双方两败俱伤，有些企业为了牢固地占有市场，保证正常的生产经营，往往都期望维持市场价格的相对稳定。因此，在有些行业中，几个市场竞争的主导企业达成默契，保持价格一致，以期消除价格战，其他企业则追随那些举足轻重的大企业，不轻易变动价格，这是安全第一的目标。

采取维持价格稳定定价目标的企业必须有充足的后备资源，有长期经营的打算并处于比较正常的市场竞争和供求关系条件下，以便企业维持稳定的价格，取得合理的利润。

第三节　定价方法

定价方法是指企业在特定的定价目标指导下，依据对成本、需求及竞争等状况的研究，运用价格决策理论对产品价格进行计算的具体方法。根据市场营销学理论与实践，企业定价一般主要有以下三种类型，即成本导向定价法、竞争导向定价法和需求导向定价法。

一、成本导向定价法

成本导向定价法是企业定价首先要考虑的方法。成本是企业生产经营过程中所发生的实际耗费，客观上要求通过商品的销售而得到补偿，并且要获得大于其支出的收入，超出的部分表现为企业利润。以产品部分成本为基本依据，再加上预期利润来确定价格的成本导向定价法，是中外企业最常用、最基本的定价方法。成本导向定价法中最重要、最常见的是成本加成定价法，它是指按产品单位成本加上一定比例的毛利，从而定出售价。其公式为：

$$产品售价 = 单位成本 \times (1 + 加成率)$$

其中，加成率即预期利润占总成本的百分比。

例如，我们已经计算出单位产品成本为1000元，企业希望获得20%的预期利润（加成率），则：

$$单位产品价格 = 1000 \times (1 + 20\%) = 1200(元)$$

这里，加成率的确定是定价的关键。不同时间、不同地区、不同市场及不同行业，加成率差别很大。例如，服务业中不同等级饭店的加成率悬殊就很大。确定加成率还应考虑需求的弹性大小，需求弹性大的产品，加成率宜低一些，而需求弹性小的产品，加成率宜高一些。加成定价方法历史悠久，它的优点是计算简单，方便易行，不必因需求的变化而频繁地调整价格，而且买卖双方都感到公平合理。卖方将力求保持合理收益，买方也不致因需求强烈而付出高价。其缺点是，忽视市场竞争和供求状况的影响，缺乏灵活性，难以适应市场竞争变化的形势，特别是成本加成定价，加成率的确定仅从企业角度考虑，因而不仅难以准确得知对应价格水平的市场销售量，使固定成本的分摊缺乏合理性。更为不利的是，加成率确定后，产销量越大，固定成本分摊额就越低，从而价格越低，由此可能丧失一部分应得的利润；反之，产销量越小，固定成本分摊额越高，价格越高，反而加剧了销售的困难。这种定价方法一般局限于卖方市场条件下使用。

总之，从本质上说，成本导向定价法是一种卖方定价导向。它忽视了市场需求、竞争和价格水平的变化，在有些时候与定价目标相脱节，不能与之很好地配合。此外，运用这一方法制定的价格都是建立在对销量主观预测的基础上，从而降低了价格制定的科学性。因此，在采用成本导向定价法时，还需要充分考虑需求和竞争状况，以确定最终的市场价格水平。

二、竞争导向定价法

竞争导向定价法是指以市场上同类竞争产品的价格为定价依据，并根据竞争变化来调整价格的定价方法。这种定价方法的特点是：价格与商品成本及需求不发生直接关系，商品成本或市场需求变化了，但竞争者的价格没变，就应维持原价；反之，虽然成本或需求都没有变动，但竞争者的价格变动了，则要相应地调整其商品价格。当然，为实现企业的定价目标和总体经营战略目标，谋求企业的生存和发展，企业可以在其他营销手段的配合下，将价格定得高于或低于竞争者的价格，并不一定要和竞争对手的产品价格完全保持一致。竞争导向定价一般有以下三种。

（一）随行就市定价法

这是竞争导向定价法中较为流行的一种。定价的原则是，企业让自己的产品价格跟上同行业的平均价格水平，因为有些产品成本难以计算，随行就市定价可以比较准确地反映商品价值和供求情况，保证获得合理的收益，那些小企业是“跟随着领先者”的，它们变动自己的价格与其说是根据自己的需求变动或成本变化，不如说是依据市场领先者的价格变动，至于大企业的定价，通常确定相同的价格。

在产品成本难以计算、竞争者不确定时，企业认为随行就市定价法是一种有效的定价方法。因为这种价格水平在人们的观念中被认为是合理的价格，易于被消费者所接受，并且能与竞争者和平相处，避免激烈竞争而产生的风险。对无特殊需求的商品来说，这种定价法是切实可行的。

（二）产品差别定价法

产品差别定价法又称竞争价格定价法，它与随行就市定价法相反，是以主动竞争为特点，通过不同的营销努力，使同种同质的产品在消费者心目中树立起不同的产品形象，进而根据自身特点，选取低于或高于竞争者的价格作为本企业产品价格的一种定价方法。这种方法多为经济实力雄厚、企业信誉好、产品知名度高的企业所采用。因此，随行就市定价法是一种防御性的定价法，而产品差别定价法是一种进攻性的定价方法。

产品差别定价法的制定过程是：首先，将测算的本企业产品价格与同类竞争产品价格进行比较，得出价格差异的结果；其次，将本企业产品的产量、成本、性能、品质、式样等方面情况与竞争产品作对比,分析价格差异的原因;第三,根据上述综合分析对本企业产品进行市场定位,明确产品的优势、特色和声誉;最后,按预定的定价目标确定产品价格,并随时根据竞争状况的改变对价格进行调整。

(三)密封投标定价法

密封投标定价法主要用于投标交易方式。在国内外,许多大宗商品、原材料、成套设备和建筑工程项目的买卖和承包,以及诚招生产经营协作单位、出租出售小型企业等,往往采用发包人招标、承包人投标的方式来选择承包者,确定最终承包价格。一般来说,招标方只有一个,处于相对竞争地位,标的物的价格同参与投标的各个企业在相互独立的条件下来确定,在买方招标的所有投标者中,报价最低的投标者通常中标,它的报价就是承包价格,这样一种竞争性的定价方法就称为密封投标定价法。

在招投标方式下,投标价格是企业能否中标的关键性因素。高价格固然能带来较高的利润,但中标机会却相对减少;反之,价格低,利润小,虽然这样中标机会大,但其机会成本可能大于其他投资企业。那么,企业应该怎样确定投标价格呢?

首先,企业根据自身的成本备选投标价格方案,并依据成本利润率计算出企业可能盈利的各个价格水平;其次,分析竞争对手的实力和可能报价,以确定本企业各个备选方案的中标机会,竞争对手的实力包括产销量、市场占有率、信誉、声望、质量、服务水平等,其可能报价则在分析历史资料的基础上得出;然后,根据每个方案可能的盈利水平和中标机会,计算每个方案的期望利润,每个方案的期望利润=每个方案可能的盈利水平×中标概率(%);最后,根据企业的投标目标来选择投标方案。

我们这里不妨举一个例子来分析,某一外贸公司欲参与一批原材料贸易活动,其投标报价的有关情况及分析见表 8-1。

表 8-1　投标报价分析　(单位:万元)

投标方案	企业报价	可获利润	中标概率(%)	期望利润
1	500	100	60	60
2	600	120	45	54
3	700	140	40	56
4	800	160	30	48
5	900	180	20	36

从表 8-1 可以看出,方案 1 的期望利润最大,为 60 万元;方案 5 的期望利润最小,为 36 万元。对于那些竞争实力强,生产经营发展正常、可能同时进行多项工程投标的大企业来说,可把期望利润最大者作为选择投标价格方案的标准,故选择方案 1;对于一些开工不足、人员闲置和只想赚取外汇、不太计较利润的厂家,则应选择方案 5,以最大的可能争取中标,缓解企业目前的困难。

三、需求导向定价法

现代市场营销理论认为,企业的一切生产经营必须以消费者的需求为中心,并在产品、价格、分销和促销等方面予以充分体现,那种只考虑产品成本,而不考虑市场需求状况及顾客需求的定价不符合现代营销观念。根据市场需求状况和消费者对产品的感觉差异来确定价格的方法称为需求导向定价法，又称市场导向定价法或顾客导向定价法。其特点是灵活有效地运用价格差异，对平均成本相同的产品，价格随市场需求的变化而变化，不与成本因素发生直接关系。需求导向定价法一般有以下几种具体形式。

(一)理解价值定价法

理解价值也叫认知价值或感受价值，这是企业根据消费者对商品价值的感受而不是按卖方成本来确定价格的一种定价方法。越来越多的企业认为定价的关键不是卖方的成本或实际价值，而是买方对价值的理解。因此，卖方运用各种营销策略和方法，影响买方对产品的认知，使之形成对卖方有利的价值观念，然后再根据产品在买方心目中的价值来定价。

为了加深消费者对商品价值的理解程度，从而提高其愿意支付的价格水平，企业定价时首先要搞好产品的市场定位。企业针对目标市场开发新产品时，要从价格、质量、服务等方面确定产品在目标市场上的地位，决定产品所能达到的售价，估计在此价格下的销售额，再由销售量计算出所需的生产投资额及单位成本，然后再计算该产品是否达到预期的利润，最后决定该产品是否值得开发。

理解价值定价法的关键和难点是获得消费者对有关商品价值理解的准确资料。企业如果过高地估计消费者的理解价值，其价格就可能过高，难以达到应有的销量；反之，若企业低估了消费者的理解价值，其定价就可能低于应有水平，使企业收入减少。因此，这就要求企业必须通过广泛的市场调研，了解消费者的需求偏好，根据产品的性能、用途、质量、品牌、服务等要素，判定消费者对商品的理解价值，制定商品的初始价格。然后，在初始价格条件下，预测可能的销售量，分析目标成本和销售收入，在比较成本与收入、销量与价格的基础上，确定该定价方案的可行性，并制定最终价格。

(二)需求差异定价法

需求差异定价法是指对同一产品，采用两种以上的不同价格。这种价格上的差异并不与成本成比例，而是根据顾客的需求、产品式样、地点和时间等条件变化而产生的需求差异作为定价的基本依据。企业针对上述差异，决定在基础价格上加价还是减价。需求差异定价法一般有以下几种策略：

(1)因产品而异。即不同的产品式样采用不同的定价，企业制定差价时主要根据产品式样的区别对消费者心理的作用来定价。比如，对于质量水平相等的产品，式样陈旧的定价低，式样新颖的定价高，决定价格差异大小并不是成本的差异，而是需求程度不一样。例如，一家玩具厂，过去出口的熊猫玩具，包装只是一只塑料袋，只卖 0.88 美元一只，销路很差，后来改用硬包装，不仅漂亮，还开了个窗口，能看见熊猫的头，价格卖到 7.27 美元，销路也由滞转畅。实行这种定价的目的是通过形成局部市场以扩大销售，增加利润。

(2)因时间而异。即不同的时间采取不同的定价，企业在定价时根据某些产品销售季节和时间的不同制定不同的价格。比如，旅游景点淡季和旺季收费不同；打长途电话节假日或夜间实行廉价收费等。

(3)因顾客而异。即不同的顾客采用不同的定价，由于职业、阶层、年龄或顾客位于不同的地区，顾客有不同的要求，企业在定价时给予相应的优惠或提高价格，以获得良好的促销效果。比如,“六一”儿童节,餐馆以儿童优惠的价格吸引了更多的家长和孩子的光顾;寒暑假中,眼镜经营企业以优惠教师和学生的方法扩大了销量等。

(4)因地点而异。即不同的地点采用不同的定价。比如,电影院、体育场、飞机场等,其座位不同,票价也不一样,体育场的前排可能收费较高,旅馆客房因楼层、朝向、方位的不同而收取不同的费用,这样做的目的是为了调节客户对不同地点的需求和偏好,平衡市场供求。

由于需求差异定价法针对不同需求而采用不同的价格,实现顾客的不同满足感,能够为企业谋取更多的利润,因此在实践中得到广泛的应用。但是,也应该看到,实行差异需求定价必须具备一定的条件,否则,不仅达不到差别定价的目的,甚至会产生负作用。这些条件包括:第一,市场必须是可以细分的,且各个细分市场的需求强度不同,能明确区分需求的差异;第二,商品不可能从低价市场流向高价市场,这种现象可能是由于交通运输状况造成的,也可能是由于产品本身特点而造成的,如劳务项目难以通过市场转卖而获取差额利润,故适宜采用差别定价方法;第三,高价市场上不可能有竞争者削价竞销,这可能是因为本企业已垄断市场,竞争者极难进入,也可能是产品需求弹性小,低价不会对消费者需求产生较大的影响,还可能是消费者对本企业产品已产生偏好;第四,不会因为价格的不同引起消费者的不满而失去消费者。

第四节　定价策略

作为一个消费者,在接受一种商品价格的时候,并不仅考虑这个价格是否同价值相适应,还受到许多心理的、社会的、文化的因素的影响。因此,企业定价不仅是一门科学,还是一门艺术。定价方法着重于产品的基础价格,定价策略则着重于根据市场的具体情况,从定价目标出发,运用价格手段,使其适应市场的不同状况,实现企业的营销目标。根据市场营销实践,定价策略一般包括以下几种。

一、新产品定价策略

消费者一般对刚上市的新产品的情况了解不多。因此,企业开发的新产品能否在市场上站住脚,并给企业带来效益,定价就显得十分重要。企业在新产品投放市场时,一般可以采取撇脂定价策略或渗透定价策略。

(一)撇脂定价

撇脂定价策略是指企业将新产品以尽可能高的价格投放市场,以赚取高额利润,在短期内收回投资。因为它好像从牛奶中撇取其中所含的奶油一样,取其精华,所以称为“撇脂定价”策略。一般而言,对于全新产品、受专利保护的产品、需求的价格弹性小的产品、流行产品、未来市场形势难以测定的产品等,均可以采用撇脂定价策略。例如,1945年,美国雷诺公司从阿根廷引进生产了圆珠笔,并作为圣诞节礼物投放市场,当时正是第二次世界大战之后,市场货物奇缺,而圣诞节又需要好的礼品,雷诺公司看准了这个机会大赚一笔,当时圆珠笔的成本每支只有0.5美元,而雷诺公司制定的批发价却高达10美元一支,零售价更高达20美元一支,尽管如此,圆珠笔仍然十分畅销。我国也有类似情况,比如,从20世纪50年代到70年代,在我国居民收入水平和物价水平都十分低的条件下,手表的成本不过10多元,但其价格却高达100余元。

采用撇脂定价有利于企业获取丰厚的利润,掌握市场竞争及新产品开发的主动权,同时又可以提高产品的身价,树立良好的企业形象。但也有其不利的一面,如当新产品的声誉还未建立起来时就实行高价投放,这样会损害消费者的利益,不利于市场的拓展;当高价投放而仍然畅销时,会吸引竞争者的不断加入,容易使竞争加剧,最终导致价格下降,好景难长。

因此,从根本上说,撇脂定价是一种追求短期利润最大化的定价策略,如处置不当,则会影响企业的长期发展。总之,在实践中,特别是在消费者日益成熟、购买行为日趋理性的今天,采用这一定价策略必须谨慎。

(二)渗透定价

渗透定价是与撇脂定价相反的一种定价策略,即低价投放新产品,使产品广泛渗透,从而提高企业的市场占有率,然后随着份额的提高调整价格,降低成本,实现盈利目标。实施渗透定价的前提条件是:新产品的需求价格弹性较大;新产品存在着规模经济效益。比如,日本精工手表即是在具备这样两个条件的基础上,采用渗透定价策略,以低价在国际市场上与瑞士手表相角逐,最终夺取了瑞士手表的大部分市场份额。

采用渗透定价的优点是:首先,低价可以使产品尽快为市场所接受,并借助于大批量销售来降低成本,可获得长期稳定的市场地位;其次,微利阻止了竞争者的进入,增强了自身的市场竞争力。采取渗透定价的缺点是:本利回收期较长,价格变化的余地小,难以应付骤然出现的竞争和需求上的较大变化。

在市场营销实践中,到底采取撇脂策略还是渗透策略,不能一概而论,而需要综合考虑市场需求、竞争、供给、市场潜力、价格弹性、产品特性、企业发展战略等才能确定。在定价实务中,往往要突破许多理论上的限制,通过对选定的目标市场进行大量调研和科学分析来制定价格。

对于新产品定价,除了上述采取撇脂定价和渗透定价之外,还有一种叫做满意定价,又称温和定价或君子定价,这种策略介于撇脂定价与渗透定价策略之间,价格水平适中,一般是处于优势地位的企业为了在消费者中树立良好的形象,主动放弃一部分利润,这样既能保证企业获得一定的初期利润,又能为消费者所接受,使双方都满意。

二、心理定价策略

心理定价是指企业在定价时,利用顾客心理有意识地将产品价格定得高些或低些,以扩大销售。在现代市场营销理论和实践中,人们越来越重视对消费者心理的研究,充分利用消费者心理来促进销售。在分析企业定价策略时,充分利用消费者心理因素,有意识地将产品价格定得高些或低些,以满足消费者生理的和心理的、物质的和精神的多方面需求,通过消费者对企业产品的偏爱和忠诚,来扩大市场销售,以获得最大效益。常用的心理定价策略包括尾数定价、整数定价、声望定价、招徕定价、习惯定价。

(一)尾数定价

尾数定价策略也称非整数定价策略,是指保留价格尾数,以零头标价的价格策略。比如，某种商品的价格定为19.80元，而不是20元，这可以在直观上给消费者一种便宜的感觉，从而激起消费者的购买欲望，促使产品销售量的增加。尾数定价适用于弹性较大的零售商品的销售，名牌优质产品就不一定适宜。

使用尾数定价，可以使价格在消费者心中产生以下几种特殊效果：

(1)便宜。某商品标价99.98元和100.08元，虽仅相差0.1元，但前者给购买者的感觉是还不到"100元"，后者却使人认为"100多元"，因此前者可以给消费者一种价格偏低、商品便宜的感觉，使之易于接受。

(2)精确。带有尾数的定价可以使消费者认为商品定价是非常认真、精确的，连几角几分都算得清清楚楚，进而会产生一种信任感。

(3)中意。由于民族习惯、社会风俗、文化传统和价值观念的影响，某些数字常常会被赋予一些独特的涵义，企业在定价时如能加以巧用，则可使其产品得到消费者的偏爱。比如，我国南方某一城市的一个电话号码为"9050168"，拍卖价竟高达几十万元，就是因为其谐音为"90年代我能一路发"。在港澳和广东地区，许多消费者有取"好兆头"的心理，有些企业就将结婚、喜庆、贺礼商品用"9"为尾数，取意为"长久"，如家具每套定价为3999.99元。在国外，也有消费者对数字产生不同的喜好，如美国、加拿大等国的消费者普遍认为单数比双数少、奇数比偶数显得便宜，所以在北美地区，零售价为49美分的商品，其销量远远大于价格为50美分的商品，甚至比48美分的商品还多一些。但是，日本企业却多以偶数，特别是"零"作结尾，这是因为偶数在日本体现着对称、和谐、吉祥、平衡和圆满。当然，也有某些为消费者所忌讳的数字，如西方国家的"13"、日本的"4"，企业在定价时则应有意识地避开，以免引起消费者的厌恶和反感。

(二)整数定价

整数定价是指企业采用合零凑整的方式，为产品制定整数价格。比如，一件高档西服定价为2000元，而不是1998元，这样定价的优点主要在于：①可以满足购买者炫耀富有、显示地位、崇尚名牌、购买精品、"求名"的消费心理；②可以省却了找零钱的麻烦，方便企业和顾客的价格结算；③抬高商品的"身价"，在消费者心目中树立高档、高价、优质的产品形象。

整数定价一般适用于需求价格弹性小、价格高低不会对需求产生较大影响的商品，如流行品、时尚品、奢侈品、礼品等，其消费者都属于高收入阶层，也愿意接受较高的价格，所以整数定价有它一定的市场；再如古董、名画等，一般不宜以尾数定价，而应以整数定价。

(三)声望定价

这是针对消费者"优质高价"的心理，对享有盛誉的产品制定较高价格的一种定价策略。声望定价可以满足某些消费者的特殊欲望，如地位、身份、财富、名望和自我形象等，还可以通过高价格显示名贵优质。因此，这一策略适用于一些传统的名优产品、具有历史地位的民族特色产品，以及知名度很高、有较大的市场影响、深受市场欢迎的驰名商标。比如，台湾宝丽来太阳镜价格高达240～980元、我国的景泰蓝瓷器在国际市场上价格为2000多法郎等，这些都是成功地运用了声望定价策略的范例。

在市场营销实践中，如果要使声望定价得以维持，就必须适当控制市场拥有量。比如，英国名车劳斯莱斯的价格在所有汽车中雄踞榜首，除了其优越的性能、精细的做工外，严格控制产量也是一个很重要的原因。在过去50多年中,该公司只生产了15000辆轿车。前美国总统艾森豪威尔也因未能拥有一辆金黄色的劳斯莱斯汽车而引为终身憾事。

(四)招徕定价

根据一般消费者有“求廉心理”,因此一些商场或商店有意将少数商品价格定得较低,以此来吸引顾客在购买“便宜货”的同时,带动其他价格商品的销售,提高销售总收入。现在,我国很多商家在节假日或季节性更替时,就采用“招徕定价”的方法,让一些商品降价销售,以此来带动其他商品的销售,如果单从几种“降价品”来看不赚钱,甚至亏本,但从商店总的经济效益来看,还是有利的。再比如,美国有家“99美分商店”,不仅一般商品以99美分标价,甚至每天还以99美分出售10台彩电,极大地刺激了消费者的购买欲望,商店每天门庭若市,1个月下来,每天按每台99美分出售10台彩电的损失不仅完全补回,企业还有不少利润。

在这里需要指出的是,用于招徕消费者的降价品,应该与低劣、过时商品明显地区别开来。招徕定价的降价品,必须是品种新、质量优的适销产品,而不是处理品,否则,不仅达不到招徕顾客的目的,反而可能使企业声誉受到影响。

案例8-2 美国商人的招徕竞争

在美国费城西部,有两家敌对的商店:一家叫纽约贸易商店,另一家叫美洲贸易商店。两家商店虽然是邻居,但店老板却是势不两立的死对头,他们常常开展各种各样的商战。当纽约贸易商店贴出告示“本店出售爱尔兰亚麻被单,该被单质量上乘,价格低廉,每条价格6.5美元”时,美洲贸易商店的窗口马上便会出现针锋相对的告示“善良的人们请擦亮眼睛,本店床单一流,定价5.95美元”。两家老板除了使出浑身解数争取顾客外,还经常走出商店,相互指责斥骂,甚至大打出手,引得大量顾客驻足围观。末了他们之中的一个退出来,宣称另一个老板是疯子,于是人们会跑到两家竞攀低价的商店争购满意的商品。这两家商店的商业战一直打个不停,愈演愈烈。直到30年后,他们中间有一位老板去世了,竞争才停了下来。过了几天,另一位老板开始停业清仓大展销,然后搬了家,从此便销声匿迹。当房子的新主人进行大清理时,无意中发现两位老板的住房有一条暗道相通,通过进一步查证,原来两位老板是同胞兄弟。

(五)习惯定价

习惯定价是指按照消费者的习惯价格的心理制定价格。有些商品,由于销售已久,形成了一种习惯价格或便利价格,即消费者已习惯按此价格购买并感到方便,如火柴、方便饮料、大众面包等日常生活必需品,生产者为了打开销路,必然依照习惯价格定价。因为这种价格已在顾客中形成了习惯心理,并承认其合理性,所以一方面不轻易涨价,涨价会引起消费者的不满,认为是不合理的涨价;另一方面,即使生产成本降低也不能轻易降价,降价会引起消费者对商品质量的怀疑,怀疑是否货真价实。因此,对于这类日常消费品的价格应力求稳定,避免价格波动带来不必要的麻烦。如果必须调整价格,最好同时采取改进产品的措施,化解习惯价格心理对新价格的抵触情绪,引导消费者逐步适应价格的调整。

三、折扣定价策略

折扣定价策略是指在交易过程中,把一部分价格让利于购买者以促进销售的价格策略。在商品交易过程中，其价格有基本价格和成交价格之分，前者是价目表中的标价，后者是根据不同交易方式、成交数量或业务职能，在样本价格基础上给予一定的折扣而形成的实际售价。折扣价格策略一般包括以下几种。

(一)数量折扣

数量折扣是指卖方因买方购买数量大而给予的一种折扣。它主要是鼓励大批量的订货和经营。为了使折扣起到不同的鼓励作用，这种折扣又可分为两类：一类是"累计折扣"，就是根据一定期间内购货总数计算的折扣，这类折扣有利于鼓励经营者集中向一个生产者或供应者多次进货，成为长期客户；另一类是"不累计折扣"，又称一次性折扣，就是根据一次购货数量进行计算的，这类折扣是鼓励经营者一次要多购货。当然，具体实行时应根据行业和商品的属性来确定。

(二)现金折扣

现金折扣是指对在规定时间内提前付款或用现金付款者所给予的一种价格折扣。其作用是：①可以减少信用成本和呆账；②减轻对外部资源的依靠，减少利率风险，加速资金周转；③能有效地对渠道成员进行控制，增强竞争能力。

提供现金折扣等于降低价格，所以企业在运用这种手段时要考虑商品是否有足够的需求弹性，保证通过需求量的增加使企业获得足够利润。此外，由于我国的许多企业和消费者对现金折扣还不太熟悉，运用这种手段的企业必须结合宣传手段，使买者更清楚自己将得到的好处。

(三)交易折扣

交易折扣又叫业务折扣或功能折扣，它是指制造商依据各类中间商在市场营销中所担负的不同职能，给予不同的价格折扣。如给批发商的折扣较大，给零售商的折扣较少，使批发商乐于大批进货，并有可能进行批转业务。使用业务折扣，其目的在于刺激各类中间商充分发挥各自组织市场营销活动的功能。

(四)季节折扣

季节折扣是指客户在淡季购买商品而给予的价格折扣。其目的是鼓励批发商、零售商淡季购买，有利于产品的均衡生产，减小厂商的仓储费用，加速资金周转。比如，啤酒生产厂家对在冬季进货的商业单位给予大幅度让利，皮装生产企业则为夏季购买其产品的客户提供折扣。

四、分地区定价策略

分地区定价策略主要是在价格上灵活反映和处理运输、装卸、仓储、保险等多种费用。根据商品的流通费用在买卖双方如何分担的情况，分地区定价策略表现为如下几种形式。

(一)原产地定价

原产地定价又称生产地定价或离岸价格，它表示在生产地市场交货，由买方负担全部的运杂费和运输途中受损失的风险。这种定价策略对卖方来说是最省事、最方便的，这些对于各地的卖方都是适用的，常用于运输费用较大的商品。但是其弊病也不容忽视，不利于吸引远方顾客，因为远方顾客所花运费高，必定设法就近购买。

(二)统一运送定价

统一运送定价,是由卖方负责将产品运送至买者所在地,对所有购买方,不论路程远近都收取相同的运费,实行全国一个价,由于与邮政服务相类似,因此又称为“邮票定价法”。它的优点主要在于:①适用于运费低廉,运输费用占变动成本较小的商品,如电子元件等;②能够吸引远方顾客购买,扩大销售服务,买方往往会认为运送是一项免费服务;③订价容易;④能够保持全国统一的价格。它的缺点是附近地区顾客可能会感到不合算,宁可向实行原产地定价的企业购买产品。

(三)区域运送定价

区域运送定价是指卖方将市场划分为几个大的区域,在每个区域内实行统一定价。这种方法与邮政包裹、长途电话的收费相似。它的优点是定价便宜、大体合理。它的缺点是在同一价格内,顾客远近不同,距离近的顾客较不合算;在两个价格分界线两侧的顾客尽管距离很近,但所付运费不同。

案例8-3　联想集团走向成功的价格战略

联想集团的前身是中国科学院计算机公司,是在1985年由20多名科研人员创办的,当时总投资仅20万元,1995年一跃成为全国计算机行业排名第一,以年经营额47亿元人民币跻身于中国500家大企业前列。联想集团是目前中国唯一能够以份额表达自己地位的高科技企业,1995年由它生产的电脑主机和附加卡占据着全球相当大的市场份额。1996年它以奔腾电脑取代486为契机,成功地主导了1996年中国计算机市场潮流,10多年来在国产品牌电脑与洋品牌电脑之间的竞争中第一次赢得了主动权,取得了丰硕成果。据有关部门估计,联想商标的价值达22.75亿元人民币。

联想集团何以发展如此之迅速?一方面固然与他们坚持不懈地改进技术,提高管理能力,不断进行产品开发创新有关;另一方面也与其实施正确的营销战略,比如定价策略有关。

最初,联想品牌电脑的价格比较高,因为销量不大不会有其成本上的优势,但随着联想电脑销量的逐步增加,成本逐步降低,尤其是库存的减少,价格也一步步下降。1995年以前,调价频率、幅度并不大,基本上总是保持比国外品牌电脑便宜15%左右,比兼容机价格还是高出很多。1995年销售量达到10万台,公司发现时机已成熟,大规模地发起了联想电脑的降价行动。

1996年2月,为加快电脑进入家庭,联想各种型号电脑大幅度降价,其中奔腾5/75电脑价格比进口品牌便宜25%以上,同时比兼容机的价格由原来高出25%以上降到只高15%以上。性能良好、服务健全的联想电脑对兼容机市场形成了强大的冲击。

1996年3月,联想系列微机产品价格全线下调,为中国计算机市场注入了新的活力。同年5月,联想微机价格再度下调,把奔腾扶上马。

此次降价行动,联想以国际市场电脑零件价格下跌为契机,把握时间,利用国际国内价位上的时间差,主动出击,率先把国际市场零组件的降价带来的利益用最快的速度反映到国内,从而获得了用户的支持,也获得了极好的回报,更有意义的是,用低价位把长期肆虐于中国计算机市场的低质兼容杂牌机挤出市场,也给高价位的国外品牌以有力的挑战。

1996年初,联想电脑连续三次降价,主导了国内计算机潮流,这使原本属于电脑销售

“淡季”的3～5月份成为“旺销期”，联想共销出电脑3万台，是上年同期的300%。1996年底，据IDG DATAQUEST和慧聪电脑商情等权威市场调查机构报告，联想电脑首次超过IBM、康柏等国外品牌，以9.8%的市场占有率高居国内PC机市场首位。1997年，联想率先降低基于MMX技术的多功能奔腾价格，1997年的第一季度，微机销量突破10万台大关，据中国研究公司统计，到1997年第一季度，联想电脑连续以8.6%的占有率雄踞PC机市场第一位，打破了外国品牌主导中国电脑市场的地位，宣告了国产品牌“唱主角”的新时代的到来。

降价是有极大风险的，联想集团何以能在如此短的时间内连续降低产品价格呢？

第一，电脑价格主要取决于成本，跨国公司以往由于生产批量大、零件采购成本低，因而在材料成本上占有优势，但与此同时，它的全球市场需要庞大的库存以及多重分销的体制造成了其供货周期长、运营费用高、价格反应相对迟缓等缺点。而联想集团利用贴近国内市场的有利条件，把从元器件采购到产品销售的平均周转期从原来的2～3个月缩短到1～1.5个月，有效地减少和避免了零部件降价的风险，在价格总水平不断下降的同时，利润总额逐年以100%的速度递增。可以看出，在国际电脑市场上的关键元器件价格快速变化的情况下，国内企业贴近市场灵活运作的优势已大于凭借规模生产降低成本的好处。

第二，一般认为只有市场份额位于前五位的公司才具有率先挑起价格战的实力，同时必须以良好的经营效益作基础，而联想集团确实是在不断发展中积累了连续降价的实力。降价策略实际上是把由于国际市场零部件价格下降所带来的优惠在最短的时间内出让给最终用户。这也证明了联想集团已经有能力将国际市场最先进的电脑技术以国内用户能接受的价位推荐到国内市场。

受联想电脑的冲击，国外许多著名品牌不得不纷纷降价，但由于成本因素，这种跟进的代价很大。而许多国产品牌，如同创、金长城也加入到降价的“大军”中，共同筑成了国产品牌的坚实阵地。这一联合行动，不仅整合了兼容机充斥的不规范的消费市场，提高了品牌机特别是国产品牌机的市场份额，同时也是向国外电脑发起的新一轮的冲击。

这样，联想电脑已把“质优价廉”的新形象树立在消费者心中。

思考题

1. 影响企业定价的因素有哪些？
2. 企业定价有哪些目标？如何理解市场占有率定价目标？
3. 常用的企业定价方法有哪些？
4. 新产品的定价策略有哪几种？
5. 如何理解心理定价策略？

第九章 渠道策略

在市场经济发达的今天，绝大多数制造商并不是将其产品直接出售给最终用户，而是通过一些中介机构（或叫中间商）构成的市场营销渠道系统才使得制造商与最终用户之间的交易得以实现。企业生产出的产品只有通过这样的市场营销渠道，经过一定的实体分销过程，才能在适当的时间、地点，以适当的价格供应给广大用户，满足市场需求，实现企业的市场营销目标。因而，分销决策是市场营销组合中的一个重要决策：企业只有熟悉营销渠道及其设计与管理决策，正确选择一个合理、高效的营销渠道，才能使产品顺利完成从生产领域到消费领域的转移。本章将介绍市场营销渠道的概念、分类及其作用，分析中间商的作用及与生产商的关系，并说明传销与直销的鉴别方法。

本章要点：

- 市场营销渠道的职能、种类和层次
- 市场营销渠道系统的发展
- 市场营销渠道的设计
- 选择、激励、评估渠道成员
- 传销与直销的鉴别

现代营销过程中，生产者与消费者之间，由于在交换时间、地点、数量、品种、信息等方面存在着不可避免的差异，企业的产品或服务必须通过一定的市场营销渠道，才能有效地提供给消费者，达到企业的营销目标。市场营销渠道的目的就是消除产品或服务与使用者之间的分离。

第一节 市场营销渠道概述

在市场营销理论中，有两个与渠道有关的术语经常不加区分地交替使用，这就是市场营销渠道和分销渠道。

所谓市场营销渠道，是指配合起来生产、分销和消费某一生产者的产品和服务的所有企业和个人。也就是说，市场营销渠道包括某种产品供产销过程中的所有有关企业和个人，如供应商、生产者、商人中间商、代理中间商、辅助商以及最终消费者用户等。

所谓分销渠道，是指某种产品和服务在从生产者向消费者转移过程中，取得这种产品和服务的所有权或帮助所有权转移的所有企业和个人。因此，分销渠道包括商人中间商（因为它们取得所有权）和代理中间商（因为它们帮助转移所有权），此外还包括处于渠道起点和终点的生产者和最终消费者或用户，但是不包括供应商、辅助商。

一、市场营销渠道的职能

从经济理论的观点来看，市场营销渠道的基本职能在于把自然界提供的不同原料根据人类的需要转换成有意义的产品组合。市场营销渠道对产品从生产者转移到消费者所必须完成的工作加以组织,其目的在于消除产品(或服务)与使用者之间的分离。市场营销渠道的主要职能有如下几种:

(1)研究。即收集制定计划和进行交换所必需的信息。

(2)促销。即进行关于所供应物品的说服性沟通。

(3)接洽。即寻找可能的购买者并与之进行沟通。

(4)配合。即使所供应的物品符合购买者需要,包括分类、分等、装配、包装等活动。

(5)谈判。即为了转移所供物品的所有权而就其价格及有关条件达成最后协议。

(6)实体分销。即从事产品的运输、储存。

(7)融资。即为补偿渠道工作的成本费用而对资金的取得与支出。

(8)风险承担。即承担与渠道工作有关的全部风险。

二、渠道流程的种类

构成渠道的各种机构由许多不同种类的流程贯穿联系。其中主要的有实体流程、所有权流程、付款流程、信息流程及促销流程。

(一)实体流程

实体流程是指实体原料及成品从制造商转移到最终顾客的过程。例如,在汽车市场营销渠道中,原材料、零部件、发动机等从供应商运送到仓储企业,然后被运送到制造商的工厂制成汽车。制成成品后也须经过仓储,然后根据代理商订单而运交代理商,再运交顾客。如遇到大笔订单的情况,也可由仓库或工厂直接供应。在这一过程中,至少要用到一种以上的运输方式,如铁路、卡车、船舶等。

(二)所有权流程

所有权流程是指货物所有权从一个市场营销机构到另一个市场营销机构的转移过程。在前例中,原材料及零部件的所有权由供应商转移给制造商,汽车所有权则由制造商转移到代理商,而后到顾客。

(三)付款流程

付款流程是指货款在各市场营销中间机构之间的流动过程。例如,顾客通过银行或其他金融机构向代理商支付账单,代理商扣除佣金后再付给制造商,然后由制造商付给各供应商,还须付给运输企业及独立仓库。

(四)信息流程

信息流程是指在市场营销渠道中各市场营销中间机构相互传递信息的过程。通常,渠道中每一相邻机构间会进行双向的信息交流,而互不相邻的机构间也会有各自的信息流程。

(五)促销流程

促销流程是指广告、人员推销、宣传、促销等活动由一单位对另一单位施加影响的过程。供应商向制造商推销其品牌及产品,还可能向最终顾客推销自己的名称及产品,以便影响制造商购买其零部件或原材料来装配产品。促销流程也可能从制造商流向代理商(称为贸易促销)或最终顾客(称为最终使用者促销)。

三、渠道的层次

市场营销渠道可根据其渠道层次的数目来分类。在产品从生产者转移到消费者的过程中,任何一个对产品拥有所有权或负有推销责任的机构,就叫做一个渠道层次。由于生产者和消费者都参与了将产品及其所有权转移到消费地点的工作,因此他们都被列入每一渠道中。但是,市场营销学却是以中间机构层次的数目确定渠道的长度。

零层渠道通常叫做直接市场营销渠道。直接市场营销渠道是指产品在从生产者流向最终消费者的过程中不经过任何中间商转手的市场营销渠道。直接市场营销渠道主要用于分销产业用品。因为,一方面,许多产业用品要按照用户的特殊需要制造,有高度技术性,制造商要派遣专家去指导用户安装、操作、维护设备;另一方面,用户数目较少,某些行业工厂往往集中在某一地区,这些产业用品的单价高,用户购买批量大。某些消费品有时也通过直接市场营销渠道分销,例如:

(1)农民在自己农场门口开设门市部,或者在市场上摆货摊,将其生产的蔬菜、水果、禽蛋等生鲜农产品直接销售给最终消费者。

(2)有些大制造商和面包房等中小制造商,自己开设零售商店和门市部,将其产品直接销售给最终消费者,或者雇用推销员挨家挨户向家庭主妇推销产品。

(3)有些制造商采取邮购方式将其产品直接销售给最终消费者。

(4)制造商通过电视、电话将其产品直接销售给最终消费者。

但是,由于广大消费者居住分散,购买数量零星,因而许多生产者不能将其产品销售给广大消费,需要多层渠道来分销。

一层渠道含有一个营销中介机构。在消费者市场,这个中介机构通常是零售商;在产业市场,则可能是销售代理商或佣金商。

二层渠道含有两个营销中介机构。在消费者市场,通常是批发商和零售商;在产业市场,则通常是销售代理商和批发商。

三层渠道含有三个营销中介机构。肉食类产品及包装类产品的制造商通常采用这种渠道分销其产品。在这类行业中,通常有一专业批发商处于批发商和零售商之间,该专业批发商从批发商进货,再卖给无法从批发商进货的零售商。

更多层次的市场营销渠道较少见。从生产者观点来看,随着渠道层次的增多,控制渠道所需解决的问题也会增多。

四、市场营销渠道系统的发展

随着市场经济的发展,市场营销渠道突破了由生产者、批发商、零售商和消费者组成的传统模式和类型,新型批发商和零售商的不断涌现,使全新的市场营销渠道正在逐步形成。

(一)垂直分销系统

传统市场营销渠道中的生产商、批发商和零售商等渠道成员分别都是一个利益独立体,每个成员都在追求自己利润的最大化,即使它以损害系统整体利益为代价也在所不惜。垂直市场营销渠道系统则相反,它是由生产企业、批发商和零售商所组成的一种统一联合体。某个渠道成员或者拥有其他成员的产权,或者是一种特约代理关系,或者拥有相当强的实力,其他成员愿意合作。垂直渠道系统可以由生产商支配,也可以由批发商或零售商支配;垂直市场营销渠道的特点是专业化管理、集中计划,销售系统中的各成员为共同的利益目标都采用不同程度的一体化经营或联合经营,从而有利于控制渠道行动,消除渠道成员为追求各自利益而造成的冲突。此外,垂直市场营销渠道系统能通过其规模、谈判交易费用以及重复服务的减少而减少成本增加收益。在美国,垂直市场营销渠道系统占全部市场的70%~80%,成为一种占主导地位的分销形式。垂直市场营销渠道系统主要有如下三种形式。

1. 公司式垂直系统

指一家公司拥有和统一管理若干工厂、批发机构和零售机构,控制市场营销渠道的若干层次甚至整个市场营销渠道,综合经营生产、批发零售业务。这种渠道系统又分为两类:工商一体化经营和商工一体化经营。工商一体化是指大工业公司拥有和统一管理若干生产单位、商业机构,如美国火石轮胎橡胶公司拥有橡胶种植园、轮胎制造厂,还拥有轮胎系统的批发机构和零售机构,其销售门市部(网点)遍布全国。商工一体化是指由大零售公司拥有和管理若干生产单位。

2. 管理式垂直系统

制造商和零售商共同协商或由某一家规模大、实力强的企业出面组织销售管理业务,其业务涉及销售促进、库存管理、定价、商品陈列和购销活动等,如宝洁公司与其零售商共定商品陈列、货架位置、促销、定价。

3. 契约式垂直系统

指不同层次的独立制造商和经销商为了获得单独经营达不到的经济利益而以契约为基础实行的联合体。它主要分三种形式:

(1)特许经营组织。这是由经营特许人的渠道成员把生产和经销过程的连续阶段衔接在一起,与特许经营者联合。其又有以下三种形式:①制造商倡办的零售特许经营或代理商特许经营系统;②制造商倡办的批发商特许经营系统;③服务企业倡办的零售商特许经营系统。

(2)批发商倡办的自愿连锁店。批发商组织独立的零售商成立自愿连锁组织,帮助他们与大型连锁组织平衡。

(3)零售商合作社。零售商带头组织一个新的企业实体来开展批发业务和可能的生产活动。它既从事零售,也从事批发甚至生产业务。

(二)水平式分销系统

这种系统是指两个或两个以上的相互无关联的企业自愿联合,以资金或计划共同开拓新的市场营销机会,以实现每一个企业由于缺乏资金、技术、生产或营销资源等而无力单独经营,或惧怕风险,或期望实现最佳协同的效果而实行的暂时性或永久性的相互合作。如美国得克萨斯州的兰马储蓄银行与赛夫威百货公司订立协议,在赛夫威公司内设置其储蓄办事处和自动出纳机,使兰马储蓄银行以较低成本打入市场,而赛夫威公司对顾客提供店内取款的方便。

(三)多渠道分销系统

这种系统是指一个企业建立两条或更多的市场营销渠道以达到一个或更多的顾客细分市场。如美国国际商用机器公司,除自设IBM产品中心外,还与西尔斯、大陆计算机公司和其他各种计算机商店、办公用品经销商,以及价值增值转卖商等签订合同销售IBM产品。

多渠道分销系统不同于传统的一个公司只用单一渠道进入单一市场,而是使用多个渠道进入一个或一个以上的细分市场,从而可增加市场覆盖面,或降低渠道成本,或更趋向于顾客的销售。

案例9-1　亨迪生电子公司的渠道决策

亨迪生电子公司把产品直接分销给425家独立的家庭娱乐用品专营商和从营业面积上看是属于标准规模的50家独立经销商。在全国范围内,这些商人一共为150个市场服务,然而在其中50个市场中,独家经销商是亨迪生公司唯一的代理商。根据霍来先生的看法,市场区域的大小差距是由于亨迪生公司早期较难获得足够的销售量的结果,家庭娱乐用品独立的专营商人一般经销10种或10种以上家庭娱乐用品,而独家经营商品经销亨迪生公司的产品,从全国范围来说,经销商分布于拥有25万(或25万以下)人口的销售区内。对比之下,一些有很大竞争性的同类商品,如:"增你智"(Zenith)、RCA和海军上将等牌号商品,通过连锁商店和折扣商店等大量销售的商品渠道,在拥有100万或更多人口的销售区域内售出越来越多的产品,该公司雇用10名推销代表,每个代表通常负责相当于一个州范围内的销售事务,这些代表主要同独立的专营商打交道,平均每月访问两次。

霍来先生充分意识到亨迪生电子公司对于经销商的重大期望和进一步加强公司和经销商之间紧密联系的重要性。长期来,了解他们的服务质量能否使亨迪生公司要争取的顾客们感到满意,并能和公司密切协作来完成公司的业务目标。

在行政工作人员中,也提出过一些不同的观点。第一种观点就是倾向于发展特约经销的计划,因为在去年已有25个独立专营商显示出他们能够担任这种工作能力。根据这个计划,将赋予有限数量的商人在某一特定市场独家销售亨迪生的产品,并给予数额不作具体规定的特约经销酬金,交换条件是商人同意进行商品的宣传和推销,并始终如一地按照公司所规定的目标以具体的方式为商品提供服务。例如,要求商人保持以成本价格计算的、没有具体规定的平均存货额。如果采用这个特约代销的计划,它将为电视宣传规划所涉及的100个市场建立销售体系。第二种观点主张减少一般经销点的数目而没有特约经销的概念。这些行政管理人员举出他们赞成这种尝试的若干因素就是:首先,他们通过对商人销售情况的具体分析,发现其中10%的商人完成了公司80%的销售额。其次,这些管理人员着重指出,由于能够腾出更多的时间来照顾数目较少的商人,从而就可以改进推销业务工作。虽然还没有确定一个具体数目,已在考虑把电视宣传规划所面向的100个市场的商人数目从475人减少到150人。有一些行政管理人员提出的第三种可供选择方案,就是不要改变目前的销售策略或经销商人数目;相反,他们认为亨迪生公司应在现行制度下把工作搞得更好。

第二节　市场营销渠道设计

一、影响市场营销渠道设计的因素

有效的渠道设计应以确定企业所要达到的市场为起点。从原则上讲,目标市场的选择并不是渠道设计的问题。然而,事实上,市场选择与渠道选择是相互依存的。有利的市场加上有利的渠道,才可能使企业获得利润。渠道设计问题的中心环节,是确定到达目标市场的最佳途径。然而影响渠道设计的主要因素有以下几个。

(一)顾客特性

渠道设计深受顾客人数、地理分布、购买频率、平均购买数量以及对不同促销方式的敏感性等因素的影响。当顾客人数多时,生产者倾向于利用每一层次都有许多中间商的长渠道。但购买者人数的重要性又受到地理分布的修正。例如,生产者直接销售给集中于同一地区的500个顾客所花的费用,远比销售给分散在500个地区的500个顾客少。而购买者的购买方式又修正购买者人数及其地理分布的因素。如果顾客经常小批量购买,则需采用较长的市场营销渠道为其供货。因此,少量而频繁的订货,常使得五金器具、烟草、药品等产品的制造商依赖批发商为其销售。同时,这些相同的制造商也可能越过批发商而直接向那些订货量大且订货次数少的大顾客订货。此外,购买者对不同促销方式的敏感性也会影响渠道选择。例如,越来越多的家具零售商喜欢在产品展销会上选购,从而使得这种渠道迅速发展。

(二)产品特性

例如,易腐烂的产品为了避免拖延时间及重复处理增加腐烂的风险,通常需要直接营销。那些与其价值相比体积较大的产品(如建筑材料、软性材料等),需要通过生产者到最终用户搬运距离最短、搬运次数最少的渠道来分销。非标准化产品(如顾客订制的机器和专业化商业表格),通常由企业推销员直接销售,这主要是由于不易找到具有该类知识的中间商。需要安装、维修的产品经常由企业自己或授权独家专售特许商来负责销售和保养。单位价值高的产品则应由企业推销人员而不通过中间商销售。

(三)中间商特性

设计渠道时,还必须考虑执行不同任务的市场营销中间机构的优缺点。例如,由制造商代表与顾客接触,花在每一顾客身上的成本比较低,因为总成本由若干个顾客共同分摊。但制造商代表对顾客所付出的努力则不如中间商的推销员。一般来讲,中间商在执行运输、广告、储存及接纳顾客等职能方面,以及在信用条件、退货特权、人员训练和送货频率方面,都有不同的特点和要求。

(四)竞争特性

生产者的渠道设计还受到竞争者所使用的渠道的影响,因为某些行业的生产者希望在与竞争者相同或相近的经销处与竞争者的产品抗衡。例如,食品生产者就希望其品牌和竞争品牌摆在一起销售。但有些时候,竞争者所使用的市场营销渠道反倒成为生产者所避免使用的渠道。

(五)企业特性

企业特性在渠道选择中扮演着十分重要的角色,主要体现在:

(1)总体规模。企业的总体规模决定了其市场范围、较大客户的规模以及强制中间商合作的能力。

(2)财务能力。企业的财务能力决定了哪些市场营销职能可由自己执行,哪些应交给中间商执行。财务薄弱的企业一般都采用“佣金制”的分销方法,并且尽力利用那些愿意并且能够分摊部分储存、运输以及融资等成本费用的中间商。

(3)产品组合。企业的产品组合也会影响其渠道类型。企业产品组合的宽度越大,则与顾客直接交易的能力越大;产品组合的深度越大,则使用独家专售或选择性代理商就越有利;产品组合的关联性越强,则越应使用性质相同或相似的市场营销渠道。

(4)渠道经验。企业过去的渠道经验也会影响渠道的设计。曾通过某种特定类型的中间商销售产品的企业,会逐渐形成渠道偏好。例如,许多直接销售给零售食品店的老式厨房用具制造商,就曾拒绝将控制权交给批发商。

(5)营销政策。现行的市场营销政策也会影响渠道的设计。例如,对最后购买者提供快速交货服务的政策,会影响到生产者对中间商所执行的职能、最终经销商的数目与存货水平以及所采用的运输系统的要求。

(六)环境特性

例如,当经济萧条时,生产者都希望采用能使最后顾客以廉价购买的方式将其产品送到市场。这也意味着使用较短的渠道,并免除那些会提高产品最终售价但并不必要的服务。

案例 9-2 “春之叶”洗发露的市场营销渠道策略

生产“春之叶”洗发露的深圳香雪兰公司在全国洗发水市场调研的基础上为其新产品制定了以下渠道策略。

一、到第二级城市争市场

营销通路是产品到达消费者的载体,最终决定消费者与产品的接触情况。“春之叶”洗发露想占领尽可能大的市场,在没有大量资金投入作后盾的情况下,直接进入一级市场无疑将收效甚微,而且一级市场有众多名牌产品,很容易形成对新产品的围攻。讨论的结果是先行进入二级市场,寻找地市级经销商。因为二级城市具有人口多、覆盖面广、周边辐射能力强的特点,是城市与农村的联结点,占有近可攻城市、远可退农村的地理优势。同时,一方面有利于厂家对营销网络的控制,能够迅速掌握市场情况,提高直面市场变化的应变能力;另一方面有助于提高“春之叶”洗发露的产品知名度,迅速增强铺货范围,为占领市场做好充分准备。在寻找代理商和零售点的时候也颇费一番思量,能否成功地把产品推销给消费者,很大一部分来自经销商的努力程度。

二、经销商定位:成长型代理公司

“春之叶”洗发露是新上市产品,市场基础薄弱,知名度较低,想要有效介入市场,需寻找到既接受自己(愿意经销),也能够提升自己(积极推广)的经销商。

通过分析比较成长型代理公司经营特点、经销心理和成熟型代理公司的经销心理,可以发现,成长型代理公司更符合“春之叶”洗发露的市场要求。

三、零售点定位:中小型商场及超市

零售网络是"春之叶"直接面对目标消费群的纽带,需要寻找到既符合"春之叶"以后的品牌形象、市场地位,又能让目标消费群购买方便的销售点。

由中小型商场、超市的形态描绘和经营特点可以看出,中小型商场、超市是"春之叶"洗发露销售点的良好选择。

四、网络的沟通策略

(1)沟通市场营销/宣传计划(正确传达商品概念、营销思路、市场推广方案等信息,使行销计划、宣传推广操作有效配合执行)。

(2)分销技能培训。

(3)销售人员培训。

(4)设定销售目标、奖励政策(用合理的《产品招商手册》)。

(5)广告宣传支持(增强经销商信心)。

(6)售点广告支持(增强经销商信心)。

(7)参与市场反馈信息的分析(及时应对市场变化)。

(8)参与维护营销网络(掌握市场控制主动权,巩固市场销售基础)。

(9)参与促销活动的策划、奖励业绩突出者(鼓励经销积极性,提高销售热情)。

二、市场营销渠道的设计

生产者在设计其市场营销渠道时,需要在理想渠道与可用渠道之间进行抉择。一般来讲,新企业在刚刚开始经营时,总是先采取在有限市场上进行销售的策略,以当地市场或某一地区的市场为销售对象。因其资本有限,只得选用现有中间商。而在某一地区市场内,中间商的数目通常是很有限的,所以到达市场的最佳方式也是可以预知的。问题是如何说服现有可用的中间商来销售其产品。

新企业一旦经营成功,它可能会扩展到其他新市场。这家企业可能仍利用现有的中间商销售其产品,虽然它可能在不同地区使用各种不同的市场营销渠道。在较小市场,它可能直接销售给零售商;而在较大的市场,它需要通过经销商来销售产品。总之,生产者的渠道系统必须因时因地灵活变通。

渠道设计问题可从决策理论的角度加以探讨。一般来讲,要想设计一个有效的渠道系统,必须经过确定渠道目标与限制、明确各主要渠道交替方案、评估各种可能的渠道交替方案等步骤。

案例 9-3　艾普森公司的中间商策略

日本的艾普森公司是制造电脑打印机的大厂家。当时该公司准备扩大其产品线,增加经营各种计算机。该公司总经理杰克·沃伦(Jack Whalen)对现有的经销商颇为不满,也不相信他们有向本售商店销售其新型式产品的能力,因此他决定秘密招聘新的配销商以取代现有的配销商。沃伦雇用了一家名为赫展拉特尔公司(Hergenrather&Company)的招募公司,并给予下述指示:

(1)寻找在褐色商品(电视机等)或白色商品(电冰箱等)方面有两步配销经验(工厂到配销商再到经销商)的申请者。

(2)申请者应是领袖型的人,而且愿意并有能力建立其自己的配销机构。

(3)申请者将获得8万美元的年薪加奖金以及37.5万美元的资金用于帮助自己建立企业。申请者各出资2.5万美元,均可持有企业的股票。

(4)申请者只经营艾普森公司的产品,但可经营其他公司的软件。每个配销商将配备一名负责培训工作的经理和一个设备齐全的维修中心。

招募公司在寻找合格的和目的明确的有希望的候选人时遇到了很大困难。他们在《华尔街日报》上刊登的招聘广告(不提及艾普森公司的名),吸引了近1700封请求信,但其中多半是不合格的求职者。于是,该公司用电话簿上黄纸印刷的商业部分电话号码得到目前的配销商的名称,并打电话与他的第二常务经理联系。公司安排了与有关人员会见,并在做了大量工作之后提出了一份最具资格的人员名单。沃伦会见了他们,并为其12个配销区域选择了12名最合格的候选者。招募公司因其招聘工作得到了25万美元的酬金。

最后的步骤要求终止艾普森公司现有的配销商。由于招募是在暗中进行的,因此这些配销商对事态的发展一无所知。杰克·沃伦通知他们将在90天期限内交接工作,他们当然感到震惊,因为他们曾作为艾普森公司最初的配销商与之共事多年,但是他们并没有订立合同。沃伦知道他们缺少经营艾普森公司扩大电脑产品线和进入必要的新流通渠道的能力,因而只得舍此,别无他法。

(一)确定渠道目标与限制

如前所述,渠道设计问题的中心环节,是确定到达目标市场的最佳途径。每一个生产者都必须在顾客、产品、中间商、竞争者、企业政策和环境等所形成的限制条件下,确定其渠道目标。所谓渠道目标,是指企业预期达到的顾客服务水平以及中间商应执行的职能等。

(二)明确各种渠道交替方案

在确定了渠道的目标与限制之后,渠道设计的下一步工作就是明确各主要渠道的交替方案。渠道的交替方案主要涉及到:一是中间商类型与数目;二是渠道成员的特定任务。

1. 中间商类型

企业首先必须明确可以完成其渠道工作的各种中间商的类型。下面用例子来说明这一问题。

案例9-4 渠道选择案例

某一监测仪器制造商开发了一种能用于公用事业的新产品——音波监测器。现在的问题是如何以有效的方式将该产品送到用户市场。有如下替代方案可供选择:①借助直接邮寄和商业杂志,运用现有的推销人员销售产品。②扩大企业推销队伍,同时分派各个推销员去与特定的用户接洽。③依靠代理商推销产品,但该代理商必须熟悉不同行业及不同地区的情况。④通过批发商销售产品,要求其进行一定的促销活动并拥有一定水平的存货。

某调频汽车收音机制造商想通过如下四条市场营销渠道销售其产品:①与汽车制造商签订独家合同,要求汽车制造商只安装该企业品牌的收音机。②寻找一些愿意经销其品牌的汽车经销商。③借助通常使用的渠道,要求批发商将产品转卖给零售店。④在大城市设立汽车收音机装配站,直接销售给汽车使用者,并与当地调频播音站协商,请其帮助推销产品并付给相应佣金。

从以上两个例子可以看出,生产者在选择中间商时,常会面临若干个可行的交替方案。

2. 中间商数目

在每一渠道类型中的不同层次,所用中间商数目的多少,受企业追求的市场展露程度影响。市场展露程度可分为三种,即密集分销、选择分销和独家分销。

所谓密集分销,是指制造商尽可能地通过许多负责任的、适当的批发商、零售商推销其产品。消费品中的便利品和产业用品中的供应品,通常采取密集分销,使广大消费者和用户能随时随地买到这些日用品。

所谓选择分销,是指制造商在某一地区仅仅通过少数几个精心挑选的、最合适的中间商推销其产品。选择分销适用于所有产品。但相对而言,消费品中的选购品和特殊品最适于采取选择分销。

所谓独家分销,是指制造商在某一地区仅选择一家中间商推销其产品,通常双方协商签订独家经销合同,规定经销商不得经营竞争者的产品,以便控制经销商的业务经营,调动其经营积极性,占领市场。

3. 渠道成员的特定任务

每一个生产者都必须解决如何将产品转移到目标市场这一问题。当渠道问题被视为“市场营销工作”分派时,可从下列四种市场营销工作的组合来看究竟有多少交替方案可供使用。假设:T 为运输,即将产品运送至目标市场的工作;A 为广告,即通过广告媒体通知并影响购买者的工作;S 为储存,即准备接受订货的物品存储工作;K 为接触,即寻找购买者并与购买者协商交易条件的推销工作。再假设每一中间商可负责完成一项或多项工作,而目前所使用的渠道结构为:

生产者(P)—批发商(W)—零售商(R)—消费者(C)

以此为基础,来研究某一特定层次 R(零售商)及其所完成的工作。当 R 负责完成运输、广告、储存及接触四项工作时,则以 TASK 表示。当 R 只负责广告和接触两项工作时,则以 OAOK 表示。当 R 不负责任何工作时,则以 OOOO 表示。如果列举所有可能分派给 R 的工作,则将有 16 种组合可供参考(见表 9-1)。

表 9-1　16 种组合参考表

完全不负责	负责一项工作	负责两项工作	负责三项工作	负责四项工作
OOOO	TOOO	TAOO	TASO	TASK
	OAOO	TOSO	TAOK	
	OOSO	TOOK	TOSK	
	OOOK	OASO	OASK	
		OAOK		
		OOSK		

暂时假设上述可能性都合理,即从事上述任何工作都与零售商的身份相符合。同样,可以假定生产者和批发商从事16种组合中的任何一种工作,并假定每一渠道层次都能独立地选择其负责的市场营销工作,而不受其他层次的影响,则将有4096种不同的市场营销渠道可供选择。

(1)任意选择一种(生产者、批发商和零售商都仅负责两项工作):

TAOO/P TOSO/W OAOK/R

在这种渠道中,生产者P所从事的市场营销工作仅限于运输所生产的产品,并为这些产品做广告。储存工作由中间商W负责,此外它还负责运输工作。由此可知,该中间商是仓储代理商,属于辅助商的范畴,而不是提供完全服务的批发商。最后,R负责进一步的广告(也许与生产者合作)以及与顾客接触的工作。

(2)以下是另一种形式的渠道:

TOSO/P OOOO/W OAOK/R

在这里,生产者P变为私人品牌的厂家,即没有自己的品牌,自己所生产的产品将来要用别人的品牌,所以只从事生产、储存与运输;中间商W则省略掉,而零售商R则负责广告与接触。邮购商店的许多种产品都通过这种市场营销渠道销售。

(3)在4096种市场营销渠道类型中,有许多类型是不能采用的,所以必须取消。如:

OOOK/P OOOK/W OOOK/R

这种渠道类型的主要问题是,三个层次的机构均致力于最后顾客的接触工作,渠道冲突就不免要发生。

有些渠道类型因其不经济、不合法或不稳定,也应予以剔除。其结果必然是在市场营销工作分派上可行的渠道可能很少,而且还必须作进一步仔细的评估。

(三)评估各种可能的渠道主管方案

每一个渠道交替方案都是企业产品送达最后顾客的可能路线。生产者所要解决的问题,就是从那些看起来似乎很合理但又相互排斥的交替方案中选择最能满足企业长期目标的一种。因此,企业必须对各种可能的渠道交替方案进行评估。评估标准有三个,即经济性、控制性和适应性。

(1)经济性标准。在这三项标准中,经济标准最为重要。因为企业是追求利润而不是追求渠道的控制性与适应性。经济分析可用许多企业经常遇到的一个决策问题来说明,即企业应使用自己的推销力量还是应使用销售代理商。假设某企业希望其产品在某一地区取得大批零售商的支持,现有两种方案可供选择:一是向该地区的营业处派出10名销售人员,除了付给他们基本工资外,还采取根据推销成绩付给佣金的鼓励措施;二是利用该地区制造商的销售代理商(该代理商已和零售店建立起密切的联系),并可派出30名推销员,推销员的报酬按佣金制支付。这两种方案可导致不同的销售收入和成本。判别一个方案好坏的标准,不应是其能否导致较高的销售额和较低的成本费用,而是能否取得最大利润。

(2)控制性标准。使用代理商无疑会增加控制上的问题。一个不容忽视的事实是,代理商是一个独立的企业,它所关心的是自己如何取得最大利润。它可能不愿与相邻地区同一委托人的代理商合作。它可能只注重访问那些与其推销产品有关的顾客,而忽略对委托人很重要的顾客。代理商的推销员可能无心去了解与委托人产品相关的技术细节，则很难正确认真对待委托人的促销资料。

(3)适应性标准。在评估各渠道选择方案时，还有一项需要考虑的标准，那就是生产者是否具有适应环境变化的能力，即应变能力如何。每个渠道方案都会因某些固定期间的承诺而失去弹性。当某一制造商决定利用销售代理商推销产品时，可能要签订5年的合同。这段时间内，即使采用其他销售方式会更有效，但制造商也不得任意取消销售代理商。所以，一个涉及长期承诺的渠道方案，只有在经济性和控制性方面都很优越的条件下，才可予以考虑。

案例9-5　好的代理商给公司带来好运气

斯地勒公司是美国一家生产办公设备的生产商，该生产商虽然拥有优质的产品、有竞争力的价格以及有效的促销手段，但是最终还是通过使用了一家优秀的代理商，为顾客提供了满意的服务，从而取得了较好的成果。

事情发生在一个星期二的晚上，斯地勒公司在纽约地区的代理商麦克正与家人共进晚餐，这时接到纽约一家大银行的设备经理打来的电话。这位设备经理在电话里冲着麦克大叫大嚷，暴跳如雷。原来这家银行通过麦克向斯地勒公司订购了一批价值50万美元的米色开放式办公室用隔板系统，可是刚收到的第一批500张隔板却全是深橘红色的。当时，墙壁已经粉刷好了，门已经漆好，地毯也已铺好，就等银行董事长前来视察安装情况了。

时间只有一个星期。

麦克接到电话后，本可以推卸责任，因为颜色出问题并不是他的过错，他只是代理。但麦克没有这样做，他在电话里向设备经理真心诚意地道歉并保证马上纠正错误，在董事长视察之前安装好500块米色隔板。

麦克积极想办法协助公司解决问题：①尚未交货的部分隔板立即改成生产米色的。②已运到银行的500张深橘红色隔板暂不退货，但必须尽快运来1800码米色纤维布。

待米色纤维布运到后，麦克组织人力，在500块隔板上刮掉了深红色纤维布，全部套上了米色纤维布并安装好，银行对此十分满意。

显而易见，正是纽约这位代理商第一流的经营素质为斯地勒公司挽回了名誉，斯地勒公司才能在竞争中占一席之地。

第三节　市场营销渠道的管理

企业管理人员在进行渠道设计之后，还必须对个别中间商进行选择、激励与定期评估，然后对渠道进行调整。

一、选择渠道成员

生产者在招募中间商时，常处于两种极端情况之间。一是生产者毫不费力地找到特定的商店并使之加入渠道系统。它之所以能吸引经销商前来加入渠道系统，可能是因为他很有声望，也可能是因为他的产品能赚钱。在某些情况下，独家分销或选择分销的特权也会吸引大量中间商加入其渠道。对于那些毫不费力地得到所需数目的中间商的生产者来讲,他所做的工作只是选择适当中间商而已。二是生产者必须费尽心思才能找到期望数量的中间商。例如,某一清凉饮料的生产者好不容易在食品商店找到合适的陈列位置。生产者必须研究中间商如何作购买决策,尤其是在他们制定决策时,对毛利、广告与销售促进、退货保证等重视的程度。此外,生产者还必须开发一些能使中间商赚大钱的产品。

不论生产者遇到上述哪一种情况,他都须明确中间商的优劣特性。一般来讲,生产者要评估中间商经营时间的长短及其成长记录、清偿能力、合作态度、声望等。当中间商是销售代理商时,生产者还须评估其经销的其他产品大类的数量与性质、推销人员的素质与数量。当中间商打算授予某家百货公司独家分销时,生产者尚须评估商店的位置、未来发展潜力以及经常光顾的顾客类型。

二、激励渠道成员

生产者不仅要选择中间商,而且要经常激励中间商使之尽职。促使中间商进入渠道的因素和条件已构成部分的激励因素,但仍需生产者不断地监督、指导与鼓励。

生产者不仅利用中间商销售产品,而且把产品销售给中间商。这就使得激励中间商这一工作不仅十分必要,而且非常复杂。

(一)生产者对中间商的批评

激励渠道成员使其具有良好表现,必须从了解各个中间商的心理状态与行为特征入手。许多中间商常存在以下缺点:①不能重视某些特定品牌的销售;②缺乏产品知识;③不认真使用供应商的广告资料;④忽略了个别顾客;⑤不能准确地保存销售记录,甚至有时遗漏品牌名称。

(二)从中间商的角度看生产者的批评

生产者所批评的上述缺点,如果从中间商的角度看,可能很容易理解:中间商是一个独立的市场营销机构,他逐渐形成了以实现自己目标为最高职能的一套行之有效的方法,并且能自由制定政策而不受他人干涉;中间商主要执行顾客购买代理商的职能,其次才是执行供应商销售代理商的职能,他卖得起劲的产品都是顾客愿意购买的产品,不一定是生产者叫他卖的产品;中间商总是努力将他所供应的所有产品进行货色搭配,然后卖给顾客,其销售目标是取得一整套货色搭配的订单,而不是单一货色的订单;生产者若不给中间商特别奖励,中间商绝不会保存所销售的各种品牌的记录。而那些有关产品开发、定价、包装和激励规划的有用信息,常常是保留在中间商很不系统、不标准、不准确的记录中,有时甚至故意对供应商隐瞒不报。因此,激励的首要步骤,就是站在别人立场上了解现状,设身处地为别人着想,而不应仅从自己的观点出发看问题。

(三)激励过分与激励不足

生产者必须尽量避免激励过分与激励不足两种情况。当生产者给予中间商的优惠条件超过他取得合作所需提供的条件时,就会出现激励过分的情况,其结果是销售量提高,而利润量下降。当生产者给予中间商的条件过于苛刻,以致不能激励中间商的努力时,则会出现激励不足的情况,其结果是销售降低,利润减少。所以,生产者必须确定应花费多少力量,以及花费何种力量来鼓励中间商。

一般来讲,对中间商的基本激励水平,应以交易关系组合为基础。如果对中间商仍激励不足,则生产者可采取两条措施:一是提高中间商可得的毛利率,放宽信用条件,或改变交易关系组合使之更有利于中间商;二是采取人为的方法来刺激中间商,使之付出更大努力,例如,可以挑剔他们,迫使他们创造有效的销售业绩,举办中间商销售竞赛,加强对最后顾客与中间商的广告活动等。不论上述方法是否与真正交易关系组合有直接或间接关系,生产者都必须小心观察中间商如何从自身利益出发来看待、理解这些措施,因为在渠道关系中存在着许多潜伏的矛盾点,拥有控制权的制造商很容易无意识地伤害到中间商的利益。

(四)生产者与经销商的关系

生产者在处理他与经销商的关系时,常常依照不同情况而采取三种方法:合作、合伙和分销规划。

(1)合作。不少生产者认为,激励的目的不过是设法取得独立中间商、不忠诚的中间商或懈怠懒惰的中间商的合作。他们多利用高利润、奖赏、津贴、销售比赛等积极手段激励中间商。如果这些不能奏效,他们就采取一些消极的惩罚手段,例如,威胁减少中间商的利润、减少为他们所提供的服务、甚至终止双方关系等。这些方法的根本问题,是生产者从未认真研究过经销商的需要、困难及其优缺点;相反,他们只依靠草率地刺激——反应式的思考,把很多繁杂的手段拼凑起来而已。

(2)合伙。一些老于世故的企业往往试图与经销商建立长期合伙关系。这就要求制造商必须深入了解他能从经销商那里得到些什么,以及经销商可从制造商那里获得些什么。这些都可用市场涵盖程度、产品可得性、市场开发、寻找顾客、技术方法与服务、市场信息等各种因素来衡量。制造商希望经销商能同意上述有关政策,并根据其遵守程度的具体情况确定付酬办法。例如,某企业不直接付给经销商25%的销售佣金,而是按下列标准支付:如果保持适当的存货,则付5%;如能达到销售配额,则再付给5%;如能有效地为顾客服务,则再付5%;如能及时报告最终顾客的购买水平,则再付5%;如能对应收账款进行适当管理,则再付5%。

(3)分销规划。制造商与经销商还可以进一步建立和发展更密切的关系。所谓分销规划,是指建立一个有计划的、实行专业化管理的垂直市场营销系统,把制造商的需要与经销商的需要结合起来。制造商可在市场营销部门下专设一个分销关系规划处,负责确认经销商的需要,制定交易计划及其他各种方案,帮助经销商以最佳方式经营。该部门和经销商合作确定交易目标、存货水平、产品陈列计划、销售训练要求、广告与销售促进计划。借助该部门的上述活动,可以转变经销商对制造商某些不利看法。譬如,过去经销商可能认为他之所以能赚钱是因为他与购买者站在一起共同对抗制造商的结果,现在他可能改变了看法,认为他之所以能赚钱是因为他与销售者站在一起,作为销售者精密规划的垂直市场营销系统的一个组成部分而赚钱。

三、评估渠道成员

生产者除了选择和激励渠道成员外,还必须定期评估他们的绩效。如果某一渠道成员的绩效过分低于既定标准,则需找出主要原因,同时还应考虑可能的补救方法。当放弃或更换中间商将会导致更坏的结果时,生产者只好容忍这种令人不满的局面。当不致出现更坏的结果时,生产者应要求工作成绩欠佳的中间商在一定时期内有所改进,否则,就要取消他的资格。

(一)契约约束与销售配额

如果一开始生产者与中间商就签订了有关绩效标准与奖惩条件的契约,就可避免种种不愉快。在契约中应明确经销商的责任,如销售强度、绩效与覆盖率、平均存货水平、送货时间、次品与遗失品的处理方法、对企业促销与训练方案的合作程度、中间商必须提供的顾客服务等。

除了针对中间商绩效责任签订契约外,生产者还应定期发布销售配额,以确定目前的预期绩效。生产者可以在一定时期内列出各中间商的销售额,并依销售额大小排出先后名次。这样可促使后进中间商为了自己的荣誉而奋力上进;也可促使先进的中间商努力保持已有的荣誉,百尺竿头,更进一步。

需要注意的是,在排列名次时,不仅要看各中间商销售水平的绝对值,而且要考虑到它们各自面临的各种不同的环境变化,考虑生产者的产品大类在各中间商的全部产品组合中的相对重要程度。

(二)测量中间商绩效的主要方法

测量中间商的绩效主要有两种方法可供使用:

(1)将每一中间商的销售绩效与上期的绩效进行比较,并以整个群体的升降百分比作为评价标准。对低于该群体平均水平的中间商,必须加强评估与激励措施。如果对后进中间商的环境因素加以调查,可能会发现一些可原谅因素,如当地经济衰退、某些顾客不可避免地失去、主力推销员的丧失或退休等,其中某些因素可在下一期弥补过来。这样,制造商就不应因这些因素而对经销商采取任何惩罚措施。

(2)将各中间商的绩效与该地区基于销售潜量分析所设立的配额相比较。即在销售期过后,根据中间商的实际销售额与其潜在销售额的比率,将各中间商按先后名次进行排列。这样,企业的调整与激励措施可以集中用于那些未达既定比率的中间商。

四、调整市场营销渠道

市场环境是在不断变化的。在渠道管理中,为了适应这种变化,常常需调整市场营销渠道,一般从以下三方面进行:

(1)增减中间商。制造商在做出这种调整决定时,需要作具体分析。如:增加或减少某个中间商,将会对公司的利润带来何种影响?一般来说,制造商如果决定在某销售区域增加一家批发商,不仅要考虑这样做将有多大的直接收益(如销售量的增加额),而且要考虑对其他批发商的销售量、成本与情绪会带来什么影响。

(2)增减某一市场营销渠道。当制造商在某目标市场只通过增减个别中间商不能解决根本问题时,就要采取增减某一市场营销渠道的措施,否则就会有失去这一目标市场的危险。例如,某化妆品公司发现其经销商只注意成人市场而忽视儿童市场,引起儿童护肤产品销路不畅。为了促进儿童化妆品市场开发,就可能需要增加一条新的市场营销渠道。

(3)调整市场营销渠道模式。即对以往的市场营销渠道作通盘调整。这类调整是难度最大的，因为要改革制造商的整个渠道策略，而不是在原有基础上修修补补。如汽车制造厂放弃原来的直销模式，而采用通过代理的推销方式。对于原有渠道进行全部调整时，企业必须慎之又慎，周密考虑，充分准备，决不可轻易行事，决不打无准备之仗和无把握之仗。对市场营销渠道进行全部调整，实际上已牵涉到重新设计企业的市场营销渠道方案，需要按照市场营销渠道设计要求，重新进行多方论证分析，设计并建立企业新的市场营销渠道系统。

五、传销与直销

最近几年来，传销这种非法营销活动在我国非常盛行。传销在香港等地亦称“老鼠会”，一些从事传销活动的人，往往打着直销的旗号，进行欺诈，骗取那些想一夜暴富的人，危害很大，也严重妨碍了直销的正常进行。因此，国务院在 2005 年 9 月 1 日正式审议通过了《禁止传销条例》(即《取缔非法传销条例》)和《直销管理条例草案》，并先后于 2005 年 11 月 1 日及 2005 年 12 月 1 日实施。而传销的运作模式与直销有许多相似之处，进行传销的公司没有一家公开说自己是传销的，而是假冒直销之名进行诈骗，所以必须进行区分。

(一)传销活动的一些表现

以 2004 年 3 月破获的重庆市渝北区传销“欧丽曼”化妆品为例，说明一下比较常见的传销方式。

(1)以感情联络，给人以关怀，许多人觉得“在这个空间里，人人都像兄弟姐妹，关心友爱，亲如一家，这种感觉我们在家里找不到”。

(2)以骗钱为目的，一般不谈产品本身，更不讲公司在进行传销。

(3)提供传销经验，进行现身说法，并以所谓的“成功人士”的高收入诱导新加入的成员。

(4)强调公司是为成员提供了一个成功的平台。

(5)主要靠人员发展，收人头费，传销产品价格出奇的高，以重庆“欧丽曼”非法传销为例，一套普通的化妆品标价竟然达 3350 元。

(6)放大社会阴暗面，并以此增强成员之间的感情。

(7)“大家庭式”的亲情管理，主管与普通成员吃住在一起，能时刻了解成员的思想动态，并在新成员加入的最初的 24 小时内进行跟随，稍有思想转变就进行劝说，不让你有独立的思考机会。

(8)通过洗脑，利用市场倍增率，金字塔形的发展模式，即发展 3～4 名下线，每个下线又发展 3～4 名下线，以此类推，从中获得惊人的人头费，令人产生暴富的幻想。

(9)一般组织结构(以重庆非法传销为例)：成员 3～9 人为家长，10～69 人可升为主任，70～398 人称为代理，399～2000 人则是总代理，2000 人以上为超级总代理。

(10)每日进行晨训，以激发传销人员的热情，消除传销人员的消极情绪，有时会用手势表示，例如“我心飞翔”、“大鹏展翅”、“你最棒”等，唤起成员的激情。

另外还有“三不准”：不准谈论公司，不准谈论产品，不准说是传销；“三肯定”：肯定这是合法的，肯定你的能力，肯定你定能成功。

近期，传销活动又有新的发展，如 2004 年 8 月在青岛破获的非法传销某化妆品中发现，利用人们一夜暴富的心理，收取高额的报名费及培训费，成为非法传销活动者迅速敛财的手段。

（二）传销与直销的区别

1. 传销的基本特点

以上传销的经营模式，在直销中也会应用，或者说传销是借用了直销的经营模式，其经营模式本身不能说明是否是传销，所以有必要进一步区分。以下是传销的基本特点：

(1)如果不购买该产品或没有资金的投入，你就不能进入这个销售圈，必须收取相当数量的“入门费”。

(2)购买产品并不是为了消费，或者说参与者不是或不全是这个产品的消费者，仅仅是为了延续这种活动。

(3)销售过程中，有时并没有实质性的产品，只是作为一种传销道具，产品的价格比同类产品高得离奇。

(4)通过庞大的销售网络，以发展下线为主，达到收取人头费的最终目的。

从以上特点可以看出，虽然传销采用类似直销的经营方式，但其中最大的不同在于传销是招揽会员，并非以建立起销售产品的销售网为目的，而是以介绍人头谋取投机利益为出发点。

2. 直销企业应具备的条件

《直销管理条例草案》第九条规定，直销企业应当具备以下条件：

(1)注册资本不低于 8000 万元人民币(或等额外汇)，认缴出资的投资者应在领取营业执照 3 个月内全部缴清认缴出资额。

(2)已按照本条例的规定在中国境内设有生产企业和直接销售产品的店铺。

(3)已按照本条例第四十五条的规定(直销企业设立时注册资本不低于 2000 万人民币或等值外汇)在指定银行足额缴纳保证金。

(4)按照本条例第四章的规定已具备满足信息核查的条件。凡不符合规定条件的，都是非法直销。

通过上述比较，可以看清传销与直销的本质区别，以免上当受骗；同时也要通过以上内容，认真研究直销活动的运作模式，其许多地方是值得大家学习和借鉴的。

（三）传销的危害

我国法律明文禁止进行传销活动，所有传销活动，无论形式怎样，在我国都是属于非法的。《禁止传销条例》第七条规定了下列行为为传销：

(1)组织者或者经营者通过发展人员，要求被发展人员发展其他人员加入，对发展的人员以其直接或者间接滚动发展的人员数量为依据计算和给付报酬(包括物质奖励和其他经济利益，下同)，谋取非法利益的。

(2)组织者或者经营者通过发展人员，要求被发展人员缴纳费用或者以认购商品等方式变相缴纳费用，取得加入或者发展其他人员加入的资格，谋取非法利益的。

(3)组织者或者经营者通过发展人员，要求被发展人员发展其他人员加入，形成上、下线关系，并以下线的销售业绩为依据计算和给付上线报酬，谋取非法利益的。

以上第一种行为指的是纯粹的拉人头的销售结构；第二种行为指向被发展人员收取高额入场费的销售结构；第三种行为则指金字塔式销售结构。但这样的非法活动为什么会屡屡出现呢？主要是参加传销活动的人判断意识不强，分辨不出传销与直销的区别。但更严重的是，有些人特别是具有知识与学历的一些大学生们，明知是非法传销，但还是积极参与，只因有一夜暴富的心态使其心理失衡，想用这种方式达到暴富的目的。

由此看来，传销的危害的确很大。首先，传销活动违反了我国的法律，属于违法犯罪现象，将会受到法律的严厉惩处；其次，不劳而获、一夜暴富的思想严重地腐蚀了自己的思想，依靠欺骗的手段，在犯罪的道路上越陷越深，最终不能自拔；最后，传销者一般的传销对象是自己周围的亲朋好友，是自己最信任和最信任自己的人，欺骗他们，除了受到良心的谴责之外，最终的结果是众叛亲离，成为一个没有感情寄托的人。进行传销活动不仅会害了别人，还会害了自己。

思考题

1. 什么是市场营销渠道？有哪些类型？其层次如何？
2. 影响市场营销渠道设计的因素是什么？
3. 设计市场营销渠道有哪些基本步骤？
4. 如何选择渠道成员？
5. 如何激励渠道成员？
6. 如何评估渠道成员？
7. 如何鉴别传销与直销两种经营模式？传销有哪些危害？

第十章 促销策略

产品仅仅有优良的品质、完美的包装、适中的价格、顺畅的流通渠道并不能完全保证营销活动的成功，因为在商品种类日益繁多、竞争日趋激烈的现代市场经济条件下，产品质量再好，如果不为人知，其最终的命运都将是产品的积压。因此，企业需要采用各种有效的方法和手段，促进产品的销售，使消费者认可自己的产品并购买自己的产品。本章将介绍促销的含义与作用，明确促销组合的基本内容、人员促销的目标与方法、广告的意义，以及设计原则、营业推广和公共关系的主要活动方式等，从而使我们认识到促销手段在现代市场营销中的重要地位及作用。

本章要点：

- 促销的含义
- 促销组合的特点与影响因素
- 促销组合策略
- 人员促销的目标和程序
- 优秀推销员应具备的素质
- 广告的设计与效果评估
- 营业推广的方式
- 公共关系的活动方式

企业在生产出品质优良的产品后，制定了有吸引力的价格，还选择了合适的分销渠道，但这一切并不意味着企业的产品就能全部销售出去，在现代商品社会里，尽管货架上的商品琳琅满目，销售网点星罗棋布，但消费者仍可能根本就没注意到该企业产品的存在。因此，企业还必须组织实施一系列以说服消费者采取购买行动为最终目的的活动。通过这些活动，使潜在消费者了解产品，引起他们的注意和兴趣，激发其购买欲望和购买行动，从而达到扩大销售的目的。企业常用的促销方式主要有人员推销、广告、营业推广和公共关系等。在市场经济条件下，企业面临的关键问题是怎样使企业的各种促销活动相互协调一致，从而产生出最大的整体效果。

第一节 促销与促销组合

在研究促销组合之前，首先必须掌握促销的内涵与作用，对其有一个比较全面的了解。

一、促销的内涵与作用

（一）促销的内涵

促销是促进销售的简称，英文是“Promotion”，意思是“促进”。它是指企业通过人员推销或非人员推销的方式传播商品信息,帮助和促进消费者熟悉某种商品或劳务,并促使消费者对商品或劳务产生好感和信任,最终使其踊跃购买的一种市场营销活动。从促销的内涵中我们可以看出,它主要包括以下几层含义:

第一,促销的主要任务是沟通和传递信息。企业通过信息的沟通和传递,将商品或劳务的存在、性能和特征等信息传递给消费者,以便与消费者保持良好的联系,保证企业营销的顺利进行。

一个有效的沟通过程一般包括以下9个要素:

发讯者:给另一方发送信息者,又称信息源。

信息:发讯者所传递的一套有意义的符号。

编码:把信息或思想意图变成可以沟通的符号过程。

媒体:信息传递的渠道。

解码:确定发讯者所传递符号的意义的过程。

收讯者:接受信息的一方,也称为目的对象或受众。

反应:收讯者在受到信息影响后所采取的相关行动。

反馈:收讯者返送给发讯者的那部分信息。

噪音:在沟通过程中所受到的意外干扰,它会使所传递的信息失真。

要进行有效的沟通,企业的营销人员必须考虑:对谁说?由谁来说?说什么?怎样说?有什么效果或反应?如何才能减少沟通过程中的噪声影响?而且,传递信息的符号应该是发讯者与收讯者双方都熟悉的,收讯者的经验领域与发讯者的经验领域越是一致,所传送的信息就越容易被准确地理解,也就越可能有效。

一般认为,最理想的信息沟通,应对消费者产生四个方面的影响,即引起注意(Attention)、产生兴趣(Interest)、激起欲望(Desire)、促成行动(Action),这就是"AIDA"模式。不过很少有信息能同时达到这四个方面的影响。

第二,促销的目标是吸引消费者对企业或商品的注意和兴趣,激发消费者的购买欲望,促进消费者的购买行动。

第三,促销的方式分为人员促销和非人员促销。人员促销又称人员推销,是指企业派出推销人员与消费者进行面对面的口头洽谈,说服消费者购买。非人员促销是指企业通过一定的媒介传送产品或劳务的信息,促使消费者产生购买动机和购买行为的一系列活动,包括营业推广、营销广告和公共关系等。两者相比较,一般来说,人员推销针对性较强,但影响面较窄;而非人员促销影响面较宽,但针对性却较差。企业促销时通常需将两者有机地结合运用,才能发挥其理想的促销作用。

(二)促销的作用

促销是企业整体营销活动中不可缺少的重要组成部分,具有不可忽视的作用:

第一,传递信息,沟通渠道。无论产品正式进入市场之前或进入市场之后,公司都需要及时向市场介绍产品。对消费者或用户来说,信息情报起着引起注意和激发购买欲望的作用;对中间商来说,则是为他们的采购决策提供依据,调动他们的经营积极性。同时,促销可以及时了解消费者和协作者对商品的看法和意见,迅速解决经营中的问题,从而加强生产者、经销者和消费者之间的关系,加强分销渠道各环节间的协作。

第二,引导需求,扩大销售。消费者的购买行为通常具有可诱导性,促销的一个重要方面就是诱导需求,唤起消费者对企业及其商品的好感。在一定的条件下,有效的促销活动不仅可以诱导和激发需求,而且可以创造需求,从而使市场需求朝着有利于企业产品销售的方向发展。当企业产品处于低需求时,可以扩大需求;当需求处于潜伏状态时,可以开拓需求;当需求波动时,可以平衡需求;当需求衰退时,又可以吸引更多的新用户,保持一定的销售势头。

第三,突出特点,树立形象。在现代市场经济条件下,产品之间的竞争日益激烈,特别是同类产品的竞争尤为突出,因为同类产品之间存在着细微差异,消费者往往难以分辨。在这种情况下,企业可以通过强大的促销攻势,借助商标、产品特征、价格和效能等方面,宣传其产品与竞争者产品的差异,强调能给购买者带来独特的利益,这样使消费者形成对本公司产品的偏好心理,建立起与众不同的产品形象,从而有利于加强企业在市场竞争中的优势。比如,许多品牌的啤酒,它们在味觉、颜色等方面实际上是一样的,为什么人们会持久喜欢某一品牌或某几种品牌呢?因为促销在成功地影响着人们的感觉和态度,所以有人说:消费者喝的简直可以说不是啤酒,而是广告。1987年国际汽车贸易家协会在美国集会,认为“质量的不同已在告终,所有的汽车制造商们在竞争中都会进入世界级水平的行业”,因而要生存和发展,他们建议“花时间创造一个形象”,要更多、更好、更巧妙地做广告。

第四,稳定销售,巩固市场。在许多情况下,市场环境的复杂性常使许多公司的销售量波动很大,企业如能有针对性地开展促销活动,使更多消费者了解、熟悉和信任本公司的产品,这对稳定销售乃至扩大企业的市场份额、巩固企业的市场地位都有十分重要的作用。

在第二次世界大战之前,企业间的竞争主要集中在价格和数量上,只要产品功能基本上可以满足消费者需要,谁的数量多,谁的价格低,谁就能占据市场优势,促销成为可有可无的事,这主要是由当时物质产品缺乏和社会购买力较低的状况所决定的;第二次世界大战后,随着商品经济发展到现代市场经济阶段,同时生产力高度发展,产品供给不足已成为历史,卖方市场已向买方市场转变,购买力与消费水平的大幅度提高使消费者对商品价格的敏感度降低,生活方式与消费方式日益朝着多样化、个性化方向发展,而且现代科技的应用已经使得同类产品的特色逐渐消失。产品的质量差异也越来越小。这些情况使市场竞争发生了深刻变化,即非价格竞争手段成了现代市场竞争的主导手段。企业界想方设法制造差异,以期能在商品的瀚海中使自己的品牌一枝独秀。他们纷纷盯住消费者的心理需求,在商品名称、商标、包装、款式、服务上大做文章,并借助强有力的促销手段来明确、渲染甚至制造差异,以求树立起鲜明的形象,赢得消费者的喜爱。许多传奇式的企业就是依靠非价格竞争手段获得巨大成功,成为市场领导者的,尽管他们的产品质量可能不是最好的,但在消费者心目中,市场赢家的产品永远最好,这就是市场的真理。由此可见,在现代市场经济条件下,促销的作用尤为重要。

二、促销组合及其特点

促销组合是指企业在市场营销过程中,对人员推销、广告、营业推广和公共关系等促销手段的综合运用。促销组合运用得好坏,关系到企业的产品能否顺利流转到消费者手中,关系到企业经营活动的成败。

促销组合是一个重要的概念,它体现了现代市场营销理论的核心思想——整体营销,这一概念的提出反映了促销实践对整体营销思想的需要。

要使促销组合做到科学化、合理化,就必须首先了解促销组合中四种促销方式各自的特点,只有这样才能使它们做到有机结合。

第一,人员推销。这是企业通过推销人员与消费者的口头交谈来传递信息,说服消费者购买的一种营销活动。这种方法的特点是:灵活性强,针对性强,信息反馈快,是一种"量体裁衣"式的信息传递方式。因为它是面对面的交谈,所以推销人员可以与消费者进行双向沟通,并保持密切联系,可以对消费者的意见及时做出反应。但是,人员推销的成本比较高,是最昂贵的一种促销方式。

第二,广告。这是广告主通过付费的方式由广告承办单位所进行的一种信息传播活动。这种方式的特点是:①大众化,即借助于大众传媒发布信息,因此传递信息的速度较快、传播面广、渗透性强,即可以使信息反复多次地传递到目标市场并使其与竞争者的信息进行比较,使购买者易于接受;②表现性,它通过文字、音响以及色彩的艺术化的运用,将企业及产品的信息传递给听众或观众。但广告往往只是一种信息的单向传递,缺乏与消费者的双向沟通,信息反馈很慢而且困难,同时,有的广告媒体如电视的广告费用也很高。

第三,营业推广。这是在短期内采取一些刺激性的手段,比如奖券、竞赛、展销会等来鼓励消费者购买的一种营销活动。它的特点是:可以使消费者产生强烈的、即时的反应,从而提高产品的销售量。但这种方式通常只在短期内有效,如果时间过长或过于频繁,很容易引起消费者的疑虑和不信任感。

第四,公共关系。是指企业通过宣传报道等方式提高其知名度和声誉的一种促销手段。它的特点是:以新闻报道等形式传递信息,比广告更具可信性;可以解除消费者的戒备心理,使其在不知不觉中接受信息;具有与广告相似的信息传播速度快及传播面广的优点,但它与广告不同的是它不一定需要支付费用,而且更容易在目标市场上建立美誉度。它的缺点是不如其他方式见效快,而且信息发播权掌握在公共媒体手中,企业不容易进行控制。

案例 10-1　"霞飞"化妆品的促销策略

上海霞飞化妆品厂针对促销对象,设计了两种类型的促销组合:①以最终消费者为对象的促销组合。基本策略是:以塑造产品形象为目标的广告宣传活动,并辅之以一定的零售点营业推广活动。②以中间商为对象的促销组合。基本策略是以人员促销为主导要素,配合以交易折扣加耗资巨大的年度订货会为主要特征的营业推广活动。

霞飞厂在制定两种促销组合策略的基础上,对促销组合的几个方面都做了十分广泛而深入的工作。在广告方面,广告策划历年由厂长亲自决策:①广告费投入十分庞大,1991 年为 2400 万元,占当年产值的 6%。②广告内容的制作,除聘请著名影星参与外,还把强化企业整体形象作为重点,播映一部以"旭日东升"为主题的电视广告片,同时利用中国驰名商标的优势,强调"国货精品"、"中华美容之娇"的品质。③在广告媒体的选择方面，因其目标市场是国内广大城乡中低收入水准的消费者，而电视在他们日常生活中占有重要地位，因而把70%的费用用于电视广告；20%的费用用于制作各种形式的城市商业广告和霓虹灯、广告牌；其余10%的费用用于其他的广告媒体。

在人员推销方面，全厂产品的销售任务由销售科全面负责，该科建制人员数占全厂总人数的1/10。推销人员实行合同制，每年同厂方签订为期一年的合同。推销人员若不能完成销售指标，第二年即不续签合同。推销人员的报酬实行包干制，无固定月薪收入，按销售实到货款提取0.5%的费用。推销人员工作实行地区负责制，每一省区配1～3名推销人员。此外，还派出营业员进驻全国各大百货商店的联销专柜，提高推销主动性。

在公共关系方面，每年投入120万～150万元，主要公关活动有：①召开新闻发布会。例如1990年在北京人民大会堂召开"霞飞走向世界"新闻发布会，会议地点本身就产生不小的新闻效应。②举办和支持社会公益活动。如赞助"全国出租车优质服务竞赛"、上海"夜间应急电话网络"；特别是针对女性文艺活动的偏好等特点，赞助华东地区越剧大奖赛。

在营业推广方面，霞飞厂对零售环节采取一些常规性的推广活动，创新不大。对批发环节则集中了主要精力，主要包括两类手段：①经常性手段，如交易折扣、促销津贴等。②即时性手段，每年都举办隆重豪华的订货会，既显示企业强大的实力，同时又进行感情投资，融洽工商关系。

三、影响促销组合的因素

企业的促销组合，实际上就是对上述促销方式的具体运用。在选择采取哪一种或几种促销方式时，有一些因素是企业必须考虑的，这些因素主要包括以下几个。

（一）促销目标

企业在不同时期及不同的市场环境下都有其特定的促销目标，促销目标不同，它的促销组合也就有差异。比如，在一定时期内，一个企业的营销目标是要在某一市场迅速增加销售量，扩大企业的市场份额；而另一企业的总体营销目标是在该市场树立企业形象，为其产品今后占领市场赢得有利的竞争地位奠定有利的基础。显然，上面两个企业所采取的促销组合决策绝不会一样，一般来说，前者的促销目标强调了近期效益，属于短期目标，在这样的目标下，促销组合的选择、配置则更多地使用广告和营业推广；而后者需要制定一个较长期的促销组合方案，实现这样的长期目标公共关系则是非常重要的，与之相配合的广告宣传在手段和内容等方面也会有差异。

（二）产品性质

产品性质不同，购买者的行为往往存在很大差异，从而制约和影响促销组合的选择。一般来说，工业品具有技术性强、价格高、批量大等特征，购买时一般要经过研究、磋商、审批等手续，因此应以人员推销为主，配之以广告与公共关系；而消费品供个人或家庭生活使用，面广量大，应以广告宣传为主，结合营业推广，辅之以人员推销和公共关系。

（三）市场状况

不同的市场有不同的促销手段。比如，市场规模不同和类型不同，消费者数量也就不等。规模小且相对集中的市场，应突出人员推销策略；范围广且较分散的市场，则应多采用广告、公共关系及营业推广。此外,目标市场的其他特性,如消费者收入水平、风俗习惯、受教育程度等也会对各种促销方式产生不同的影响。

(四)产品的价格与销售渠道

一般来说,对于廉价的日常生活用品,由于其利润很薄,需要大批量销售,因而广告的效果较大;而价高利厚的产品,消费者的选择性很强,多采用人员销售以利于克服消费者购买的阻力。当企业采用直接销售的方式,自己负担整个的销售过程,促销组合的重点应放在人员营销上;反之,销售渠道很长,环节很多时,促销组合的重点应在广告上,以吸引消费者到商店去购买产品。

(五)产品寿命周期

产品在不同的寿命周期阶段,企业的营销目标及重点都不一样,因此促销方式也不尽相同。比如,①在产品引入期,消费者的接受能力很低,企业要让消费者认识了解新产品,可利用广告与公共关系广为宣传,同时配合使用营业推广和人员推销,以鼓励消费者试用新产品。②产品进入成长期,可观的销售增长率和利润开始吸引竞争者进入市场,这时促销的重点应放在宣传本企业产品的商标品牌上,以争取消费者的偏爱,激发消费者的选择需求,这一阶段,人员推销的任务则是发展销售渠道,争夺市场占有率,广告的费用也要增加,广告的内容要从告知性转向宣传品牌的突出优点和特色,以提高产品和企业的声誉。③产品到了成熟期,竞争者很多,但竞争的态势已趋稳定,弱小的竞争者退出,市场产品也逐渐相似,这一阶段,广告是消费品的主要促销形式,广告的内容应集中宣传本品牌与其他品牌的不同之处,强调产品的附加利益。④产品进入衰退阶段,由于生产和销售开始下降,整个促销预算也就逐步削减,因此一般只适当运用提示性广告来保持消费者的记忆,而把营业推广作为主要促销方法。

(六)促销预算

企业用于促销的费用也是影响促销组合的一个重要因素。每一种促销方法所需的费用是不相同的,企业必须运用有限的销售费用,结合其他因素,选择适宜的促销方法,并在恰当的时机进行使用。

四、促销组合策略

企业促销方式的选择,也取决于其已定的策略原则。一般来说,企业促销主要采用两种策略,即推动策略和拉动策略。

(一)推动策略

所谓推动策略是指企业通过各种促销方式把产品推销给批发商,批发商则将产品推销给零售商,零售商再进而把产品推销给消费者。常用的推动策略有:

(1)示范推销法。如技术讲座、实物展销、现场示范与表演、试看、试穿、试用等。

(2)走访销售法。如带样品或产品目录走访消费者,带商品巡回推销等。

(3)网点销售法。如建立、完善分销网点,采用经销、联营等方式扩大销售等。

(4)服务销售法。如售前根据用户要求设计产品、制定价格;售中向用户介绍产品,传授安装、调试知识;售后征询意见,做好保修、维修工作等。

(二)拉动策略

所谓拉动策略是指企业针对最后消费者展开促销攻势,使消费者产生需求,进而向零售商要求购买该产品,零售商则向批发商要求购买该产品,而批发商最后向企业要求购买该产品。常用的拉动策略有:

(1) 会议促销法。如组织商品展销会、订货会、交易会、博览会等,邀请目标市场的企业或个人前来订货。

(2) 广告促销法。如通过电视、广播、报纸、杂志及各种信函、订单等,向消费者介绍产品的性能、特点、价格和征订方法,吸引消费者购买。

(3) 代销、试销法。新产品问世时,委托他人代销或试销,以促进产品尽快占领市场。

(4) 信誉销售法。如实行产品质量保险、赠送样品、开展捐赠与慈善活动等,以增强用户对企业及产品的信任度,从而促进销售。

总之,在实际市场营销过程中,企业可根据推动与拉动的需要选择不同的促销方式。

案例 10-2 "康巴丝"如何走向市场

康巴丝石英钟,年产 110 万台,落户全国 29 个省、市、自治区,远销世界 20 多个国家和地区,提起"康巴丝",很少有人说不知道的。

其实,"康巴丝"1985 年在山东济南钟表厂降生的时候,大多数国内消费者仍然迷信传统的机械表而不相信石英钟。

为此,该厂首先着力塑造"康巴丝"的形象,他们从产地"济南",联想到谐音"指南——罗盘的英文字'Compass'(音译为康巴丝)"为产品起了个"康巴丝"的响亮名字,以内外通用,集新鲜、易证、易认为一身,给人留下深刻的印象。

针对消费者对石英钟的成见,他们使出出厂产品可以试用的新招。一些商店担心卖不掉,他们允许少进货或分期付款、卖完后再付款,工厂并且管保修。外地人担心路远,不好退换,他们就先从济南到烟台,再到青岛,先占领省内市场,再向周围推进。

但是,默默推销还需大张旗鼓宣传配合。现代化传播的宣传比一个推销员说话权威得多。"康巴丝"连续两年在中央电视台的新年联欢节目前露脸,获了奖,更是在报刊、电台上大发其消息。1986 年元旦前夕,中央电视台确定"康巴丝"为春节零点报时钟,机会千载难逢,厂里赶紧赶制四台花色不一的钟表送去,一名副厂长亲自送嫁。零点到来,"康巴丝"在全国各地的电视观众面前亮相,"康巴丝"声誉鹊起。此后,济南钟表厂又制作了专题广告播送;还赞助全国青年歌手大奖赛,大赛中计时用它,奖品也用它。在山东体育场内,则常年竖着"康巴丝"的广告牌。

跟上售后服务是"康巴丝"形象得以保持必不可少的一环。济南钟表厂一年两次召开商业部门和顾客座谈会,收集意见,然后创新,使产品始终赶上消费要求。与此同时,他们还尽力满足特殊客户的要求,给济宁火车站安装了全国最大的四面石英塔钟;为北京大都饭店制造的世界时钟,能同时显示世界各大城市的时间,其性能、走时精度均超过了日本精工社为中国民航制造的世界时钟,被华侨引以为豪,并成为北京一景。特殊钟生产的成功不仅有利于培植企业良好的形象,而且吸引了全国众多客户订货,为济南钟表厂开拓了新的市场。

第二节　人员推销

人员推销是企业促销的重要方式之一,是一种最古老的促销方式,但在现代经济社会中,此种推销方式仍有着十分重要的作用。因此,有必要对它作进一步的认识。

一、人员推销的内涵与特点

所谓人员推销是指推销人员在一定的推销环境里,运用各种推销技巧和手段,说服用户接受企业的商品,从而既能满足用户需要又能扩大企业销售的活动。

人员推销的核心问题是说服,即说服用户使其接受所推销的产品或劳务。人员推销具有双重的目的性,即既要满足用户需求又要实现扩大销售。现代销售是一种互惠互利的活动,必须同时满足企业和用户双方的利益,解决各自的问题,而不能仅考虑一方利益,一厢情愿就无法达成交易。

人员推销自古以来就是一种十分有效的促销方法,特别是在洽谈磋商、完成交易手续等方面,更是其他促销手段所不能代替的,只要购买的决策是人而不是机器做出的,它就将始终是一种有效的促销工具。这主要是因为人员推销有着以下一些特点:

(1)能有效地发现并接近顾客。人员推销具有人与人直接接触的特点,因而能将目标顾客从消费者中分离出来,把推销的努力集中在目标顾客身上,可省去许多无效的工作。

(2)针对性强。推销人员可以当场解答消费者提出的问题,解除消费者的疑虑,改变消费者的对立态度,取得消费者信任;也可以通过对消费者个性的了解,采用有针对性的推销方法,以促成消费者的购买。

(3)密切买卖双方关系。企业的推销人员通过与顾客的直接接触,可以增进双方的相互了解和理解,在企业与顾客之间建立起长期的良好关系。

(4)反馈及时。推销人员运用各种推销手段,不仅推销企业产品,而且通过拜访顾客,容易取得第一手资料,并把它反馈到企业决策部门,为企业制定营销策略提供依据。

(5)服务及时。顾客在商品采购和使用过程中,会经常碰到产品如何使用、保护和维修等一系列问题,推销人员能及时地为他们提供咨询服务,使用户不仅能得到核心服务,而且能得到包括售后服务在内的整体服务,促进销售效果。

当然,人员推销也有其不足的一面,比如,第一,人员推销的接触面比较窄,与其他促销方式相比,人员推销的平均费用水平比较高,因而在一定程度上减少了企业的利润或影响企业产品的竞争力;第二,人员推销对销售人员的素质要求比较高,理想而又优秀的推销员很难找到。

二、人员推销的目标和任务

一般说来,人员推销的目标在不同的营销导向下具有显著差异。比如,传统观点认为:人员推销的目标就是追求最大的销售额,为此,推销员必须具有较高的推销艺术和技巧,推销员所完成的商品推销业绩,被作为衡量推销员工作效益的唯一标准。但是,按照现代营销观念,人员推销的最终目标应是为企业带来最大的、长期的、稳定的利润及有利的市场,因而强调推销人员不仅要懂得推销艺术,而且要懂得整体营销战略,并将它运用于推销实践中。

传统的观点认为,推销人员的唯一任务就是设法将产品卖出去,仅仅是销售。现在看来,这种观点是不全面的,因为随着商品经济的不断发展,企业之间的竞争日益加剧,买卖双方之间的关系日益密切。因此,对推销人员的要求越来越高,其面临的任务不仅仅是销售,而且还需要完成多方面的任务,一般认为主要包括以下几项任务:

第一,寻求。通过人员推销,不仅要加深了解现有顾客的需要,而且还要努力寻找、发现和培养更多的新顾客。

第二,沟通。推销人员要经常地、有效地与顾客保持密切地联系,熟练地把企业的有关产品信息传递给现有的与潜在的顾客。

第三,销售。这是一项传统的、基本的任务,它要求推销人员精通推销技术,如接近顾客、介绍产品、处理顾客异议、达成交易等。

第四,服务。推销人员要能向顾客提供各种服务,如给顾客提供咨询服务、给予技术帮助、安排资金融通和加快交货等。

第五,收集信息。推销人员不仅要完成销售任务,而且还要进行市场调研和情报收集工作,定期向企业汇报。

第六,分配。在企业的某些产品出现短缺时,推销人员要能摸清顾客的心理,向企业提出合理分配短缺产品的方案,还需安抚未被满足的客户的不满情绪。

总之,推销人员的任务是多方面的,现代营销对推销人员的要求越来越高。

三、人员推销的程序

现代市场营销认为,要发挥人员推销的特点,完成推销目标和任务,企业推销人员必须掌握一定的推销技术,把握好推销的进程。人员推销的进程有各种不同的划分方法,但总的来说,一个有效的人员推销过程至少应包括三个程序,即寻找顾客、进行推销和售后追踪。其具体过程,主要包括以下几个方面。

(一)寻找顾客

人员推销的首要程序就是寻找潜在的顾客,只有有了特定的推销对象,推销人员才能开始实际的推销工作。

潜在顾客必须具备五个条件:有需要、有能力、有购买决策权、有接近的可能性、有使用能力。

寻找顾客的方法和途径有很多,比如:

(1)市场调查。推销人员可以利用市场调查的结果,从中寻找可能的顾客。市场调查可以由企业自己进行,也可以委托有关的市场咨询公司进行。

(2)查阅资料。推销人员可以通过查阅现有的信息资料来寻找顾客。如工商企业名录、统计资料、各种年鉴、电话簿及有关的信息书报杂志等。

(3)广告开拓。推销人员可以利用各种广告媒介来寻找潜在的顾客,如报纸、杂志、电视、广播、直接邮寄等。

(4)他人介绍。推销人员可以请亲朋好友或现有的客户推荐、介绍潜在的顾客。这种方法的关键在于推销人员首先要取得现有顾客的信任，然后利用现有顾客的社会联系来寻找更多的新顾客。

（二）计划准备

计划准备是指推销人员在接近某一潜在顾客之前进一步了解该顾客情况的过程。计划准备有利于进一步分析潜在顾客的"资格"，有利于制定推销面谈计划并开展积极主动的推销活动，保证较高的推销效率。

计划准备的方法很多，有观察、查阅资料、朋友或推销伙伴的介绍等。

（三）接近顾客

接近顾客是指推销人员直接与顾客发生接触，以便成功地转入推销面谈。推销人员在接近顾客时既要自信、注重礼仪，又要不卑不亢，及时消除顾客的疑虑，还要善于控制接近时间，不失时机地转入正式面谈。

一般常用的接近顾客的策略有：①通过朋友、自我介绍或利用产品接近顾客；②利用顾客的求荣心理，采取搭讪、赞美、求教、聊天等方式接近顾客；③利用顾客的求利心理，采用馈赠或说明某种利益接近顾客。

以上策略的运用要视具体情况而定，但无论采用何种策略，都必须使人感到诚实可信，同时不宜诋毁竞争对手。

（四）推销面谈

推销面谈是指推销人员运用各种方式说服顾客购买的过程。推销过程中，面谈是关键环节，而面谈的关键又是说服。

推销说服的策略一般有两种：①提示说服，即通过直接或间接、积极或消极的提示，将顾客的购买欲望与商品特性联系起来，由此促使顾客做出购买决策；②演示说服，即通过产品、文字、图片、音响、影视、证明等样品或资料去劝导顾客购买商品。

以上两种策略，前者主要是言语面谈，后者则以非言语面谈为主。在说服过程中，要针对顾客的心理，灵活地、恰到好处地使用策略。

（五）处理异议

在推销员进行推销面谈时，顾客往往会对产品提出各种各样的异议，这就要求推销员必须首先认真分析顾客异议的类型及其主要根源，然后有针对性地实施处理策略。

一般常用的处理策略有：①肯定与否定法，即推销人员首先附和对方的意见，承认其见解，然后抓住时机表明自己的看法，否定顾客的异议，说服顾客购买；②询问处理法，即推销人员通过追问顾客，找出异议根源，并做出相应的答复与处理意见；③预防处理法，即推销人员利用顾客异议以外的商品的其他优点来补偿或抵消有关异议，从而否定无效异议；④延期处理法，即推销人员不直接回答顾客异议，而是进行冷处理，搁置一段时间以后再进行洽谈，效果可能会好些，不至于一下子就把两者关系搞僵，以至于前功尽弃。

（六）促成购买

人员推销的重要环节是促使顾客做出购买决定，推销人员在认为时机已经成熟时，就应抓住时机，促使达成交易。

促成购买的常用策略有：①优点汇集成交法，即把顾客最感兴趣的商品优点或从中可得到的利益汇集起来，在推销结束前，将其集中再现，促进购买；②假定成交法，即假定顾客已准备购买，然后问其所关心的问题，或谈及使用某商品的计划，以此促进成交；③优惠成交法，即利用顾客求实惠的心理，通过提供优惠条件，促使顾客立即购买；④保证成交法，即通过提供成交保证，如包修、定期检查等，克服顾客使用时的心理障碍，促成购买。

(七)售后追踪

产品售出以后，推销活动并未就此结束，推销人员还应该与顾客继续保持联系，以了解他们对商品的满意程度，及时处理顾客的意见，消除他们的不满。良好的售后服务可以提高顾客的满意度，增加产品再销售的可能性。

四、人员推销的管理

企业的营销人员直接对企业的销售收入负责，因此在许多情况下，对销售队伍管理的效果如何关系到一个企业的成功与否，对企业营销人员的管理是企业整个管理中的一个重要环节。一般来说，人员推销的管理包括以下几个方面。

(一)招聘

一个企业人员推销的效果如何，关键在于是否拥有一支有能力的优秀的推销人员队伍。一个杰出的推销人员，可以为企业带来非常可观的收入，但在现实生活中，推销人员的流动性却非常大，而一个推销员的离职，给企业带来的损失可能也是相当大的。因此，企业营销部门能否招聘到或留住好的推销人员，是搞好人员推销工作的重要一环。招聘推销人员的首项工作是要确定招聘标准，即确定招聘哪些人员才能符合企业的要求。对于一名优秀的推销员应该具备哪些素质，众说纷纭，莫衷一是，但一般认为，一个优秀的推销员至少应具备以下几个条件：

(1)思想素质。企业推销员要牢固树立“以顾客为中心”的思想，真心实意地为消费者谋福利，要有强烈的事业心、义不容辞的责任感、艰苦踏实的作风、持之以恒的热忱；同时，必须讲究职业道德，恪尽职守，有良好的价值观，能正确处理国家、企业、推销者和消费者之间的利益，遵纪守法，合法推销。

(2)业务素质。推销人员必须具备丰富的业务技术知识。其中主要包括：①企业知识。推销人员应了解企业的过去、现在和未来，了解企业在同行业中的地位，对企业的经营特点、营销策略、交易方式、付款条件等都应有一个清楚的认识，做到心中有数。②产品知识。作为一个推销员，对产品的了解是最基本和最重要的，因此他必须熟悉本企业产品的规格、型号、质量、性能、用途、价格、生产工艺以及产品的流向、渠道环节和费用，同时还要了解竞争对手同类产品的优劣情况，只有这样，才能在推销过程中处于主动地位，以便有根有据地说服顾客。③市场知识。它要求推销员能够了解市场、分析市场，掌握市场法则，掌握市场调查和市场预测的方法以预测产品的销售趋势。④顾客知识。推销人员要掌握、熟悉不同社会文化、不同经济条件的顾客所具有的不同购买心理和行为。抓住顾客的心理，是推销成功的关键。⑤专业知识。推销员要熟练掌握与推销活动有关的各种专业理论和知识，比如，市场营销学、消费者心理学、经济法、企业公关学等方面的知识。⑥良好的个性和气质。推销人员必须要有诚恳、热情待人的品质，开朗的性格，适度的举止，良好的风度，还要懂文明讲礼貌，思想敏捷，谈吐自如，使顾客乐于与其交谈。

(3)业务能力。业务能力是推销人员业务素质的体现，它主要体现在以下几个方面：

观察能力、综合判断能力、决策能力、应变能力、创新开拓能力、公关能力、理解他人的能力、说服他人的能力等。

在明确和了解推销员的标准之后，就可以着手进行招聘。企业可以通过各种不同的方式来寻求应聘者，如刊登广告、利用职业介绍所、现有推销员的推荐、在大学生中寻找或从上门求职者中挑选等方式。

在众多的应聘者中，企业还需筛选出最优秀的人选。筛选的程序因企业而异，有简有繁，一般可分为初次面谈、填写申请表、测验、第二次面谈、学历或经历调查、身体检查、分派工作等程序。

(二)培训

企业招聘到推销人员以后，一般都必须先进行培训，然后再分派他们到实际工作岗位上去。比如，一家世界著名快餐企业在中国第一个分店开业之前，用了半年时间，花了200万元人民币对其员工进行培训。美国企业对新推销员的平均培训时间为：工业用品企业平均28周，服务性企业12周，消费品企业4周。总的来说，企业培训推销员的内容一般包括以下几个方面：

(1)熟悉企业情况。让新推销员了解和熟悉本企业的发展史，企业的经营方针和经营战略，企业的组织结构和人事制度，企业的主要高级职员，企业的经营现状、利润目标以及企业的长远发展规划。总之，要使他们对企业的全貌做到基本熟悉，以此鼓励和激励他们热爱企业，决心为企业的发展贡献自己的力量。

(2)熟悉企业产品。让新推销员了解和熟悉本企业产品的种类、生产过程、使用方法等。

(3)熟悉与本企业相关的市场情况。比如，有哪些顾客购买本企业的产品？他们为什么要购买这种产品？他们喜欢这种产品的哪些特点？购买者的习惯和动机？消费者的地区分布？并且还要了解与本企业相关的企业策略与政策等。只有这样，才能使他们继续保持同原有顾客的关系，并逐步发展新的顾客，以便顺利开展下一步工作，并且在市场竞争中处于有利地位。

(4)熟悉与推销相关的专业知识。对新推销员必须进行专业知识的培训，具体包括前面所谈到的企业知识、产品知识、市场知识、顾客知识等。

(5)熟悉推销技巧。推销技巧方面的培训包括：①如何安排销售计划和分配销售时间；②如何保持同原有顾客的联系；③如何寻找和发现潜在的顾客；④如何让顾客了解本企业的产品是为了顾客的利益、为顾客着想；⑤如何写好推销信函和备忘录；⑥如何结束一项销售而又得到新的订货；⑦如何分析顾客的购买动机；⑧如何应付和处理销售工作中遇到的困难；⑨如何收集顾客的意见和竞争者的情报资料；⑩如何使用销售工具和器材；⑪如何注意个人举止。同时新推销员还需要做到：①能善于了解用户的难处；②善于选择合适的时机，进行充分的生意洽谈；③善于接近和说服用户，取得用户信任；④敢于冲破价格的障碍，适时报价等。总之，推销技巧方面的内容很多，并且需要在实践中不断摸索。

(6)熟悉企业的相关规定和有关手续。新推销员必须学习及掌握本企业制定的订货和退货规定、销售条件、折扣和津贴制度、售后服务和零配件置换制度以及付款日期和保证制度等，还必须履行销售过程中记录、传递、订货通知、填写各种报表以及写出市场情况报告等。

在明确培训内容之后,还必须注意培训方法,既要进行专题讲授、辅导、阅读讲义,又要进行讨论和考试,同时还有一定的实习。总之,通过培训,可以提高推销人员的业务水平,扩大知识面,增强推销的实效。

(三)报酬

报酬是按照推销人员的劳动数量和质量来发放的,它必须体现按劳分配的原则,尽量避免因报酬不当而影响销售队伍的稳定。因此,要建立一支优秀的、稳定的推销员队伍,就必须建立一套科学的、行之有效的报酬制度。目前,比较常见的主要有以下几种:

(1)薪金制。推销人员可以按时得到固定的薪金,销售情况的好坏对薪水的多少影响不大。这种制度能使推销人员得到稳定的收入,也有利于企业的管理与控制。但这种方法没有把报酬与推销业绩直接挂钩,缺乏对推销人员的激励作用。

(2)佣金制。推销人员根据销售量或销售额提取一定百分比的报酬。推销人员的报酬与其工作业绩紧密相连,有利于鼓励推销人员努力工作。但企业较难对推销人员进行管理与控制,同时容易造成推销人员为了提高销售额而进行强行推销,损害企业的声誉。

(3)佣薪制。即佣金制与薪金制相结合,先确定固定的薪水,然后推销人员根据其推销的业绩来提取一定百分比的佣金。这种方式结合了两种制度的长处,克服了它们的缺陷,既可以使推销人员有基本的收入保障,又能激励推销人员努力工作,也有利于企业的管理与控制。佣薪制的关键是要确定固定薪水与佣金的合理比例。

(四)激励

企业的营销人员在整个企业中具有十分重要的地位和作用,同时,要成为一个合格的、优秀的营销人员是很不容易的。因此,它要求企业领导人对营销人员要经常给予激励,充分调动他们的积极性,以使他们更有效地完成推销任务,为企业做出更大的贡献。企业一般用于激励推销员的主要手段有物质激励和精神激励两种。物质激励包括工资或薪金的增加,以切实提高他们的经济待遇;精神激励包括给予表扬、职位晋升、授予荣誉称号等,以增强推销人员的荣誉感和责任心。

(五)监督

在市场营销实践中,推销人员由于工作的需要,经常与商品、资金以及客户打交道,而且经常是单独的近距离或远距离的推销。营销人员自主性较大,企业难以管理,因此要求企业实施有效的监督:一方面,督促推销员按计划完成各项推销任务;另一方面,监督推销员严格执行各项规章制度,防止各种不正当行为的发生。

(六)考核

对企业营销人员进行全面而准确的考核,既有助于监督、激励等管理工作的开展,也有助于合理确定推销员的报酬。对营销人员的考核,首先必须以准确的信息和翔实的数据为基础,因此管理部门应建立一套考核指标体系,随时注意收集有关信息、资料和数据,这些资料、数据来自于推销人员的推销工作报告、推销实绩、主管人员的考察、顾客和其他推销人员的意见等;其次,必须明确推销人员考核的内容。考核一般包括三个方面:一是横向考核,即在推销人员之间进行比较;二是纵向考核,即对推销人员现在的绩效与过去的绩效进行对比;三是工作评价,包括对企业、产品、顾客、竞争者、本身职责的了解程度,也包括对推销员的风度、仪表、言谈、气质等的考核。

案例 10-3　“以笑取胜”

推销员小刘走进一家商务楼，径直朝电梯口走去。走进电梯也不知该去哪一层，就随手按下了“9”。来到九楼，按了一间办公室的门铃。

随着一声“请进”，他面带微笑，大大方方地走入办公室。

客户抬头打量了他一下，问：“你找谁？”“就找您行吗？”小刘面带真诚地微笑。“找我有什么事？”

他没有直接回答客户的提问，“当我进门的时候，看到您一脸和气，但我心理非常紧张，不知道您会不会听我的讲话？”“没关系，你讲。”

“请问先生，为什么许多公司的门外挂着一块谢绝保险推销的牌子？”

“唉，保险公司每天来我们这里的人很多，影响我们正常的工作。”

“原来是这么一回事！那请问先生，你们一般在什么时间较空闲？”他像是恍然大悟似地笑了。“我们一般在下午 3:30 有空。”

“这样吧，我明天下午 3:30 来行吗？”小刘微笑着等客户回答。客户看着小刘，被他的微笑感染了，也微笑着回答：“明天我外出，后天吧。”

第三天，小刘再去拜访时，他们微笑着交谈，微笑着办了手续。

第三节　广　告

现代社会，人们生活在广告的包围之中，它无处不在、无时不有，说起广告已是无人不知、无人不晓。广告不仅是企业普遍重视和广泛应用的一种促销形式，也是顾客接触最多、对社会生活影响最大的促销方式。

一、广告概述

（一）广告的内涵

广告作为商品经济发展的产物，以私有制的形式和商品交换的产生为前提。“广告”二字从中文字面上理解意思是“广而告知”；在西方，“广告”一词源于拉丁语(Advertise)，作“诱导”、“注意”解，后来演化成为英语口语中的 Advertising(广告活动)和 Advertisement(广告宣传品或广告物)。广告作为在现代经济生活中人们所熟悉的一种事物，人人都可以对它指点评说，但是又很难对广告的本质把握准确，人们对广告的理解至今还没有统一。比如，中国大百科全书出版社出版的《简明不列颠百科全书》认为：“广告是传播信息的一种方式，其目的在于推销商品、劳务，影响舆论，博得政治支持，推进一种事业，或引起刊登广告者所希望的其他反应……广告不同于其他传递信息形式，它必须由登广告者付给传播信息的媒介以一定的报酬。”美国市场营销协会认为：“广告是由明确的广告主将其创意、商品、劳务等，以付费的方式所进行的非人员提示、推荐活动。”美国《小百科全书》认为：“广告是一种销售的形式，它推动人们去购买商品、劳务或接受某种观点……登广告者为广告出钱是为了告诉人们有关某种产品、某项服务或某个计划的好处。”

广告的内涵有广义和狭义之分。广义的广告是指利用所有传播媒介向社会公众表达广告主愿望的活动,它不仅包括以盈利为目的的广告,还包括非盈利的广告,如政府公告、政党、教育、文化、宗教、社会救济和社会团体等方面的启示、告示、声明、通知、海报等;狭义的广告是指商业广告,它是指广告主将商品、劳务或观念等信息,采用付费的方法,借助大众媒体向公众传播信息的一种宣传方式。商业广告一般是以盈利为目的的,这里所要探讨的主要是商业广告。

(二)广告的特点

从广告的内涵中我们可以看出,广告具有以下几个特点。

(1)任何广告都有明确的主体即广告主。产生广告行为的企业被称为"广告主",它是企业为实现一定的营销目标而向现时或潜在的购买者传递商业信息所进行的活动。

(2)广告内容是商品、劳务或观念。企业通过广告所要传递的信息一般主要有:商品信息,即有关商品品牌、特性、质量等方面的信息;劳务信息,即有关劳务种类、方式等方面的信息;观念信息,即信誉、形象等信息。

(3)广告是通过大众传播媒介进行传播的。与人员推销时的人际传播不同,广告是通过大众传播媒体进行的信息沟通,因此它不以个人而是以群体作为传播对象。

(4)广告需要支付费用。进行广告就要投入费用,这不同于新闻报道,比如广告在制作与发布过程中都需要制作费用及媒体刊播费用。

(5)广告是对特定目标市场的信息传播。广告必须根据企业或商品的目标市场来确定广告对象,广告并非传播的范围越广越好、时间越长越好,这样只能造成费用的浪费。这就决定了广告在媒介的选择上、在定位分析中、在创作表现中必须符合特定对象的特点及心理特征。正确确定广告对象是以尽可能小的广告支出,获得尽可能大的广告效益的条件。

(三)广告的分类

广告可以按不同的标准进行分类,一般来说主要有以下几种。

1. 按照传播媒介分类

这是最常见的分类形式之一,通常所说的"电视广告"、"报纸广告"就是这种分类。广告根据媒介的不同自然属性,一般分为:

(1)印刷品广告。主要包括报纸广告、杂志广告、招贴广告、传单广告、产品目录样本广告等印刷品。

(2)电波广告。主要有电视广告、广播广告等。

(3)交通工具广告。主要是指在公共汽车、火车、轮船、飞机等公共交通工具上进行的广告。

(4)珍惜品广告。主要是指在有一定保留价值或赏玩价值的物品上进行的广告。如年历上印的广告、利用一些小工艺品做成的广告等。

(5)户外广告。主要包括路牌广告、霓虹灯广告、橱窗广告等。

(6)邮政广告。如销售信息广告、说明书广告等。

(7)网络广告。如网页广告等。

2. 按照广告的内容分类

广告可分为商品广告、企业广告、服务广告、商品(或服务)与企业综合广告、观念广告、商品(或服务)与观念结合的广告等。

商品广告是为了提高某种商品的知名度,为了促进这种商品的销售,对现有消费者和潜在消费者,利用与销售直接有关的表现形式,说服消费者购买的商品信息传播活动。商品广告能直接产生促销的效果,是企业所做的主要广告之一。这类广告根据商品的具体内容可以作进一步的分类,如化妆品广告、家用电器广告、自行车广告、中国红葡萄酒广告等。有多少种商品,就可以进行多少种分类。

企业广告是为了树立和维持企业信誉,提高企业的知名度,从而达到销售商品目的的广告形式。这类广告能造成一种间接的、较长久的蕴藏性效果。它通过对企业的历史、规模及业绩等介绍,能增强消费者对企业的好感和信任度。企业广告不仅适用于工业,同时也适用于商业、金融、服务(劳务)业等。

商品(或服务)、企业综合性广告是同时以企业和该企业提供的一种或几种商品(或服务)为内容的综合性广告。它兼有商品广告和企业广告的特点,但是由于受广告媒介、广告表现的限制,其内容太多,往往不能给人留下深刻的印象。

观念广告是说服人接受某种观念,进而达到销售商品目的的广告形式。它具有与企业广告大致相似的特点。

3.按照广告设置的地点分类

广告可分为销售现场广告和非销售现场广告。

凡是设置在商业街、购物中心、商店内及周围的广告都叫做销售现场广告,主要有橱窗广告、货架陈列广告、商店内的灯箱广告、卡通式广告等。销售现场广告具有非常独特的功能和特点,在广告发展史上占有重要地位。而除了销售现场广告以外的一切广告形式统称为非销售现场广告。

4.按照广告的传播范围分类

广告可分为国际性广告、全国性广告、地区性广告、区域性广告、针对某一具体单位甚至是个人的广告。并非任何企业都需要进行全国性或国际性广告,企业应根据自己的目标市场范围认真确定做哪一类广告。

5.按照广告的具体目的分类

广告可分为销售广告和需求广告。

最终以促进商品销售为目的的广告,比如商品广告、企业广告、观念广告等均属于销售广告。

需求广告是指为了购进某种商品的广告。如工厂的原材料购进广告,零售批发商业企业的商品求购广告,以及银行鼓励存款、保险公司招揽保险业务的广告等均属于这一类。需求广告是销售广告的一种变换形式,销售广告的一般原理均适用于商品需求广告。

6.按照广告在传播时间上的要求分类

广告按照在传播时间上的要求有以下分类:

时机性广告:包括新产品问世、展销会开幕、价格变动、企业开业,抓住某些对商品销售有利的时间和机会所进行的广告。它要求广告在尽可能快的时间内传达给消费者。

长期性广告:主要包括与企业战略有关的、长时间针对某一种商品的广告活动。

短期性广告:一般指在短时间内进行的广告。

7.按照广告在播放频率上的要求分类

广告播放频率是指每次广告的间隔时间。一般有以下类型：

高频率型广告。它是指在一段时间内以不间断地次数频繁地进行的，而每次广告的时间可有水平式、上升式、下降式和交错式四种。

低频率型广告。它是指在一段时间内不间断地但次数较少地进行的广告。而间断型广告一般隔较长时间广告一次。

8.按照广告表现的艺术形式分类

广告可分为图片广告、文字广告、表演广告、演说广告、情节性广告等。

图片广告主要包括摄影广告和绘画广告。它以诉诸于视觉的写实或创作为形式。从目前看，摄影广告的比重越来越大。一般认为摄影广告的写实性和传真程度相当于手绘，而且速度快，有大发展的趋势。但也应看到，摄影广告不可能完全取代绘画广告。绘画广告有它自己的魅力和适用性。

表演广告是用各种表演艺术形式来达到广告目的的。电视广告和销售现场广告较多采用这种形式。

演说广告主要指用语言艺术来推销商品，主要有广播广告和销售现场广告。

广告经常同时采用几种艺术形式相结合的表现形式，以弥补只用单一艺术形式的不足。

9.按照广告表现的效果分类

广告可分为感情性广告和说明性广告。

感情性广告包括印象性广告、观念性广告等。它用特定的表现形式使消费者对某种商品或企业产生好的印象，这类广告一般适用于化妆品、清凉饮料、食品等商品。而调价的耐用性商品应更多采用说明性广告。印象性广告虽属感情性广告的一种，但又不完全等同于感情性广告，它的目的在于使消费者看过之后能留下强烈的印象和记忆，以提高商品或企业的知名度。观念广告一般采用感情性广告和印象性广告的形式，因此一般来说观念广告属于感情性广告。

说明性广告能使消费者详细了解商品的特征，对于高价耐用性商品、性能复杂的商品、某些新产品，当消费者不了解它们的性能前往往不会轻易购买，对于这类商品的购买往往是“理智”的，仅靠感情性广告是不够的。

10.按照商品生命周期的分类

按照商品生命周期的不同阶段的商业广告具有的不同特点，商业广告可分为开拓性广告、竞争性广告和维持性广告。企业应根据自己企业商品所处的阶段去选择广告形式。

开拓性广告是以提高商品知名度、促进消费者对商品的了解和认识为特点的广告，在商品的成长期多用这类广告。这时，一般较多采用商品广告、说明性广告等形式，观念广告也是在这个时期用得较多的广告形式。

竞争性广告是以占领市场为目的，以提高企业信誉、加强商品影响为特点的广告。因为同一商品往往由很多企业同时生产销售，这时企业的信誉将提到更重要的位置上，因此，一般较多采用企业广告，商品、企业综合广告等。竞争广告大多用于商品的成熟期和衰退期前期。

维持性广告是以维持住已有市场为特点的广告。一般更多采用邮寄广告、珍藏品广告和商品广告,在表现形式上更多采用感情性广告。这类广告较多用于商品成熟后期和衰退期。

以上对广告进行了分类,当然还可以从很多角度进行分类,比如,根据广告的目标对象分类、根据广告发展的不同阶段分类、根据广告的创作思想分类等。对广告进行分类,有利于在使用具体概念时更加准确,并了解其使用范围和意义,它是对广告其他内容进行分析的基础。

(四) 广告的作用

商品经济的发展是广告产生与发展的最根本原因,同时广告的发展又促进了商品经济的发展。在现代社会中,广告事业的发展水平也是衡量一个国家或地区经济发展水平的重要标志之一。1989 年世界广告营业额前 20 名的基本上都是发达国家(巴西除外),美国一年的人均广告费用高达 499 美元,而我国目前人均广告费用才 2 元人民币左右。但近年来,随着我国国民经济的不断发展,广告营业额也以年递增 40% 的速度增长,这不仅说明了我国商品经济正迅猛发展,同时也说明了广告在我国经济发展中正起着越来越重要的作用。

1. 广告对市场经济发展的作用

广告最主要或最重要的作用是它已经成为促进商品生产和商品流通进一步发展的不可缺少的重要因素之一,这种作用随着社会化大生产的发展及商品经济的发展将越来越重要。因此,广告是推动整个市场经济发展的重要因素之一。

当今时代是信息的时代,信息在推动社会进步方面起着越来越重要的作用。现代广告作为信息的一种形式,它不断实现着生产与生产、生产与流通、生产与消费以及流通与消费之间的联系。广告已成为现代社会再生产顺利进行的不可缺少的条件。社会生产的分工日趋细密、消费个性化的发展、市场范围的迅速扩大等都构成了发挥信息广告业的客观基础。

广告的发展,有利于促进我国产品向商品化的转变,促进计划经济向社会主义市场经济的过渡,有利于促进市场运行机制的形成与完善,并促进我国统一大市场的形成。

2. 广告在企业生存与发展中的作用

从市场营销的实践来看,广告在企业生存与发展中至少起到以下几方面的作用:

(1)广告是企业市场信息的重要来源。通过广告可以了解同行业生产与发展、价格情况、市场情况和竞争对手的多种信息以及市场资源情况等,为企业决策和计划提供依据。

(2)广告在企业技术创新、产品更新、加强竞争意识等方面有着重要的作用,广告会使企业更深刻、更及时地感受到外部的压力。

(3)广告对企业提高知名度,加深消费者对企业产品的了解、对企业商标的识别,以及创立企业形象、提高企业信誉等方面有着重要作用,这是扩大商品推销的一个重要条件。

(4)广告对企业维持现有市场占有率和扩大市场占有率起着重要作用。广告发展到今天,消费者一般都愿意购买哪怕是价格较高的知名商品,而不愿购买从未在广告上出现过的商品,普通的消费者认为广告会为商品好坏担负部分责任,而进行广告的商家至少在某些方面表现出自信和经济实力。

(5)广告促进和支援了企业的人员促销。首先,广告可以弥补人员推销由于个人信誉和威信有限的弊病。广告有一个重要特点就是它可以借助媒介的威信来提高自身的威信,这有时称为"光环效应"。比如,某商品在中央电视台做了广告,同时该商品的声誉也就提高了,人员推销可充分借助这一特点。其次,在人员推销中,广告可以作为说明和说服材料之一。此外,广告的传播速度和范围远远超出了人员推销,它可以成为人员推销的"先行官"。

总之,广告对企业的作用是多方面的,但是过分夸大广告的作用也是不可取的,一个企业的商品能否最终获得长期、稳定的销售效果及取得利润,最终取决于商品本身的质量与信誉。在现代社会中,一个企业如果不在商品质量、服务质量上下工夫,而把希望完全寄托在广告的作用上,最终只能是"头破血流",自取灭亡。当然,如果走另外一个极端,也不足取。比如,认为"酒香不怕巷子深"、"皇帝的女儿不愁嫁"、商品质量好就不用作广告,极端忽视广告的作用,这是自然经济封闭思想的一种表现,也是在我国过去商品长期供不应求与高度集中的计划经济体制下形成的认识。这种思想是不能适应今天迅猛发展的商品经济社会,这种缺乏战略眼光的做法,对企业以后的生存与发展将造成不可估量的损失。

此外,现在也有人认为,由于广告在市场竞争中起的作用越来越大,必然造成中小企业最终很容易被挤出市场,从而减少了竞争而增加了垄断。有很多中小企业认为自己即使倾家荡产做广告也不及大企业广告费的一个零头,似乎广告对中小企业已无作用。这种观点是缺少根据的。首先,广告并非费用越高就一定越成功。中小企业只要在广告活动中多动脑筋,是肯定会成功的;其次,没有一家大公司能够垄断所有媒介,中小企业由于市场相对窄小,在局部地区取得广告量上的绝对优势并不难;最后,一个企业要在竞争中取得优势,要靠整体营销战略和策略,广告在营销活动中占有重要位置,但它只是营销成功的一个因素而非全部因素。

3. 广告对消费者产生的作用

广告对消费者的消费观念、消费心理、消费结构、消费行为等方面都有着十分重要的影响。

(1)广告是消费者获得的商品信息的一个重要来源。过去,消费者商品信息主要来源于自己看到的或听别人说的,随着商品经济的发展和市场的扩大,消费者商品信息将更多地来源于广告,这已为很多市场营销实践所证实。

(2)广告能引导消费、刺激消费,甚至能创造消费需求。消费者对某一产品的需求,往往是一种潜在的需求,这种潜在的需要与现实的购买行动有时是矛盾的,广告造成的视觉、感觉印象以及诱导往往会勾起消费者的现实购买欲望。有些物美价廉、适销对路的新产品,由于不为消费者所知晓,所以很难打开市场,而一旦进行了广告宣传,消费者就纷纷购买;另外,广告的反复渲染、反复刺激,也会扩大产品的知名度,甚至会引起一定的信任感,也会导致购买量的增加。此外,现代广告不仅能引导消费、刺激消费,还能创造消费。现代广告理论认为"企业应参与消费者生活的设计",就是说企业不应跟在消费者后面去简单地"适应"需求,而应走在消费前面,去引导消费、创造消费。

(3)广告为消费提供了方便,是现代消费决策的一个重要组成部分。一个广告提供的信息是多方面的，比如商品的特性、功能、用途、价格、使用范围、销售地点等，都为消费者购买决策和实际购买提供了方便。

4. 广告对美化环境和陶冶人们情操的作用

广告是一种艺术，好的广告能给人以美的享受，能美化市容、美化环境。同时，好的广告能陶冶人们的情操和丰富人们的生活，有利于树立消费者的道德观、人生观和优良的社会风尚。比如，公益性广告就是劝告公众遵守社会公德、行为规范，如“为了您和他人的家庭幸福，请遵守交通规则”、“创建卫生城、人人都是责任人”等。此外，还有的广告是为公众切身利益着想的教育性广告，如所有的卷烟包装都印有“吸烟有害健康”等。

二、广告的目标与预算

（一）广告目标

不同的企业在不同的阶段，其具体的广告目标可能不同。根据企业所选定的目标市场、市场营销组合策略等因素，企业的广告目标通常有以下三种。

1. 告知

它是指通过广告向市场提供有关的信息，如新产品、产品的新用途、价格的变化、产品的性能、服务内容、改正错误的产品印象、消除消费者的担心、树立企业形象等。这类广告常用于产品的引入期，希望能引起消费者的注意及需求。

2. 说服

它以说服消费者购买产品为目标。其具体内容可能是：培养品牌偏好、提高消费者对品牌的忠诚度、改变消费者对产品的认识、说服消费者改用本企业的产品、说服消费者立即采取购买行动等。这类目标着重于宣传产品特色或优点，使消费者相信本企业产品好于其他同类产品。因此，这常常是广告在成长期和成熟期、市场竞争比较激烈的时期应该追求的目标。

3. 提醒

这类广告希望消费者不要淡忘本企业的产品，维持品牌的高知名度，树立企业形象，同时也提醒消费者未来需要及在何处购买等，它主要在产品成熟期使用。

广告目标的选择应建立在深入了解企业自身情况和市场状况的基础之上。

（二）广告预算

企业在投入一定的广告费用之后，总希望能有比较理想的产出。但是，企业到底应该支出多少广告费用才能达到最好的效果呢？一般来说，主要有以下几种方法来确定企业的广告预算。

1. 销售比例法

这是企业根据销售额的一定比例来确定广告费用的一种方法。这里指的销售额可以是现在的，也可以是过去的或预计的。这种方法的优点是简单易行，因此得到了广泛应用。但这种方法颠倒了广告费用与销售收入的因果关系，忽视了广告对销售的促进作用，而且广告费用也难以确定合理的比例。

2. 目标任务法

这是根据企业的广告目标来确定广告费用预算的一种方法。这种方法首先要确定具体的广告目标,然后列出为完成目标所必须进行的工作,并估计完成各项工作所必需的费用,这就是预算。这种方法根据实际的目标及工作来制定预算,把费用与工作紧密联系在一起,但企业必须明确广告费用与实际效果的关系,并有一定的经济实力。

3. 竞争对抗法

这是指企业以竞争对手的费用或行业的平均广告费用为标准来确定广告预算。采用这种方法的理由,一是竞争者或行业的费用支出一定有其道理,是企业或行业的经验与智慧之所在;二是与竞争对手保持同样的广告费用,可以防止企业间的广告战。但是,每个企业都有其不同的背景,广告目标、广告资源、企业声誉等也不尽相同,很难说竞争对手的预算会适合于本企业,也难保对手的预算就一定合理。

4. 量力支出法

这种方法是根据企业有能力负担的广告费用来确定广告预算,企业量力而为,能担负多少广告费用就担负多少。这往往是新产品引入市场时或处于困境的企业被迫采用的方法。有的企业则采用这种方法来确定广告费用的最高限额。它的缺点是广告开支可能起伏不大,而且不一定符合市场发展计划的需要。

三、广告设计

在同样的媒体上做广告,有时会出现截然不同的效果,究其原因,一个很重要的方面在于广告的设计和广告的创作上存在较大差异。因此,为了提高广告的传播效果,必须认真对待广告设计。

(一) 广告设计原则

一则成功的广告,必须要有好的设计,而一个好的设计首先需要遵循一定的原则。

1. 真实性

广告的内容必须真实可靠,我国《广告法》中明文规定:"广告内容必须清晰明白,实事求是。不得以任何形式弄虚作假,蒙蔽或者欺骗用户和消费者。"不真实的广告不仅是违法、损害消费者的利益,而且对企业的营销活动也十分不利。因为这损坏了企业的声誉,靠不实之词暂时蒙骗了一部分消费者,眼前可得利,但从长远看必定信誉丧尽,终被市场淘汰。

2. 思想性

广告不仅能促进产品销售,同时它的艺术表现形式和传播途径也对人们的社会意识产生重要影响。因此,广告宣传要注意提倡思想健康、讲究精神文明、注重乐观向上的表现,不可有意识地迎合某些人性欲、色情、吃喝玩乐、颓废的消极心理,以免污染社会风气。

3. 艺术性

艺术性是广告具有的表现手法。艺术性的本身即是内容与形式的统一,构图与色彩的统一,绘画与陈列的统一。这就要求广告主题明确,布局合理,色彩协调,健康美观,给人以美的享受。广告的艺术性要与思想性、真实性有机地结合起来,离开了思想性、真实性的艺术,就成了形式主义;如果广告真实,反映了思想性,但呆板乏味,没有艺术效果,也不能引起注意,从而起不到应有的作用。

4. 民族性

我国是个幅员广大的国家，历史悠久，具有丰富的民族文化遗产，广告的民族风格就是要继承和发扬祖国的灿烂文化，取其精华，去其糟粕，与我国的风俗习惯相结合。可以充分而恰当的运用诗词、流传的故事、神话、寓言，在广告的设计、构图、造型、音响、色调等方面反映出来，使广告具有民族风格，但也不是一味地追求“复古”，要与广告的时代感结合起来。这样，在国内做广告会使人感到亲切，喜闻乐见；在国外做广告则会因具有中国的民族特色而吸引消费者。

5. 创造性

广告的构思和设计是一门艺术，为了引人注目和引起共鸣，语言要生动、有趣、幽默、简明易懂，切忌简单抄袭和文字冗长；广告的形式要多种多样且不断更新，不可千篇一律；广告的图像应美观大方，富有吸引力、联想力，图文编排要匀称，色彩要鲜艳和谐，让消费者在美的享受中获得产品信息。

总之，企业在运用广告方式进行宣传推广时，必须将上述的广告设计原则有机地结合起来，才能正确发挥我国广告促进商品流通、引导消费需求的作用。

（二）广告设计技巧

成功的广告在坚持设计原则的基础上，还必须研究广告设计的技巧。广告是否能达到预期目的，很大程度上取决于设计的技巧。广告的设计技巧从广告的构思、文字、语言、绘画、图案、色彩、照明、版面布局等各方面都能体现出来。它涉及文学艺术、美术、摄影、音乐、心理学众多学科的知识，所以说一则成功的广告即是一件综合艺术品。企业营销的管理者虽不是广告的专业工作者，不需要熟练地掌握广告的技巧，但必须作一般的了解，才能在宣传推广中正确而有效地发挥广告的作用。

根据市场营销实践，一般来说，一个好的广告设计技巧必须遵循以下几项基本要求。

1. 明确的概念

广告的中心思想要明确，能给广告接受者以明确的概念。广告的内容不能模棱两可，词不达意，含糊不清，不着边际。有些广告经常出现类似的词句“产品生产历史悠久，质量可靠，欢迎订购”，使人不知广告想说什么。日本丰田汽车在我国的一则广告，以醒目的标题写着“车到山前必有路，有路必有丰田车”，给人以丰田车行销全球的明确概念。

2. 深刻的印象

广告给人的印象深刻才能记得清楚，甚至永远不忘。新中国成立前上海梁新记牙刷的一则广告，画面上一小孩手拿一把钳子，正在用力拔牙刷上的毛，标题则是“一毛不拔”，图画与文字都给人留下了深刻的印象。尤其是电视、广播广告时间短，转瞬即逝，更需要运用广告技巧给人留下深刻的印象。

3. 激发兴趣

广告要能运用技巧使人愿听、愿看。文字要用生动活泼的笔调，标题要醒目，能引人联想；语言简练明确、幽默，画面色调和谐、明暗适度等都能引起消费者的兴趣。任何形式的广告切忌呆板与雷同，广告要能标新立异，别出心裁，才能综合利用，引人入胜。德国西门子公司的商品质量是世界驰名的，但广告宣传不落俗套，而是以独特的侧面表达反映，广告词是“本公司负责产品修理的人是世界上最孤独的人”，意即是产品的返修率极低，这样的广告会很快引起人们的兴趣。再比如,有这样一则电视广告,画面上首先出现两个人在下围棋,但双方都是下黑子,这就激发了观众的好奇心,引起了他们的注意,正当他们困惑不解时,突然画面一换,围棋盘变成了世界地图,而各黑子则变成了各大城市,它们都通过航线连着北京,结尾一句“中国国际航空公司”道出了广告诉求的主题,使广大观众茅塞顿开,这个悬念并不惊险,但能引人注意。

4.促进购买

广告的技巧还要通过各种方式,使消费者对本企业的产品激起好感,跃跃欲试。文字、语言、绘画等要突出产品的特点,符合消费者心理,才能唤起消费者需求,促使其购买。例如,前几年上海“凯歌”牌彩色电视机的电视广告中的图像先出现鱼游动的画面,一只小猫信以为真,结果扑过去撞到电视屏幕上昏了过去。清晰度是消费者挑选电视机最关心的问题,上述的构思与图像的配合,很能引起消费者的购买欲望。

四、广告媒体

所谓广告媒体,是指能借以实现广告主与广告对象之间联系的物质或工具。或者说,广告媒体就是广告信息的传递工具。

广告媒体是随着商品经济的发展、科学技术的发展而发展的。商品经济的发展产生为科学技术的发展提供了物质手段,最早的广告或最原始的广告就是“叫卖”。这种叫卖广告是销售现场广告发展的基础,它的发展历史要远远超过今天的非销售现场广告。非销售现场广告是商品经济发展比较充分,特别是现代大工业产生后的产物,而印刷业的发展则是产生非销售现场广告媒体发展的最早物质手段。随着市场进一步发展的需要和科学技术的进一步发展,越来越多的物质工具被开发和利用,成为广告的传播媒体。广播、电视、报纸、杂志、网络广告媒体就是今天经济与科学发展的产物。

(一)广告媒体的特点

广告主为使广告信息得以有效传播,可以采用许多不同媒体来实现。下面就报纸、杂志、广播、电视、网络广告媒体分别予以阐述。

1.报纸

报纸是经常采用的一种广告媒体,也是一种比较早的传播媒体,它有很多优点:①发行量大,传播范围广,覆盖率高,读者广泛且较稳定;②传播及时,现在很多报纸有晚报,可以阅读到当天的新闻;③能详细说明,传播信息量大;④读者看广告的时间不受限制,广告刊出的日程选择自由度大;⑤费用较低。

报纸广告的局限性:①时效短,过期报纸一般读者很少接触;②注视率低,庞杂的内容易分散读者的注意力;③技术差,形象欠佳,在印刷效果上不及杂志等印刷品,在形象表达上远不如电视等广告。

2.杂志

杂志分类明确,作为广告媒体的优点主要有:①目标市场针对性强,读者稳定,容易辨认,宣传效率较高;②可利用专业刊物在读者中的声望加强广告效果;③持续时间长,能在一定时期内阅读;④视觉集中,杂志广告通常独占一个版面,读者注视率较高;⑤能作高级印刷,制作精美,效果好,从而提高产品的视觉印象。

杂志广告的缺陷是：①受定期发行的时间限制，广告难于适时；②接触对象不够广泛，由于其专业性强而影响广告信息的扩散；③制作时间较长，灵活性较差。

3. 广播

广播广告是在20世纪40年代初兴起的，一段时间成为人们广为应用的主要宣传媒体。它的优点是：①传播迅速、及时、灵活，对时效性较强的广告尤其适用；②传播空间大、覆盖面广，扩大了广告传播区域和对象；③广告内容变更容易；④广播广告制作简便，费用较低。

广播广告的缺点是：①传递的信息量有限；②广播媒体是声音的一维传播，无法进行产品演示；③声音消逝速度快，且有声无形，接受者印象不深，往往需要利用其他媒体进行补充；④难以把握收听率，收听对象不平衡且听众的选择性较差。

4. 电视

电视是一种声、画结合的现代化广告媒体，虽然电视广告起步较晚，但其发展最快，所以电视日益成为最重要的广告媒体。它的优点是：①具有视觉、听觉和实例示范产品的特点，广告产品的形象生动、鲜明；②能综合利用各种艺术形式，表现力强，吸引力大；③覆盖面广，收视率高；④广告信息传达迅速，且受时空限制较小。

电视的缺点是：①播放时间较短，广告信息消逝快；②制作费用和播放费用高，不利于电视广告媒体的充分利用；③缺乏针对性，广告对象难于选择。

5. 网络

近年来，在广告业中逐渐出现了一种新兴的广告媒体形式——网络广告。网络广告具有形式生动活泼、宣传范围广、价格便宜、互动性强、更改方便、宣传效果好等特点。网络广告发布的主要方式有：①建立公司自己的网址；②像常规的广告一样，向某个网上的出版商购买一个广告空间；③在专题论坛上以电子消息的形式发布广告。

（二）广告媒体的选择

从上面的分析可知，各种不同的媒体各有其不同的特点，企业在运用广告促销时，为了达到预期的广告效果，必须根据本企业营销目标与经营环境，慎重而恰当地选择广告媒体。企业在合理选择广告媒体时应当综合考虑，一般来说主要考虑以下几方面的因素。

1. 广告目标要求

即企业对信息传播的要求，这是企业首先需要考虑的，如信息传播的覆盖率、接收率、重复率和最低时间限度、信息的可信度以及产生的效应等，企业应从中选择出最主要的目标，据以确定媒体。

2. 产品特征

不同性质的产品宜采用不同的媒体。如原理复杂、技术性强、需详细说明介绍的产品，可以利用报纸、杂志等文字性的媒体进行演示；对需要形象逼真地介绍商品功能、特点、外观的产品，如家具、服装、食品等则应通过电视、杂志、网络等媒体，利用彩色画面广告，增加其美感和吸引力。

3. 顾客特点

不同的顾客，其习惯、心理活动等方面都不一样，他们对广告的要求不一样，广告对他们所产生的效果也有差异，因此要选择对目标顾客最富有刺激性、最容易诱发他们购买动机的广告媒体。比如,产品销售对象是青年人,电视、网络的效果就比较好。

4.媒体费用

不同媒体的成本费用不一样,即使同一媒体也会因做广告的时间和位置的不同而实行不同的收费标准。企业应根据本身的实力合理地选择,要尽量使广告的效果与费用挂钩。

除此之外,广告媒体选择时还需考虑最佳广告时机、广告频率等因素。

五、广告效果

所谓广告效果,通常是指广告信息通过广告媒体传播后所产生的社会影响和效应。对广告效果的测定,是检验广告活动成败、促使广告更适合市场需要的重要手段,也是企业调整市场营销组合策略、确立目标市场的重要依据。

对广告效果的测定,可以在广告播放或刊登之前进行,即事前测定;也可以在广告播放或刊登之后进行,即事后测定。企业营销管理部门就可以有充分的依据来决定是播放或继续播放或刊登、修改或撤回广告。

测定广告效果的方法有很多,事前与事后的测定方法也有所不同。一般来说,比较常用的方法有以下几种。

(一)回忆测定法

即通过消费者观看或阅读广告后对广告内容的记忆程度测定广告的效果。在回忆过程中,可以给予受试者暗示性的帮助,也可以不给予任何帮助。要求受试者尽可能地回忆、复述广告的内容。测试的结果可以用来判定广告吸引目标受众注意和引起记忆的程度。

(二)认知测试法

即抽取一组消费者(观众或读者)作样本,然后询问他们是否在某一媒体上观看或阅读过某项广告。根据实际情况,将认知程度分为三种情况:一是约略认知,即看到过;二是联想认知,即能记起某一部分内容,由这部分内容能联想名称;三是较深认知,即能说出广告一半以上的内容。计算这三种情况的百分比,即可得出该广告的观看或阅读率。

(三)实验室测试法

即利用各种仪器、技术来检查被测者的生理反应,如心跳、血压、瞳孔等的变化,以此来衡量广告是否具有吸引人们注意和兴趣的能力。

除了以上三种方法之外,也可以用销售量的变化来测定广告的效果。但由于影响销售量变化的因素有很多,如价格、销售渠道、产品质量和竞争状况等,因此这种测定有时并不准确、有效。

总之,通过广告效果的测定,可以检验广告计划的实施结果,保证广告实现传递信息、创造需求、促进销售的目的。

案例 10-4　娃哈哈的广告策略

一、超前的广告意识

1988 年,娃哈哈儿童营养液刚刚诞生,宗庆后就抛开了“酒香不怕巷子深”的传统观念,他决定广而告之,让更多的人了解娃哈哈。当时他的工厂只有 10 万元存款,但他却签下了21万元的广告合同。“喝了娃哈哈,吃饭就是香”两句广告词朗朗上口,通俗易懂地抓住了父母的心,也赢得了少年儿童的喜爱,“娃哈哈”迅速地传遍了大街小巷。

二、朴实、亲切、画龙点睛的广告

美国广告大师R·雷斯在20世纪50年代提出了一个有广泛影响的广告创意策略理论,即USP——独特的销售主张。意思是:一则广告必须向消费者“说一个主张”,让消费者明白,购买广告中的产品可以获得什么具体的、独特的利益,这一利益是竞争对手无法提供的,而且必须能够深深打动和吸引消费者。娃哈哈的USP诉求符合上述的每一点。它针对当时中国家长们因为孩子挑食厌食而一筹莫展的问题,旗帜鲜明地提出自己的“销售主张”——“喝了娃哈哈,吃饭就是香”,一下切中了问题的要害,深深打动了消费者的心。

三、独具匠心的广告策划

娃哈哈的广告策划常有“神来之笔”。郑州是中国交通大枢纽,因此郑州市场历来是商家“必争之地”。宗庆后也来到郑州,他转悠几天,没有去找食品经销单位,反而去找交警部门——他要为小学生们做交通安全帽。交警部门正为小学生过马路的安全担心,看到有送上门的好事,大力支持。于是,15万顶印有娃哈哈字样的黄色安全帽戴在了全市小学生的头上。在娃哈哈的这一善举为报界广泛宣扬的时候,商家也找上门来了,就靠这15万顶安全帽,娃哈哈一举打开了郑州市场。

第四节 营业推广

营业推广是指能够迅速刺激需求、鼓励购买的各种促销活动。这些活动可以诱导消费者和中间商迅速大量的购买,从而促进企业产品销售的迅速增长。

一、营业推广的方式与特点

(一)营业推广的方式

营业推广的方式随着时代的变化而变化,目前营业推广的方式一般主要有:

(1)赠送样品。即企业免费向消费者或中间商赠送样品,企业在推出新产品和占领新市场时,这是最为有效的方式。如雕版洗衣粉、飘柔洗发水等产品刚上市时,都曾免费向消费者赠送样品,并迅速打开了市场。

(2)优惠券。这是送给消费者的一种购物券,可按优惠价格购买某种产品,这种优惠券可以直接寄给消费者,也可附在其他产品或广告中。

(3)附送赠品。当购买某一特定产品时,以极低的价格销售或免费赠送另一种产品,赠品可附在产品内或包装上,有时包装物本身就是一种赠品,也可以免费邮寄赠品。赠品通常还带有广告性质,即企业将印有公司名称或产品的东西作为赠品。比如,韩国的口香糖和泡泡糖在我国销售时,包装中附有一本微型小图书,很受儿童欢迎;我国芭蕾珍珠霜在香港出售时,也在包装中附有一粒珍贵的太湖珍珠和珍珠别针,有利于扩大销路。

(4)有奖销售。随销售商品发放奖券到一定数量时宣布开奖,或以发票号码开奖,它能刺激消费者大量购买本企业的产品,饮料企业和儿童用品商家经常举行此类活动。

(5)交易印花。在营业过程中向购买者赠送印花,当购买者手中的印花积累到一定数量时,可向出售者领取现金或实物。这种方法也可以吸引顾客长期购买本企业的产品。

(6)消费信贷。通过赊销或分期付款等方式推销商品。

(7)现场演示。在商店里用示范表演的方法介绍新产品的用途及使用方法,增加顾客对新产品的了解,并刺激其购买欲。

(8)竞赛。这种方式既可对消费者,又可对中间商和推销人员运用。在对消费者运用时,可让消费者进行某种比赛或做游戏,向获胜者发奖;在对中间商或推销人员运用时,这种方式也称为销售竞赛,即让中间商或推销人员开展销售产品的竞赛,对获胜者发奖。比如,一些家电企业对全年业绩前十名的代理商组织免费欧洲游。

(9)购买折扣。这一方式主要是针对中间商的,在规定期限内,每次购买都可以享受一定的折扣,主要鼓励中间商大量进货或购买一般不愿进货的新产品。

(10)津贴。这一方式也是针对中间商,主要有广告津贴和陈列津贴两种。广告津贴是指当中间商出资为本企业产品做广告时给予一定的资助;陈列津贴是指当中间商陈列展出本企业产品时给予一定的资助。

(11)展销。通过参加各种形式的展销会来促进产品的销售。在展销会上可展出本企业产品并进行示范操作表演,以吸引参观者包括中间商和消费者在内,促使其了解产品,并当场或事后购买。

(12)推销奖。这是向推销人员的推广奖励。企业可以通过推销竞赛、推销红利、推销回扣等方式来奖励推销人员,鼓励他们把企业的各种产品推荐给消费者,并积极地开拓潜在的市场。

(二)营业推广的特点

营业推广同人员推销、广告及公共关系相比,它具有以下几个显著特点。

1.随机性

在推销方面,人员推销和广告促销都是经常化、规范化的,而营业推广却没有一定的规划,它有各种各样的方式,无法确定在什么时间、对什么样的顾客必须采用什么样的方式,销售者往往是随着销售行情的变化以及季节、产品竞争、市场环境的变化而临时决定采用什么方式促销。比如,市场上忽然出现了某企业产品的仿冒产品或竞争产品,销售者如果及时地举办产品展销和进行识别假冒产品介绍或在对比中展示本产品的优势,就会有力地打击仿冒者和竞争对手。

2.针对性

营业推广直接面向顾客或经销商或推销人员,通过强有力的宣传推广或提供特殊的激励条件,可以调动有关人员的积极性,立即促成交易行为。

3.多样性

营业推广方式多种多样,企业能够根据产品特性、顾客心理及市场状况灵活运用,从而具有很强的吸引力,并引起广泛的关注,迅速地收到促销效果。

4.刺激性

营业推广是直接面向顾客的,它是顾客在正常的购买行为中的一个意外的惊喜,从而在顾客心理上产生较强的诱惑力。比如周末、节假日各大商场搞的零利润优惠销售,使得一部分原来不准备买者成为购买者,使得原来准备少买者变成多买者,这就是价格竞争刺激的结果。

5. 娱乐性

宣传性营业推广不仅是产品的展示,也是给社会给人们增添某种气氛、某种色彩的社会活动,使人们在其中满足兴趣、得到美的享受,甚至会使消费者感到亲切和自豪。比如,模特服装表演本身就是集产品推销和娱乐活动融为一体的一种形式。

在这里需要指出的是,营业推广也要讲究策略和分寸,不能离开具体的对象和产品特点,否则就会适得其反。营业推广手段也不宜单调、滥用,不然容易使消费者产生逆反心理,误认为企业急于推销的产品在质量、价格、使用寿命等方面存在问题,从而有损产品或企业的形象。因此,企业在进行营业推广时要注意选择恰当的方式与时机,尽量避免对同一商品频繁使用同一策略。

二、营业推广的目标确定

营业推广的目标,取决于该产品的整个营销目标,而具体的营业推广目标又因目标市场的不同而异。一般说来,企业的营业推广的目标主要有三个。

(一)针对消费者的目标

主要是刺激消费者购买,如鼓励现有产品使用者增加使用量,吸引未使用者试用,争取其他品牌的使用者。

(二)针对中间商的目标

鼓励中间商购买、销售本企业产品,提高产品库存量,打击竞争品牌,增强中间商的品牌忠诚度,鼓励中间商持续地经营本企业产品,建立固定的产销关系,并尽可能地开辟新的销售渠道等。

(三)针对推销员的目标

鼓励推销人员推销企业产品包括新产品,开拓新市场,寻找更多的潜在顾客,努力提高推销业绩等。

三、营业推广的方案制定

企业在制定营业推广决策时,不仅要确定营业推广的目标,选择适当的推广形式,还要制定出具体的推广方案。一般来说,制定营业推广的方案需要考虑以下几方面因素。

(一)推广的规模

营业推广的实质就是对消费者、中间商和推销员予以奖励,所以企业在制定具体营业方案时应首先决定奖励的规模。奖励规模的确定要考虑成本与效益的关系,推广活动要获得成功,一定规模的奖励是必要的。但如果超过一定限度,规模的扩大不一定会带来效益的递增。

(二)推广的对象

应确定哪些消费者可以参加营业推广并获得奖励,一般来说,应奖励那些现实的或可能的长期消费者。

(三)推广的途径

即要考虑如何把营业推广方案向目标对象传送。比如,优惠券可以放在商品包装里分发,也可以通过广告媒介分发或直接邮寄。在选择分发途径时,既要考虑各种途径的传播范围,又要考虑其成本。

(四)推广的时间

即营业推广活动持续时间的长短。如果推广时间太短,许多消费者可能由于恰好在这一期限内没有购买而得不到奖励,从而影响营业推广的效果;反之,如果时间太长,则可能失去刺激购买的某些作用,并可能会给消费者造成不良印象,认为是变相减价或产生对产品质量等的怀疑,影响企业声誉。

(五)推广的时机

并非任何时候都能采用营业推广。推广时机选择得好,能起到事半功倍的效果;时机选择得不当,则效果适得其反。因此,企业应综合考虑产品生命周期、顾客收入状况和购买心理、市场竞争状况等因素,同时也要考虑不同的促销工具、各部门之间的协调配合等情况。

(六)推广的预算

这也是制定推广方案时应考虑的一个重要因素。预测营业推广的费用支出,可以有两种方法:一是自上而下,先确定各种具体促销方式的费用,然后相加再得出总预算;二是先确定企业促销的总费用,然后按一定的比例分配,再确定营业推广的费用。第二种方法较为常见。

四、营业推广的测试与实施

在推广方案确定之后,如果有条件,应对各种方式进行预先测试,以确定选择的方式是否合适,能否达到预定效果等,以便及时决策。一般测试大都在小范围内进行,以节约时间和成本。

测试通过后,企业还应制定实施计划,以有效地执行推广方案并进行控制。实施方案包括两个关键的时间因素:一个是前置时间,即指推出方案之前的准备时间,这段时间的工作包括推广的设计、修改、批准、制作、传送等;另一个是后延时间,即指从营业推广活动开始到推广的产品 95% 到达消费者手中的这段时间,其间进行的是实际推广运作和管理。

五、营业推广的评估

为了改进营业推广方法,并为今后的营业推广决策提供依据,就必须对推广方案进行评估。常用的营业推广评估方法有两种:一是阶段比较法,即对推广前、中、后的销售量进行比较,从中分析营业推广产生的效果,这是最普遍采用的一种方法。如果推广活动后,企业的销售额或市场占有率高于推广活动前,说明推广活动有成效;反之,如果推广后的销售额或市场占有率与推广前持平或降低,则说明推广活动失败。二是跟踪调查法,即在推广结束后,了解有多少参与者能回忆起此次营业推广活动,其看法如何,多少参与者从中受益,以及此次推广对参与者今后购买的影响程度等。

评估活动结束后，推广活动的组织者还应该提交一份建议报告，在总结本次活动的基础上，提出合理化建议，以便下一次推广活动时借鉴。

案例 10-5　现场示范，以形服人

上海东风沙发厂曾在上海体育馆附近的空旷地上开展现场促销活动。他们将五彩“龙凤”席梦思床垫平放在地，并开来 10 吨重的轧路机，好奇的人们从四面八方围拢来看热闹，只见那合抱粗的滚筒，伴随机器的“隆隆”声，朝“龙凤”席梦思毫不留情地辗压过去，接连往返 4 次。直径仅几厘米的盘香弹簧能挺得住如此重压吗？人们不禁暗暗担忧。然而，出乎意料，质量检验人员当场拆开检验，1.5 米宽的一张席梦思，共 288 个弹簧，竟无一损坏，几何图形完好，目击者无不咋舌赞叹。从此，“龙凤”席梦思名噪一时，工厂每天要收到本市及外地求购“龙凤”床垫的信件达四五十封之多。

德国西部有一家以生产茶几见长的玻璃制品公司，为了使自己新推出的茶色玻璃钢茶几在市场上一炮打响，就使出不同凡响的示范促销策略。他们在公司的销售大厅门前摆开摊子，摆好茶几，把煮沸的开水不停地往茶几面上浇；同时还用空酒瓶子不停地往茶几上面砸，茶几安然无恙。该公司连续示范表演时间还不到半年，产品已在德国市场上安营扎寨，成了人们争相抢购的紧俏货。

这两家企业都是在新产品开拓市场时运用了现场示范推销法，使其产品一炮打响，很快为消费者所接受。

第五节　公共关系

“公共关系”一词源于美国，其英语原文是“Public Relations”。“Public”（“公共”或“公众”）与“Private”（私人）相对应。因此，公共关系搞的不是私人关系，相反，它有自己的职业道德标准、有自己独特的内容，也正因为如此，它才能在国际上确立了自己的地位。20 世纪 70 年代以来，公共关系逐渐发展成为企业的一个重要促销手段，目前很多大公司和企业都设有公共关系部，专司公共关系事务，在实际生活中，企业在任何市场上的销售活动，都与它在那里的公共关系密切相关。因此，有必要对公共关系作一认识和探讨。

一、公共关系的内涵

公共关系是指企业或组织为了适应环境，争取社会公众的了解、信任、支持和合作，树立企业良好的形象和信誉而采取的有计划的行动。

重视公共关系在促销中的应用，是现代市场营销观念的进一步发展的体现，因为企业以消费者为中心展开的市场营销活动，需要在企业与社会公众相互了解和协调行动中有效地贯彻，并且任何一个企业都不可避免地要与社会各界发生各种各样的交往关系，如与政府机构、司法机关、社会团体、金融机构、新闻界、股东、经销商和代理商、消费者、内部职工等，企业要在纷繁复杂的社会环境中求得生存和发展，就必须采取有计划的政策和行动，处理好这些关系，树立良好的社会形象，以赢得社会公众的理解和认可。因此，创造性地建立起最佳的社会关系环境，是企业成功必不可少的条件，也是公共关系的根本任务。

二、公共关系的特点

公共关系作为促销组合的一个重要组成部分，具有自己的特点。

（一）目标长期性

公共关系要达到的目标是树立企业良好的社会形象，创造良好的社会关系环境。实现这一目标并不强调即刻见效，而是注重长期效应，企业通过各种公共关系策略的运用，能树立良好的产品形象和企业形象，从而能长时间地促进销售，占领市场。

（二）沟通双向性

公共关系的工作对象是各种社会关系，包括企业内部和外部公众两大方面，它是全方位、立体化的关系网络。它强调企业与公众之间的真情传播与沟通。在企业内部和外部的各种关系中，如果有一种关系处理不当，就可能带来许多责难和纠葛；如果处理得当，企业会左右逢源，获得良好的发展环境。

（三）促销间接性

公共关系的手段是有效的传播信息。这种信息传播并不是直接介绍和推销商品，而是通过积极参与各种社会活动，宣传企业营销宗旨，联络感情，扩大知名度，从而加深社会各界对企业的了解和信任，间接地达到促进销售的目的。

（四）手段多样性

公共关系采用的手段很多，既可以通过新闻、宣传等传播媒介，也可以通过人际交往形式直接传播，而商业广告的传播手段则以广播、电视、报纸、杂志等新闻媒体为主。

三、公共关系的对象

企业的公共关系可以分为内部公共关系与外部公共关系。企业的内部公共关系包括职工关系和股东关系，主要是增强企业内部的团结，提高企业的凝聚力；企业的外部公共关系包括企业与所有外部公众的关系。本书是从企业市场营销的角度来研究公共关系的，因此主要是指外部的公共关系。企业的公共关系对象主要有以下几个方面。

（一）顾客

在市场经济条件下，满足顾客的需求是企业一切活动的出发点。成功企业的经验也表明，以顾客为中心而建立良好的顾客关系的目的就在于，促使顾客形成对本企业及其产品的良好形象，在顾客中建立企业的声誉，提高企业在社会公众中的知名度。因此，为了建立与顾客间的良好关系，企业应始终坚持为顾客提供满意服务的观点，与顾客进行有效的沟通，特别要注意处理好与顾客发生的纠纷，因为顾客的满意就是最好的广告。

（二）供应商与经销商

企业要生产产品，就必须有原材料、燃料、机器设备、零配件等，这些都要靠供应商来提供，而产品生产出来之后，还要由经销商卖给顾客；商业企业也需要供应商提供丰富、可靠的货源。而且，供应商和经销商还可以为企业提供有关市场、原材料、商品、价格、消费趋势等方面的信息。因此，为了使原材料等的供应得到保证、产品的销售渠道顺畅，并获得一些供销方面的重要信息，企业应该努力与供应商、经销商建立良好的关系，这是企业外部公共关系的又一内容。

要建立良好的供销关系，当然主要靠优良的产品服务、合理的价格及供销人员的努力。但是，公共关系人员也应积极推进企业与供应商、经销商之间的信息交流，增进彼此间的了解，密切相互间的联系。

(三)政府机关

政府是国家政权的执行机构，它具有组织和领导经济建设的职能，对企业进行宏观管理是国家经济职能的重要组成部分。同时，政府的各个职能部门所制定的政策、法规会直接或间接地影响企业。因此，企业必须经常与政府有关部门进行沟通，以及时了解有关的政策、法规及计划，并使之能尽量有利于本企业的发展。

(四)社区

社区是由居住在一定区域的人们因利益相互关联而结成的相对完整的社会实体。企业的社区关系，主要是指企业与周围的工厂、机关、商店、学校、医院、居民等的相互关系。这些社会组织和群体不一定与企业有业务关系，却是企业赖以存在和发展的外部环境，与企业有着十分密切的关系。因此，企业应与社区携手，共同繁荣社区的地方经济，与社区共建精神文明，以获取社区的谅解和支持。

(五)媒介

媒介是企业最特殊的一种公众，企业的公共关系活动通常要借助于媒介工具来进行，通过媒介向外发布，以扩大活动的影响。因此，企业的公共关系部门要与媒介保持密切的关系。企业应特别重视正确处理媒介对企业的批评报道，既不盲目接受，更不拒不接受批评，而是要采取冷静的态度进行调查和分析，以求重新树立企业的形象和信誉。

除此之外，企业还应处理好与竞争对手的关系，市场营销实践表明，企业之间的竞争，与其拼得你死我活，两败俱伤，不如携手共进。那种殊死的拼争对于双方都是有百害而无一利。因此，现在很多企业之间的关系已逐步发展成既有竞争又有合作的关系。

四、公共关系的活动方式

公共关系活动是一门综合性的艺术工程。它必须遵循一套科学的程序和步骤，这些步骤可以归纳为调查研究、确定公关目标、制定公关对策、实施公关计划、反馈和评价公关效果等。企业要有效地实施这些步骤，实现公关目标，就必须善于运用各种公关活动方式。常见的公关活动方式有：

(1)通过新闻媒介传播企业信息。这是企业公共关系最重要的活动方式，通过新闻媒介向社会公众介绍企业和产品，以吸引消费者的注意，它不仅可以节约广告费用，而且由于新闻媒介的权威性和广泛性，使得它比广告更为有效。这方面的活动包括撰写各种新闻稿件，比如企业介绍、产品介绍、人物专访、特写等；举行记者招待会，邀请记者参观企业等。

(2)加强与企业外部组织的沟通。通过内部与外部的沟通活动，增加公众对企业的了解，理顺企业与政府机构、社会团体、供应商、经销商等的关系，与他们建立公开的信息联系，争取他们的理解，通过他们的宣传加强企业与商品的信誉和形象。

(3)强化公关广告。通过公关广告介绍宣传企业，树立企业形象。公关广告的形式和内容可概括为三种类型：一是致意性广告，即向公众表示节日致庆，感谢或道歉等；二是倡导性广告，即企业率先发起某种社会活动或提倡某种新观念；三是解释性广告，即就某方面情况向公众进行介绍、宣传或解释。

(4)举办专题活动。公共关系专题活动是围绕某一主题而展开的特殊活动。举办专题活动,旨在吸引公众的注意力,以赢得公众的同情、支持和合作,扩大企业的影响。专题活动的形式多种多样,如庆典活动包括纪念活动、剪彩仪式、颁奖仪式等,开展各种竞赛,如知识竞赛、劳动竞赛、评奖评优等,还有邀请参观企业、举办联谊活动等。

(5)参与公益活动。社会公益活动也是企业公共关系的一种方式,开展得好,不仅企业尽了社会责任,也有利于产品销售和事业发展。社会公益活动包括提供捐赠或救济,赞助文化、体育、科技教育,兴办公共设施,捐助慈善机构等。

当然,在市场营销实践中,企业的公共关系活动方式还有很多,这要根据企业所处的内外环境,根据当时的实际情况灵活地运用。

案例 10-6 "亚都加湿器"成功的公关促销

当人们还在解决温饱问题的时候,"温度"确实比"湿度"重要得多。但是当改革开放改善了中国人的收入水平和生活状况,当皮夹克、羽绒服、防寒服、太空服等保暖商品成为抢手货以后,对于人们来说,"湿度"成了和"温度"同样重要的生活指标。人类生活最适宜的相对湿度通常是45%～50%,而我国北方气候干燥,冬季室内的湿度通常只有10%～15%。超声波加湿器的功能和价值就在于利用超声波原理,为人们营造最佳湿度的"小气候"。北京亚都环境科技公司开发研制的"亚都加湿器"就在此时应运而生,并迅速风靡北京,其热销之势压倒了同行。销售额占到首都小家电市场零售额的38%,连续两年首都市场总销售量均突破4万台。

但是,在北京如此畅销的"亚都加湿器"在天津市场却受到了冷遇。连续三年总销售量只有400台,这令公司总经理何鲁敏大惑不解:京津两地,纬度基本一样、气候条件几无差异、居民收入水平与消费水平大体相同,但产品销售情况为何差异那么大?为此,他请来了市场专家、传播专家、公关专家、广告专家共同进行研究。研究表明,"亚都"在天津缺乏公共关系活动,据调查,98%的天津市民不知道"亚都加湿器"和"亚都"在北京的热销;而另一调查表明,"亚都"公司也并不了解市场。"亚都"热于北京而冷于天津的遭遇,就源于此。

于是,"亚都"公司开始从了解市场的主体——消费者入手了解市场。他们借阅了大量描述天津市民生活的通俗读物,去了解天津人的生活;派人去天津坚持收看当地的电视节目,以了解天津的观众;组成调查小组赴天津各主要商场,以了解天津的购物情形;请来天津的新闻记者,咨询天津读者观众的口味;请来天津商界各方人士,咨询天津顾客的购买心理;分析天津市发行量占前12位的报纸,比较他们的发行范围、广告价格、广告周期、广告风格等。

经过调查研究了解市场后,终于一个颇具创意的方案:"亚都加湿器向天津市民有偿请教"活动策划出来了。1991年11月15日和16日,连续两天,天津发行量名列前茅的《天津日报》、《今晚报》、《广播节目报》最显著的广告位置被"亚都有偿请教"的广告占据,此广告一反商业广告的商业词汇,充满人情味与知识性,向天津市民诚挚地请教为什么"亚都"不能畅销天津。"亚都"公司选择这两个日期推出广告,可谓用心良苦,因为11月15日是天津市统一供暖的日子,在这一天提出"干燥"、"湿度"这样一个概念,容易得到人们的理解;16日是周末,家人们团聚的日子,什么是"亚都",它是做什么用的,以及是不是要买一个“亚都”，自然需要与家人商议一下。11 月 17 日是星期日，40 名经过专项培训、准备充分的“亚都”公关人员，拂晓自北京出发，一大早就出现在天津商场、百货大楼、国际商场、劝业场等大商场内，他们统一着装，身佩绶带，向过往顾客散发“有偿请教”的各类宣传品，回答人们关于“人工环境”、“湿度与健康”等方面的疑问。从这一天开始，连续四个星期日，“亚都”公关人员都无一例外地黎明启程，清早赶到天津，在各个主要商场展开咨询——请教活动，散发出各类宣传品 14 万件，直接接触了 60 万次的天津市场顾客。“亚都”一下子成了天津人的话题。从 11 月 16 日至 26 日的 10 天里，1200 多封天津消费者的来信寄到了“亚都”公司，天津消费者在信中提出了各种建设性的意见 4000 多条，计 80 多万字。“亚都”公司趁热打铁，继续推出新的招数：12 月 3 日，向 1200 多名来信的消费者回复“感谢信函”，并随函寄出“感恩卡”，该卡可特价购买“亚都”加湿器一台：12 月 6 日，在天津《今晚报》上刊登半版广告，1200 多位来信的天津市民的名字，以姓氏笔画为序，逐一见诸报端，这个做法，在全国广告业尚属首例；12 月 8 日，“亚都”在天津国际商场举办公开答谢活动，全体“亚都”公司的科技人员抵达天津，面对面回答消费者提出的问题。经过这次公关活动，“亚都”在天津家喻户晓，一次统计表明，从 1991 年 11 月 15 日开始，“亚都”超声波加湿器两个月在天津市场的销售量达到 4000 台，相当于过去 3 年的销售量总和的 10 倍。

思考题

1. 什么是促销？它在市场营销中发挥什么作用？
2. 影响促销组合的基本因素有哪些？
3. 企业促销有哪些常规策略？
4. 如何理解人员推销的最终目标？人员推销的步骤主要有哪些？
5. 作为一个优秀的营销人员应具备哪些素质？
6. 广告有哪些基本类型？
7. 现代广告媒体有哪几种？并分析其各自的优缺点。
8. 营业推广的方式有哪些？
9. 公共关系的活动方式有哪些？

第十一章 国际市场营销

第二次世界大战结束以来，随着世界经济的迅速发展，各国在商品、资本等方面的交流日益频繁，经济全球化的步伐日益加速，各国都充分认识到"国内市场和国际市场是市场营销的两个重要领域，只有把国内市场营销与超越国界的国际市场营销结合起来，才能构成完整的市场营销活动"。因而，越来越多的国家都积极参与到国际市场的竞争中来。通过本章的学习，将了解到国际市场营销的概念、开展国际市场营销的环境、国际市场细分、国际目标市场选择、进入国际市场的方式。

本章要点：

- 国际市场营销的概念
- 国际市场营销与国际贸易、国内市场营销的异同
- 国际市场营销的政治、法律、技术和文化环境
- 国际市场细分及国际目标市场选择
- 进入国际市场的方式

当今的世界是开放的世界，在现代社会中，任何一个国家都不可能在封闭的状态下求得生存和发展。"地球村"这个概念形象地概括了当今世界的开放性。确定国外消费者的需求，并提供相应的产品和劳务加以满足，是企业经营者需要认真对待的一个重要课题。

第一节 国际市场营销概述

一、国际市场营销的概念

国际市场营销是指超越国界的市场营销活动。具体来说，是企业为满足外国消费者的需要，有效地实现企业目标而进行的市场调查、预测、决策、实施与反馈等一系列商务活动的总称。它是世界经济发展的必然产物。

国际市场营销活动发展至今，根据其所从事的企业的营销目标、实力以及营销经验不同，大致经历了以下四个阶段。

(一)被动的国际市场营销

这类企业主要针对国内市场开展营销活动，并未将重点放在国际市场的经营上，内部未设立专业的出口机构，也不主动面向国际市场，只是在外国企业或本国外贸企业订货时，产品才进入国际市场。这是属于最低层次的国际市场营销模式。

(二)偶然的国际市场营销

企业的目标市场仍在国内。一般情况下，也不设立对外出口的机构，但在某一特定情况下，却主动面向国际市场。这些企业偶尔面向国际市场，主要因为某段时期内市场供过于求，竞争激烈或其他原因一次性外销产品，将国外市场看做短期销售地。一旦国内供求

及竞争趋于缓和时，这些企业又转向国内，生产本国市场所需要的产品。

（三）固定的国际市场营销

企业的目标市场既是国内市场也是国际市场，一般设有专门的出口部门，甚至在国外设立分销机构，在不放弃国内市场的前提下，制定国际市场营销战略，专门开发国外消费者所需的产品，针对国际市场营销环境，制定国际市场营销组合策略，参与国际竞争，企图在国际市场上建立长久的市场地位。

（四）完全的国际市场营销

企业完全把国际市场作为目标市场，而把本国市场看做国际市场的一个组成部分，一般在本国设立公司总部，在世界各国发展参股比例不等的子公司，并在这些国家从事生产经营活动，其产品、资源在国际市场流通，依靠国际市场获取利润。

二、国际市场营销与国际贸易的关系

国际贸易是指世界各国相互之间的产品和服务的交换，它由世界各国的对外贸易所构成，为一定时期世界贸易的总和。而国际市场营销是超越国界的市场营销活动。国际市场营销与国际贸易具有相互联系的一面，因为两者涉及的都是跨国界的商品交易活动，从总体上看都属于国际贸易范畴，从企业运作看则属于国际市场营销范畴。国际市场营销和国际贸易实际上是一个问题的两个方面，是从不同角度和视野上来研究跨国界的商品交易活动。当然，二者也存在着一些区别，主要表现在以下几个方面。

（一）对象不同

国际贸易的对象是外国厂商或政府，一般不涉及最终购买者，国际市场营销的对象则主要是国外的最终消费者。前者是从总体上来把握交易的对象，后者则是从具体的营销指向来把握营销的对象。

（二）角度不同

国际贸易从跨国界交易活动的总体上来研究国与国之间的贸易关系，如对外贸易理论与政策、国际贸易惯例与法规以及外贸实务等。国际市场营销则站在企业的角度，从微观上研究企业跨国界的商品销售问题。例如，营销环境分析、制定营销组合策略等。

（三）范围不同

国际贸易涉及的范围是国际间的商品流通或商品交易的问题。而国际市场营销涉及的则是这种跨国界的商品交易的具体策略以及与此相关的问题，如市场预测、产品开发、售后服务等。

（四）流向不同

国际贸易涉及商品交易的两个方面，即本国产品向外国的销售和本国购买外国产品这一卖一买的两个方面，涉及两个流向的交易。而国际市场营销涉及的一般只是本国产品如何向国际市场销售这一单一流向的交易。

三、国际市场营销与国内市场营销的异同

国际市场营销和国内市场营销都要进行环境分析，选择目标市场，都要做出营销决策，实现商品或劳务的交换。从本质上来讲，二者并无根本的不同。但是，国际市场营销

和国内市场营销毕竟处于两个不同的营销地域。与国内市场营销相比,国际市场营销具有跨国界、异国性、多国性的特点。在具体的营销过程中,国际市场营销又有不同于国内市场营销的操作层面,主要表现在以下几个方面。

(一)风险性

国际市场营销由于进行跨国界的交易活动,很多情况不易把握,其产生的风险如信用风险、汇兑风险、运输风险、政治风险、商业风险等远大于国内市场营销。

(二)复杂性

各国由于特定的社会文化、政治、法律和技术经济环境不同,国际市场营销的复杂性远远大于国内不同地区的市场营销。社会文化不同表现在语言障碍、文化差异、风俗习惯、社会制度不同等,这给国际营销市场调查带来了困难,使了解贸易对手困难,交易双方沟通有障碍,交易接洽不便;政治法律不同表现在政治体制、海关制度及有关贸易法规不同等,给国际市场营销带来障碍;技术经济环境不同表现在居民收入水平不同、经济发展水平不同、经济体制不同等,对国际市场营销也产生了极大影响。

(三)激烈性

进入国际市场的企业都是各国实力强大的企业,所以国际市场营销企业参与的国际竞争比国内市场的竞争更为激烈。

(四)国际市场营销的手段及参与者多于国内市场营销

在国际市场上,市场营销的手段除四大市场营销组合因素之外还有政治力量、公共关系以及其他超经济手段等。市场营销的参与者也与国内营销有明显不同,除常规参加者外,立法人员、政府代理人、政党、有关团体以及一般公众,也卷入市场营销活动之中。

案例 11-1　本田公司的国际营销战略

摩托车行业一直是欧美企业的天下,20 世纪 50 年代,活跃在美国摩托车市场的主要是哈里·戴维森、诺顿、利物浦等一些欧美公司,它们所生产的摩托车汽缸容量大多在 500mL 以上,售价高达 1000 多美元,有人轻蔑地把小摩托车称作是一种玩具,认定是没有前途的。日本本田公司恰恰就把轻便摩托车市场视作"未开垦的处女地"。本田公司配备了 700 多位设计师推出当时质量最好的轻便摩托车,这种新型轻便摩托车结构小巧,便于驾驶,有三档变速、自动离合器,发动机为 5 马力,而售价低于 250 美元,针对当时美国西部工业基础较东部落后的情况,本田首先在洛杉矶组建了自己的销售公司,以后一个地区一个地区地逐步向东扩展,这是一场地地道道的迂回进攻。其涵义包括:产品——摩托车,价格——250 美元以下,地点——美国西海岸,本田公司成功地在美国市场上站住了脚跟,建立了自己的营销阵地。

以现有的阵地为基础,整个 20 世纪 60 年代本田公司将其产品系列从低于 125mL 逐步向大容量延伸。1975 年一年内本田就推出了 25 种新产品,20 世纪 70 年代后期本田进一步推出 1000mL 摩托车,正式进入重型摩托车市场,本田的摩托车逐渐在汽缸容量、价格档次全系列地遍布美国市场。1974 年美国摩托车市场的份额情况是:本田占 43%,雅马哈占 20%,川崎占 13%,铃木占 11%,哈里·戴维森占 6%。本田公司成功地实施了国际市场营销。

第二节　国际市场营销环境

国际市场营销与国内市场营销既有联系又有区别,国内市场营销中的市场细分、市场选择、市场定位、市场营销组合及其他基本概念、原理,在国际市场中营销依然适宜。但是,国内与国外、国家与国家、民族与民族之间毕竟存在着差异。因此,国际市场营销人员必须深入了解各种特殊的环境因素。

一、国际政治、法律环境

世界各国的政治、法律环境对于进口和商业技术的影响程度差异甚大,因此国际市场营销人员在研究是否进入某国市场时,必须对以下情况有所了解。

(一)政治体制

在国际市场营销中,首先要考虑所进入国家或地区的政治体制状况。例如,它是社会主义国家还是资本主义国家,是一党制还是多党制。政治体制的差异会决定国家的政治主张和经济政策的差异,进而影响和制约国际市场营销活动。

(二)行政体制

要考虑所进入国家或地区的行政结构和效率,政府对经济的干预程度和政府对外国企业经营的态度等,对进入该国市场和在该国市场经营做出适当决策。

(三)政治稳定性

政治的稳定与政策的连续性是增强投资者信心与信任感的重要因素。一个国家的政治稳定有利于企业正常经营;相反,一个国家政局不稳定,政府频繁更迭,人事频繁变动,甚至发生政变、战争等动荡现象,则会影响经济发展,给国际市场营销企业带来严重的损失。

(四)国际关系

国际营销企业在国际经营过程中,必然会与其他国家发生业务往来,特别是与企业所在国。因此,东道国与母国之间、东道国与其他国家之间的国际关系状况,必然会影响到国际市场营销活动。

(五)国际惯例

国际惯例是指在长期国际经贸实践中形成的一些通用的习惯做法与先例。通常由某些国际性组织归纳成文加以解释,并为许多国家所认可。国际惯例虽然不是法律,但在国际商贸活动中,各国法律都允许各方当事人选择所使用的惯例。一旦某项惯例在合同中被采用,该惯例便对各方当事人具有法律约束力。

(六)国际公约

国际公约是两国或多国之间缔结的关于确定、变更或通过他们权利与义务的协议,一国只有依法定程序参加并接受某一国际公约,该条约才对该国具有法律约束力。进行国际市场营销活动的企业,必然要遵循有关国际公约,才能在经营中获得法律的保护。

(七)涉外法规

东道国的涉外法规是每个进入东道国的企业必须遵守的。这些涉外法规主要有三个方面：一是基本法律，如商标法、专利法、反倾销法、环保法等，这些法规虽然都是国内立法，但对进入该国的国际企业仍然具有直接的约束；二是关税政策，包括进口税、出口税、进口附加税、差价税、优惠税等税种的设置以及关税的征收形式，如从量计税、从价计税和混合计税、选择计税等；三是进口限制或非关税壁垒，如进口配额制、进口许可证制、进口押金制等，所有的法律、法规，国与国之间都不尽相同，有的差别很大。因此，在进行国际市场营销活动时，必须了解东道国的法律法规的性质和具体内容，才能进行最有成效的营销活动。

二、国际经济技术环境

研究外销市场，首先必须对国际经济状况有所了解。一个国家经济状况的好坏，会直接影响该国人民对产品和服务的需求量，因此国际市场营销人员应对各国的经济制度、经济发展水平、经济特征（人口、收入）、自然资源、经济基础结构、外汇汇率等进行认真的研究。

（一）经济体制

目前世界上大体有两种经济体制，即资本主义经济体制和社会主义经济体制。资本主义经济体制以私有制为基础，社会主义经济体制以公有制为基础，介于这两者之间还有一些混合的经济制度，其中有些行业受国家控制，有些则可自由经营。因此，从事国际市场营销的人要了解世界各国，特别是贸易伙伴及东道国的经济制度，以便顺利而有效地开展活动。

（二）经济发展水平

各国的国民经济情况按其发展水平大致可分为原始农业型、原料输出型、工业发展型和工业发达型四大类。这四类国家各自的出口项目与物品很不相同，所以要想使某产品进入某国市场，首先就需要了解该国的国民经济情况。如发达国家一般都依据其技术经济优势着重开发高技术产品进入国际市场，而发展中国家则可依据其劳动力优势，开发劳动密集型产品进入国际市场。因此，一般来说，高技术产品进入发达国家与劳动密集型产品进入工业发展中国家需谨慎行事。

（三）经济特征

这一特征主要从两个方面来研究。一是人口因素。一般地说，市场大小取决于人口的多少。尽管人口不是构成市场的唯一因素，但却是一个极为重要的因素，因为总的需求量同人口的数量成正比。分析人口因素，要有针对性地考虑下述一些指标：总人口、人口增长率、人口的区域分布、人口的年龄结构、人口的性别结构及家庭数目等。二是收入因素。收入是一个非常重要的经济概念。国家的收入标志着国家的经济实力和水平；个人的收入，则构成消费的基础。一些重要的收入概念有国家收入、人均收入、个人收入、家庭收入、可任意支配收入、绝对收入等。从不同的角度所取得的收入指标，对于企业制定市场营销战略、评估需求与销售量都有重要意义。上述收入指标中消费者个人收入的变化，是影响消费变化的直接因素。

（四）自然资源

自然资源的分布对市场营销的影响也是一个不可忽视的问题。资源分布不均对消费结构和对外贸易中的进出口产品结构都有重大影响，所以企业利用当地资源优势发展生产并占领相应的市场是非常明智的。

（五）经济基础结构

经济基础结构指的是一国的设施、机构资源供应、交通运输和通信设施、商店、银行、金融机构经销组织等作为国民经济基础的结构状况。其数量越多、业务量越大、业务水平越高，整个经济的运作就越是顺利有效。

（六）外汇汇率

外汇汇率，即货币兑换率或者说一国货币对另一国货币的价格，是由政府根据供求关系和当时的经济状况决定的。一国货币对另一国货币的比率定得越低，那么该国进口支付的本国货币越多，给一些依赖进口原料和生产零件的国家造成的困难越大；反之，如果货币升值，通常也会给出口国带来困难，因为这使它的产品在进口国市场上价格上升，从而直接影响其产品在国际市场上的竞争能力。货币兑换率也是一种国际经济因素，企业必须掌握其波动特点，全面衡量货币对出口销售所产生的影响，努力做好出口销售工作。

三、国际社会文化环境

各国社会文化的差异，决定了各国消费者在购买方式、消费偏好、需求指向上都具有较大差别。在此基础上开展国际市场营销需要仔细研究各国的社会文化差异，以适应该国社会文化的形式进入该国市场，往往能取得良好的营销效果。

（一）社会结构

社会结构确立了人们的社会角色与社会关系形态。考察社会结构一般考察亲属群体和社会群体两大类。亲属群体中最基本的单位是家庭，家庭又分为核心家庭和扩展家庭。通过对所进入国家的家庭结构、家庭生命周期等因素的研究，探求以家庭为购买单位的市场营销问题，对国际市场营销是有很大帮助的。社会群体主要指家庭以外的其他群体，如性别群体、共同利益群体等。除了对不同年龄、性别群体的研究，国际营销企业对各种社会组织、协会、行会等共同利益群体也应引起高度重视，因为在市场营销中，这些共同利益群体对该企业能否顺利在东道国及其社区顺利经营有着举足轻重的作用。

（二）语言文字

如果不熟悉东道国的语言或不能准确表达自己的意愿，就会产生沟通障碍，无法进行销售宣传，难以达到营销目标。

（三）价值观念

价值观念是人们对事物的态度和评估标准，不同国家和民族以及同一民族不同的文化教育都会影响价值观念的变化，不同的价值观念对人们的消费习惯和审美标准有很大的影响，从而影响企业的营销决策。

（四）宗教信仰

宗教信仰是一种重要的意识形态，在当今世界上的各宗教及其教派中各有不同的教义、宗教节日、禁忌，从而对信徒的价值观念和消费需求形成巨大的约束，在宗教色彩浓重的地区，避开宗教因素的营销将很艰难。

（五）教育水平

一个国家的教育水平与其经济发展水平密切相关，教育水平的高低往往与消费结构、购买行为联系在一起。受教育程度高的消费者，一般从事良好的职业并有较高的购买力，对产品质量、品牌等因素考虑较多；反之则可能仅有较低的购买力，商品品牌选择力度也要弱一些。

（六）民风民俗

一个民族的风俗习惯对消费嗜好、消费方式起着决定性的作用。因此，国际营销企业在不同国家销售产品、设计品牌、广告促销时，都要充分考虑该国特殊的风俗习惯。

案例 11-2　入乡随俗

美国统一联合有限公司认为时机已经成熟，应该把公司在国内销售给两代人的精美产品推广到全世界了。该公司派副总裁哈里·E·斯里克斯麦尔到欧洲去开拓市场。斯里克斯麦尔先生的第一站是伦敦，他和一些银行家做了简单会谈——通过电话。他同样轻松地与巴黎商人打交道：在银色之旅宾馆订了午餐，他这样招呼他的客人（某工业工程公司中的总裁）："雅克，叫我哈里好了"。

在德国，斯里克斯麦尔先生活像一个发电站。他快速地做了一个长篇的、像艺术作品一样的营销讲话，并辅以图表和视听材料，以显示来自佐治亚的他知道如何做生意。在去米兰的飞机上，他与邻座的日本商人开始交谈，并把名片扔在对方的托盘上。当他们告别时，他与对方热情握手并抓住对方的右臂。后来他与一位意大利包装设计公司的所有者会面时，他穿着舒适的条纹灯芯绒运动外衣、咔叽布裤子和帆布鞋。人人都知道意大利人是逗趣和放松的人。

6个月过去了，统一联合公司除了收到一堆账单以外，在这次旅行中未获得任何成功。在欧洲，没有人对哈里着迷，因为美国人很少这么傻。

专家们认为，在国际市场上取得成功与了解对方的国家和人民有很大关系。通过学习英语和在其他方面拓展自己，世界上的商业领先者在很大程度上满足了美国人的需要；相反，美国人在这方面所做很少，他们希望别人能向自己靠拢。一位美国世界贸易专家说："如果我们能更努力些的话，会做成更多的生意。我们旅行时希望一切都'美国化'：快速、方便、容易。所以，我们成为要求别人改变的'丑陋的美国人'。"

可怜的哈里确实尽了力，不过都是以错误的方式。与美国人不同，英国人通常不通过电话做生意。这并不是文化差异，而是方法差异。一位真正的法国人从不喜欢太快地询问有关家庭、教堂或母校的问题，也不喜欢被陌生人直呼其名。可怜的雅克可能不会表露什么，但他会退缩、会不高兴。法国一研究商业惯性的专家解释道："这会被认为品位太差。"他还说："即使在做完生意几个月后，我也会等对方首先提出以名字相称。在欧洲说'先生'总不会出错。"

哈里令人眼花缭乱的发言在德国人眼里只是一种失败，他们不喜欢夸张和卖弄。不过，据一位德国专家说，他已经习惯了和美国人做生意。尽管双方在身体语言和习惯上有差距，但过去的20年已使差距缩短了。"我在昨晚的一个商业会议上拥抱了一位美国妇女，"他说，"这在法国很正常，但老式的德国人仍不习惯这样做。"他说如果以名字称呼秘书仍被认为是无礼的，"他们有权被人以姓相称，如果要以名相称，必须先请求许可。"在德国,人们互相称呼时应很正规和准确,有两个博士学位的人必须被称为"双料博士先生"。

当哈里抓住日本客人的胳膊时,日本人会认为他失礼和狂妄自大。日本与许多亚洲国家一样,属于"无碰触文化",甚至握手都会被认为是非同寻常的。更糟的是,哈里把名片随便一扔。日本人把商业名片看成自我的延伸以及地位的象征,他们不是把名片递给别人,而是献给别人——用双手。而且,日本人对地位看得很重,他们不会极力赞扬同处一室的下属,他们只会赞扬在场的职位最高的人。

倒霉的哈里最后一个过失是认为意大利人就好像好莱坞电影里的固定形象。设计和时尚方面的天赋,几个世纪以来一直是意大利文化的特征,并在米兰和罗马的商人身上得到了体现。他们穿着漂亮并崇尚创造,但他们对别人俗套或不得体的服装感到吃惊。

第三节　国际目标市场选择

一、国际市场细分

国际市场是一个庞大的、多变的市场。为了选择目标市场,首先要根据各国顾客的不同需要和购买行为,对国际市场进行细分。

国际市场可按多种不同的标准进行细分:按经济发展水平可以把国际市场细分为原始农业型、原料进口型、工业发展型和工业发达型;按国别和地区,可以以国别划分为不同的市场,也可以按地区分为北美、欧洲、拉美、东南亚等市场;按商品性质可以分为工业品、消费者和服务市场;按人均国民收入,可以划分为高、中、低收入三类市场;此外,还可以按家庭规模、性别、年龄、文化程度、宗教、种族、气候等标准进行进一步细分。

二、国际目标市场选择

目标市场营销要求在市场细分之后,进行目标市场的选择。在国际市场营销实践中,选择目标市场需考虑到以下因素。

(一)市场规模

没有市场规模,市场的发展便非常有限。考察市场规模,一要看它的人口,二要看收入水平。从世界现状来看,发达国家的人口占世界总人口的1/3,它的进口额却占世界进口额的2/3,可以说这是世界上最大的市场。

(二)市场增长速度

有吸引力的目标市场取决于产品、地理、收入、人口、政治、气候和其他一些因素,往往对世界某些国家或地区有所偏差,因为那里有潜在的巨大市场,而且增长速度快。例如,产油国市场增长迅速,虽然其进口额无法与出口额相比,但它却是建筑设备、豪华汽车、电器设备以及其他用品的主要市场。

(三)贸易费用

影响成本与利润的因素,除了运费之外还有市场营销调研费用、保险费用、劳动力成本、税收的因素以及有关雇员的规定等。

(四)竞争的相对优势

国际市场的竞争优势主要反映在三个方面:一是所进入市场的国别,与我国经济技术水平相当的发展中国家对我国来说是有利的竞争市场,因为我国的产品符合它们的消费水平和教育水平,发达国家高度复杂的技术无法站住脚;二是进入市场的产品,例如,我国的出口产品主要是由农副产品、矿产品和制成品三大类构成,几年来,我国的制成品和矿产品的出口比重不断上升,农副产品的比重不断下降,这反映出我国的加工业和采矿、冶炼业的生产有所发展,这种发展与国际市场营销环境的发展相吻合;三是利用某些国家间市场分割的缺口,利用自己的价格优势,将别的成品打入发达国家。

(五)风险程度

自然灾害、意外事故、外来风险、战争、政局不稳定、两国关系不正常、原料供求变化以及货币贬值等,都会造成合同废除、货物丢失、交货不及时、受歧视以及被没收财产等损失,所以风险小的国家显然为国际市场营销提供了有利条件。

第四节　进入国际市场的方式

国际营销企业及其产品采取什么方式进入国际市场十分重要,它不仅涉及企业及产品如何进入国际市场,而且还涉及进入国际市场后如何根据实际情况的变化进行调整后再进入,从而有效地开展营销活动。企业应根据本国及所进入国家的情况,结合企业自身的各种条件适当选择进入方式。

一、出口进入方式

出口进入方式是指产品在国内生产,然后通过适当渠道销往国际市场的方式。采用这种方式,生产地点不变,生产设施仍留在国内,出口的产品可与内销产品相同,或根据国际市场需要作适当的变动,产品在国际市场遇到阻力时,还可及时转向国内市场,因此该方式的经营风险相对较小,对产品结构调整、生产要素组合的影响都不大。

出口进入又分为间接出口和直接出口两种方式。

(一)间接出口

所谓间接出口,是指企业利用独立中间商进行产品出口。间接出口是企业开始走向国际市场最常用的方法。主要做法有:①生产企业将产品卖给外贸公司,产品所有权由生产企业转向外贸公司,由外贸公司再将产品销往国际市场;②生产企业委托外贸公司代理出口产品,产品所有权并未转移,外贸公司是生产企业的代理商;③生产企业委托本国其他企业在国外的销售机构代销自己的产品。

这种进入方式的优点在于不需要大量投资,也不必发展自己的国外市场营销人员,所以承担的成本风险较小,有经验丰富的中间商负责市场营销活动,企业可以避免犯大的错误。

(二)直接出口

所谓直接出口,是指企业建立自己的国外分支机构,负责国外市场的市场营销活动。其主要做法有:①直接向外国用户提供产品;②直接接受外国政府或厂商订货;③根据外商要求定做销往国外的产品;④参与国际招标投标活动,中标后按合同生产销往国外的产品;⑤委托国外代理商代理经营业务;⑥在国外建立自己的销售机构。

这种进入方式的优点在于:①可以节省国内中间环节的费用,直接面对国际市场;②根据国际市场的需求变动信息,可以及时调整生产经营活动。

二、合同进入方式

合同进入是指国际营销企业通过与国外企业签订合同来转让技术、服务等无形产品而进入国际市场的方式。采用这种方式,可以降低生产成本,避免经营风险,减少汇率波动损失,加强经济技术合作。合同进入方式有许可证贸易、特许经营、合约管理等方式。

(一)许可证贸易

许可证贸易是指签订许可证合同的方式,出口企业在指定的时间、区域内将其工业产权的使用权转让给外国法人。许可证贸易是技术的有偿转让,出口企业可获得技术转让费或其他形式的报酬。

许可证贸易根据不同的划分标准,可分为多种类型:①根据被许可方取得的权限大小,可分为独立许可、排他许可、普通许可等;②根据合同对象划分,可分为专利许可、商标许可、专有技术许可等;③根据被许可方是否有技术转让权划分,可分为可转让许可、不可转让许可等;④此外,还有一些特殊类型,如交换许可等。

该方式的优点是:①可避开进口国提高关税实行进口配额等限制,使自己的产品快速进入国际市场;②不用承担东道国货币贬值、产品竞争的风险和其他政治风险;③不需支付高昂的运输费,节约经营成本。

这种方式的缺点是:①对被授权企业的控制有限;②可能会培养出国际竞争对手。

(二)特许经营

特许经营是许可证贸易的一种特殊方式,企业将其工业产权的使用权以经营风格、管理方法转让给国外企业,持证人按特许人的经营风格、管理方法从事经营业务活动,特许合同双方的关联程度较高,特许人往往将持证人作为自己的分支机构,统一经营政策、统一管理、向客户提供标准化的服务。

特许经营的优点是:①标准化的经营方式可最大限度地扩大特许企业的影响力;②可化激烈的竞争关系为利益分享的伙伴关系,以较低的资本迅速扩展国际市场;③商业风险和政治风险较小。

这种方式的缺点是:①各种方式的使用有一定的限制,特许人的工业产权必须有较大的吸引力;②对持证人的控制有一定难度。

(三)合约管理

合约管理的方式是以签订合同的方式,由国际营销企业向外国企业提供管理知识和专门技术,并提供管理人员,参与指导外国企业的经营管理。

这种方式的优点是:①可迅速进入国际市场,开展市场营销活动;②政治风险和商业风险较小。

三、投资进入方式

投资进入方式是指企业在国外进行投资生产,并在国际市场销售产品的方式。企业通过投资方式进入国际市场,可以及时了解市场行情,充分利用东道国的资源,取得东道国政府的理解和支持,但由于投入了资本及其他生产要素,政治风险和商业风险明显增大。

投资进入分为独资经营和合资经营两种类型。

(一)独资经营

独资经营方式是企业在国外单独投资兴办企业,独立经营,自担风险,自负盈亏。

独资经营的优点是:①可获得东道国的支持与鼓励;②可获得东道国廉价的生产要素,降低经营成本;③可加强对独资企业的控制,避免工业产权向本企业外转移,避免竞争对手的迅速成长。

独资经营的缺点是:资本数量有限,企业发展规摸受到限制。

(二)合资经营

合资经营方式是本国企业与国外一个或一个以上企业按一定比例共同投资兴办企业,共同生产经营并承担经营风险、获取经营收益的方式。

合资经营方式的优点是:①由于与东道国企业合资经营,政治风险较小,并可能享受较多的优惠;②可以利用国外合伙人熟悉该国政治法律、社会文化及经济状况的优势,比较容易取得当地资源并打开当地市场。

合资经营的缺点是:投资各方人员管理上难以协调,利润分配和经营上也容易产生矛盾。

四、对等进入方式

对等进入方式是指企业出口商品时必须购入国外一定数量的商品,从而进入国际市场的方式。对等贸易的双方都达到了进入对方市场的目的。

对等贸易具体有补偿贸易和易货贸易两种方式。

(一)补偿贸易

补偿贸易的基本原则是买方以贷款形式购进机器设备、技术和专利等,进行原有生产规模的改建和扩建,或者直接建设一个新厂,以便尽快提高劳动生产率,保证产品质量,加强产品在国际市场上的竞争实力。其贷款可不用现汇支付给卖方,而是待项目竣工投产后,以该项目的产品或其他产品清偿。

1. 产品返销

所谓产品返销是指进口设备和专利技术的一方,在签订贷款合约时明确规定,在协议期内,用该设备和技术生产出来的产品偿付所贷款项,或称产品回购。产品回购也是出口机器设备和专利技术一方所应承担的义务,但有一定的限制:它首先要求生产出来的直接产品在性能和质量方面必须符合对方的需要,或者在国际市场上是可销的,否则就不易为对方所接受,这是当前国际补偿贸易的基本形式,进口方一般都愿意用直接产品偿付全部设备价款。

2. 互购

所谓互购是指出口机器设备和专利技术的一方,在签约贷款时,承诺在协议期内向对方购买一定数量的产品,这些产品不一定是由上述进口的设备或技术生产出来的直接产品,也可以用其他产品进行偿付,故又称为产品互购。

3.部分补偿

所谓部分补偿是指对引进的技术设备，部分用产品偿还，部分以货币偿还，偿还的产品可以是直接产品，也可以是间接产品，偿还的货币可以是现汇，也可以采用贷款后按期偿还等方式。

4.第三国补偿贸易

所谓第三国补偿贸易，就是在国际补偿贸易活动中，进出口双方不直接发生联系，由国际中间代理商从中周旋。增加一个环节，能够使谈判双方减少冲突或僵持的局面，更便于讨价还价。贷款的渠道和偿还的方式灵活多样，虽然采用这种方式要多付佣金，但是能够尽快地促使双方达成协议，还可以进一步扩大业务范围。

(二)易货贸易

易货贸易是一种以价值相等的商品直接交换的方式。易货贸易不需要货币媒介，并且往往是一次性的交易，履约时间较短。

易货贸易的主要优点在于：不动用现汇的情况下出口商品并取得国内急需的设备和产品。其缺点在于：交易的商品有局限性，达成大宗的易货贸易较难。

五、加工进入方式

加工进入方式是利用国外原材料，经过生产加工重新进入国际市场的方式。加工进入主要有来料加工和进料加工两种类型。

(一)来料加工装配贸易

来料加工装配贸易包括来料加工、来样制作和来件装配。它是以外商为委托方，本国企业为加工方，由委托方提供原材料、半成品，加工方承担加工任务，产品经检验合格后由委托方负责销售，加工方收取相应的加工费。

来料加工双方并非商业买卖关系，原材料及制成品的所有权属于委托方。从事加工装配的企业通常是劳动密集型企业，因而这一方式在发展中国家发展迅速。

(二)进料加工贸易

进料加工贸易是企业购进外商提供的原材料、半成品，加工生产后产品重新进入国际市场。进料加工与来料加工装配都是通过加工生产获得一定收益。但不同的是进料加工双方是商业买卖关系，买方卖方支付货款后拥有货物的所有权，加工产品的销售也随货款的支付而伴之以所有权的转移。

加工进入方式的优点主要有：①可以引进国外先进技术，利用国外资源；②可以充分利用本国廉价的劳动力、土地资源，增加就业；③可以增加外汇收入。

加工进入方式的不足是：不直接面对国际市场，市场控制度差，有一定的风险。

思考题

1.什么是国际市场营销？它与国际贸易、国内市场营销的联系与区别有哪些？

2.国际市场营销环境包括哪些方面？

3.选择目标市场的必要性及主要依据有哪些？

4.企业进入国际市场的方式有哪些？

第十二章 营销方式和管理的新发展

科学技术的发展和新经济的兴起,正改变着市场营销环境,影响着市场营销实践和理论的发展。营销创新已成为国内外营销学界关注的热点。本章要介绍网络营销、直复营销、绿色营销和客户关系管理的涵义、特点和内容,关注市场营销创新的趋势和动向。

本章要点:

- 网络营销的涵义和商务模式
- 网络营销中的市场营销组合策略
- 直复营销的概念和特征
- 直复营销的形式
- 绿色营销的步骤和影响因素
- 客户关系管理的内容和模式

新技术、新理念、新思维的不断产生和发展,推动着经济的发展,也推动着营销方式的不断进步和创新,并在实践中发展和深化,以全方位营销的形式表现出营销方式和管理的新趋向。

第一节 网络营销

互联网络的开通与不断完善,为商品流通企业的营销活动带来了新的契机,也向传统营销提出了新的挑战,一种新兴的营销方式——网络营销正在迅猛发展。

一、网络营销概述

网络营销,简言之就是利用网络资源开展营销活动,是目标营销、直接营销、分散营销、顾客导向营销、双向互动营销、远程或全球营销、虚拟营销、无纸化交易、顾客参与式营销的综合。企业可利用互联网以很低的成本进行国内外商品信息的查询;对网上目标顾客进行产品测试与满意度调查,让顾客自行设计产品,满足个性化需要;可在网上发布企业信息,从事宣传、促销等活动;可利用网络渠道进行直接的网上交易或配合传统的送货上门完成交易过程;也可通过网络提供各种售后服务,建立顾客档案,进行双向沟通。这些活动提高了交易效率,降低了交易成本,提高对商品流通企业的竞争力具有重要意义。

(一)网络营销的定义

网络营销 (cyber marketing,online marketing) 从广义上说,凡是以互联网为主要手段进行的并为达到一定的营销目标的营销活动。也就是说,网络营销贯穿与企业开展网上经营的整个过程,从信息发布、信息收集,到以开展网上交易为主的电子商务,网络营销一直都是一项重要内容。

从营销角度出发,网络营销可定义为“营造网上营销环境”。所谓网上营销环境,就是指企业内部和外部与开展网上经营活动相关的环境,包括网站本身、顾客、网络服务商、合作伙伴、供应商、销售商、相关行业的网络环境等。网络营销的开展就是与这些环境建立关系的过程,这些关系处理好了,网络营销也就卓有成效了。

随着网络经济时代的到来,互联网络对商品流通企业的意义越来越重要。通过有效的网络营销活动,有助于商品流通企业实现多种功能,具体包括网络品牌的建立,即在互联网上建立并推广自己的品牌和形象;网址的推广,即通过网址的推广,让更多的人了解并访问本企业网站,了解企业的各种信息;信息发布;销售促进;建立网上销售渠道;为顾客提供各种服务;利用互联网沟通的便利,加强与顾客的关系;开展网上调研活动。

(二)网络营销实现的基础

网络营销的实现取决于三个基础设施,即信息沟通网络、金融支付网络和物流配送网络。这三个基础设施也是未来网络经济的基础。

(1)信息沟通网络。主要指因特网,其主要功能是发布信息,进行沟通。直复营销者通过因特网发布发盘信息,并提供顾客服务支持。衡量网络信息沟通的一个重要指标是链接速度,但是由于受宽带等因素的影响,目前的因特网速度还不能达到完全支持商业运营要求的程度。当然,链接速度还与网页设计技巧有关。一个好的营销网站至少应保证链接速度快且信息沟通渠道畅通。

(2)金融支付网络。金融支付网络是对网上销售的支持。即通过因特网的网站足以支持企业通过在线获取顾客的订单,但是如果现实社会的金融支付系统无法实现在线运营,网上交易仍然无法实现。如果金融支付网络的方便快捷无法实现,则网络营销运营也就失去了其本来的意义。在制约金融支付网络发展的技术因素中,安全性可以说是最大的难题。如何保证金融支付网络的安全性是当前 IT 行业的热点问题之一。

(3)物流配送网络。如果说金融支付网络是实现网上交易的基础,那么实物配送网络则是网上交易最终履行的保证。尽管各种网络性商品(例如电子书籍等)已经很多,但是多数商品仍然无法转换为网络上可提供的商品,即使现实社会的物流网络高度发达到所有可能存在需求的地点都存在配送节点,人们仍然无法超越时空的限制直接获得所需的商品。所以,网络营销的有效性及其发展在很大程度上取决于现实世界物流配送体系的运作效率。

二、网络营销的商务模式

商品流通企业传统经营的重点集中在商品与服务方面。而网络营销是一种建立在 Internet 基础之上,传递营销信息,沟通企业与消费者需求的信息化过程。因此,网络营销中虽然商品和服务仍然十分重要,但是企业信息管理系统和面向客户的管理系统在企业的经营中将占据举足轻重的地位。这种变化必然导致网络营销的商务模式与传统的商务模式不同。

(一)网络营销的层次

商品流通企业网络营销可划分为五个层次,即网上宣传、网上市场调研、网络分销联系、网上直接销售、网络营销集成。

(1)网上宣传。它是网络营销最基本的应用方式,把互联网络作为一种新的传播媒体并在此基础上开展营销活动。建立企业网站是企业上网宣传的前提。互联网让企业拥有属于自己而又面向广大上网者受众的,低成本、高效率的媒体,这是其超越传统媒体的一个特点。

(2)网上市场调研。开展市场调研是企业营销活动的重要方面。由于网络首先是一个信息市场,所以其存在和发展为企业开展网上调研提供了便利的场所。其中软件业对此已经进行了较为充分的利用,如各种软件测试版、共享版在网上发布,供上网者下载使用。通过留言簿、E-mail 等手段收集软件使用信息,从而为确定软件的性能、市场对象等提供强有力的支持。网上调研不但效率高、成本低,而且有助于扩大网站和企业的知名度。一般企业开展网上调研可采取两种形式:第一,借助 ISP(网络服务提供商)或专业网络市场研究公司的网站进行调研,这对于那些市场名气不大、网站不太引人注意的企业是一种有效的选择;第二,企业在自己的网站进行市场调研。一般知名企业多利用此法,在获得所需信息的同时,能加强与访问者的交流。

(3)网络分销联系。互联网络所具备的高效及时的双向沟通功能为加强企业与分销商的联系提供了有力的平台。企业通过互联网络构建虚拟的专用网络,将分销渠道的内部网融入其中,可以及时了解分销过程中商品流程和最终销售情况。这为企业及时调整商品结构、补充脱销商品,以至分析市场特征,适时调整市场策略等提供了帮助,从而为企业降低库存,采用实时生产方式创造了条件。

(4)网上直接销售。网上直接销售不仅是面向上网者的个体消费方式,也包含企业间的网上直接交易,它是一种高效率、低成本的市场交易方式,代表了一种新的经营模式。国外有人称这类公司为"旋涡式公司":一旦某个网站通过提供有用的商品信息吸引大批买主,卖主们便会蜂拥而至,他们的商品便会以一种快速循环的方式吸引更多的客户。由于网上直接销售合并了全部中间销售环节,并能提供更为详细的商品信息,买主能更快、更容易地比较商品的特性及价格,从而在消费选择上居于主动地位。此外,网上直接销售使买主与众多销售商的联系更为便利。对卖方来说,这种模式几乎不需要销售成本,而且能即时完成交易,其好处是显而易见的。

(5)网络营销集成。互联网络是一种新的市场环境,这一环境不仅对企业的某一环节和过程产生重大影响,还将对企业的组织、运作及管理观念产生重大影响。一些企业已经迅速融入到这一环境之中,依靠网络与供应商、制造商、消费者建立密切联系,并通过网络收集、传递信息,从而根据消费者需求,充分利用网络伙伴的生产能力,完成产品设计、制造及销售服务的全过程,这种模式就是一种网络营销集成。

网络营销集成是对互联网络的综合运用,是互联网络对传统商业关系的整合,它使商品流通企业真正确立了市场营销的核心地位。企业的使命是根据消费者的需求,组合现有外部资源,高效地输出一种满足这种需求的名牌商品,并提供保障服务。在这种模式下,各种类型的企业通过网络紧密联系,互相融合,充分发挥各自优势,形成共同进行市场竞争的伙伴关系。

案例 12-1 Cisco 公司成功运用网络营销集成

世界著名的 Cisco 公司是成功运用网络营销集成的典范。在 Cisco 公司的管理模式中,网络无孔不入,它在客户、潜在购买者、商业伙伴、供应商和雇员之间形成了紧密的联系,成为一切环节的中心。Cisco 公司 70%的产品制造通过外部方式完成,并由外部承包商送至客户手中;对于寻求技术支持的要求,有 70%是通过网络来满足的,这些客户的满意程度比人际交往的效率还要高,网络的应用不仅节约了开支,也节省出更多的人力资源充实到研发部门,有利于进一步加强企业竞争优势。1998 年,Cisco 公司在互联网上销售的网络设备产品超过了 50 亿美元。

(二)网络营销的交易过程

网络营销的交易过程大致分为三个阶段:交易前、交易中和交易后。

(1)交易前。这一阶段主要指买卖双方和参与交易的各方在签约前的准备活动,包括在各种商务网络和因特网上寻找交易机会,通过交换信息来比较价格和条件、了解各方的贸易政策、选择交易对象等。

(2)交易中。交易中包括交易谈判和签订合同,以及办理交易进行前的手续等。交易谈判和签订合同是指买卖双方利用网络营销系统对所有交易细节进行网上谈判,将双方磋商的结果以文件的形式确定下来,以电子文件形式签订贸易合同。办理交易进行前的手续主要指买卖双方签订合同后到合同开始履行之前办理各种手续的过程,也是双方贸易前交易的准备过程。

(3)交易后。交易后是指买卖双方履行合同,并按照合同的要求进行各项活动。这一阶段从买卖双方办理完所有手续后开始,卖方要备货、组货、发货,买卖双方可以通过网络营销服务器跟踪发出的货物;银行和金融机构也按照合同,处理双方收付款、进行结算,出具相应的银行单据等,直到买方收到所购商品,完成整个交易过程。交易后还包括卖方的售后服务承诺,对所有商品实行三包(包修、包换、包退),以及索赔等活动。

三、网络营销中的市场营销组合决策

在传统的市场营销策略中,由于技术手段和物质基础的限制,企业的产品(products)、价格(prices)、渠道(places)以及促销(promotions)活动,即市场营销策略中的“4ps”组合策略成为企业经营、市场分析和营销策略的关键性内容。而在网络营销下,一些其他问题也必须被纳入考虑的范畴。诸如如何做好主页和建立网络营销系统以方便消费者表达购买欲望和需求;如何使消费者能够很方便地购买商品、供应商方便送货和售后服务等;如何满足消费者购买欲望和所需的成本;如何使生产者和消费者建立方便、快捷和友好的沟通等。由于这些问题的英文都是“c”开头:consumers (顾客),costs (成本),conveniences (便利),communications (沟通),所以被形象地称之为“4cs”的网络营销模式。

这种由以“4ps”为基础的市场营销组合策略到以“4cs”为基础的市场营销组合策略的转变,极大拓展了原有的市场和营销的概念。

(一)从产品策略到满足需求策略

传统营销组合中,产品策略是很重要的一部分,但是随着网络化和信息化进程的加快,产品策略中信息因素所占的比重越来越大。传统产品策略开始发生倾斜,逐渐演变为满足消费者需求的营销策略。其具体表现如下。

1. 产品从“物质”到理念的变化

传统产品是一种物理概念,即实实在在的东西。而网络营销中的产品已经演变为一个综合服务和满足需求的概务理念。它包括:①消费品市场和组织市场中的各类产品;②产品的售后服务或纯服务类型(无形)产品;③产品形象、产品文化和后续产品的标准系列化;④围绕消费者需求的新产品开发策略。

2.产品生命周期的变化

传统产品生命周期分为四个阶段:投入期、成长期、成熟期、衰退期,这是一个由低到高再到低的过程。在整个过程中,由于企业不直接接触消费者,所以很难把握新产品研制的投向,另外在把握产品成熟期和衰退期时经常滞后。

但是在网络环境下,产品生命期的概念逐步淡化。由于企业和消费者可以在网上直接建立联系,所以满足大部分网上消费者的需求就是新产品的正确投向。另外,由于能在网上直接了解消费者的意见,所以产品刚投入市场,就可以很快知道改进和提高的方向。于是,老产品还处于成熟期时企业就开始下一代系列产品的研制。系列产品的推出取代了原有产品的衰退期,使产品永远得以保持旺盛的生命力。

(二)从按成本定价到满足需求定价

传统商品的定价基本上按"生产成本+生产利润+销售利润+品牌系数=产品价格"制定的。这种价格策略中,企业对价格起着主导作用。这种价格策略能否为消费者和市场所接受是一个具有很大风险的未知数。

而新型的"4cs"组合则相反,根据消费者和市场的需求来计算满足这种需求的产品成本。这样开发出的产品和制定的产品价格风险相对较小。这种由成本定价到满足需求定价的过程可表示为:

(1)成本定价:产品及功能设计→生产成本+利润+商业利润+品牌系数=产品价格;

(2)满足需求定价:消费者需求→产品功能→生产与商业成本→市场可以接受的性价比。

(三)从传统商业到现代商业的运作模式

传统的商品流通离不开地域的限制。企业在制定营销策略时,一定会受到自身所在地、目标市场所在地、销售渠道、所在地区的商业覆盖范围、收入和消费水平及特点、职业结构等的限制。

在网络营销中,由于没有了地域的概念,无论是一般企业还是商品流通企业,营销渠道和宣传策略成为网络营销的过程。商务信息的交换和处理取代了原来商务运作过程中的大部分工作。在这种情况下,营销策略需要考虑的重点问题就变成如何在网络上用丰富的商品信息资源吸引用户,如何使所开发的网络营销系统既安全又方便于消费者购买。

在传统的商业运作模式中,另一个重要的问题就是企业需通过层层批发和储运过程来保存实物。这样不但费时、费力,而且不利于企业对市场和消费趋势做出快速反应,大大增加了经营成本。随着网络的发展,情况会得到改变。商品流通企业、生产企业以及消费者通过在网络空间上建立密切联系,所有的供求信息和商贸磋商过程都可以通过电子商务系统进行,而商品从供应商到消费者或其他需求企业的工作由社会上的物流配送企业完成。

第二节　直复营销

在西方发达国家,直复营销已经发展成为一种趋势。1995 年,直复营销在美国创下了 10000 亿美元的销售额,其中消费品直复营销额几乎占全美零售额的 9%。范围越来越广的商品和服务可以通过直复营销来获得。将直复营销作为一种促销方式与传统营销方式相结合销售商品的公司,已经遍布美国经济的各个行业。

直复营销集中了广告、销售促进、人员推销和公共宣传四种方式的优点,成为能够与最佳目标市场建立联系的一种最为直接和经济的方式。

一、直复营销的概念和特征

(一)直复营销的概念

直复营销,源于英文"direct marketing",即"直接回应的营销"。它是以盈利为目标,通过个性化和大众沟通媒介向目标市场成员发布发盘信息,以寻求对方直接回应(问询或订购)的社会管理过程。

美国"直复营销协会"将直复营销定义为:直复营销是一个与市场营销相互作用的系统,它利用一种或多种广告媒介对各个地区的交易及产生的可衡量反应施加影响。

这个定义包含以下四个要素:

(1)直复营销是一个相互作用的体系。在直复营销活动中,直复营销人员与目标顾客之间是以"双向信息交流"的方式进行联系的。所以,直复营销人员能够根据市场营销活动的效果(例如订货量)进行决策,并且十分精确。

(2)直复营销活动为每个目标顾客提供直接向营销人员反应的机会。顾客可通过多种方式(例如打电话、邮购等)将自己的反应回复给直复营销人员。值得一提的是,没有反应行为的目标顾客对于直复营销人员来说也是十分重要的,他们可据此找出不足,为成功地开展下一次直复营销活动做准备。

(3)在直复营销活动中,任何时间、任何地点都可以进行"信息双向交流"。在直复营销中,只要某种媒介能将顾客和直复营销人员联系来,信息双向交流就可进行。

(4)直复营销一个最重要的特征就是所有直复营销的效果都可以测定。在直复营销活动中,某种媒体使消费者产生的直接反应是很容易确定的。因此,直复营销人员能确切地知道何种信息交流方式使目标顾客产生了反应行为,并能知道反应的具体内容是什么。

(二)直复营销的特征

由于直复营销人员直接针对每个目标顾客开展营销活动,因此它具有广告等促销方式所没有的特征。直复营销的特征概括起来有以下几个方面:

(1)目标顾客选择十分准确。在直复营销人员可以从顾客名单和数据库的相关信息中,挑选出有可能成为自己顾客的人作为目标顾客,然后与单个目标顾客或特定的商业用户进行直接的信息交流。

(2)强调与顾客的关系。在直复营销活动中,直复营销人员可根据每个顾客不同的需求和消费习惯进行有针对性的营销活动。这使直复营销人员更注重与顾客保持良好的关系。

(3)激励顾客立即反应。直复营销人员总是集中全力激励广告接收者立即采取某种特定行动,并为顾客的立即反应提供一切可能的方便。

(4)隐蔽的营销战略。直复营销战略不是大张旗鼓进行的,因此不易被竞争者觉察。即使竞争对手觉察到自己的营销战略时,往往也为时已晚,因为直复营销广告和销售是同时进行的。

(5)效果可测性。在直复营销活动中,顾客产生的反应很容易测定,直复营销人员可立即根据顾客的反应了解自己的不足并不断改善。因此,直复营销具有很高的效率,可避免无谓的浪费。

二、数据库与直复营销

由直复营销的概念和特征不难得出这样的结论,数据库是影响直复营销经营成败的关键,数据库在整个直复营销活动中占据极其重要的地位。例如,一份制作、创意皆属上乘的直接信函,如果寄错了对象,结果一定是全军覆没;反之,如果目标顾客的名单彻底掌握了,就算是一份粗制滥造的直接邮件,也会有极高的回收率。正如美国营销专家史丹·瑞普和汤姆·克林斯在其著作《营销大转折》中所强调的一个概念:"决战的不是地点,而是数据库。"虽然所有的市场营销活动都是以人为出发点展开的,但相对而言,直复营销更重视与顾客进行双向沟通,所以数据库对于直复营销来说,意义非同寻常。

市场营销数据库是一个有关个体消费者、潜在顾客或持观望态度者的一些易于理解的数据集合。它对于高质量地完成直复营销活动,具有以下一些优势:

(1)可以帮助企业准确找到目标消费者群。将数据库应用于营销活动是营销领域一次重要变革。随着科技的发展,新一代高速计算机和数据库技术使企业能够集中精力于更少数人身上,将最终的目标集中在最小消费单位——个人身上,实现准确定位。目前,美国已经有56%的企业正在建立数据库;85%的企业认为,他们以后需要利用数据库来加强其竞争力。

(2)可以降低营销成本,提高营销效率。由于运用消费者数据库可以准确地找出某种商品的目标顾客,企业可以避免昂贵的广告宣传等促销费用,从而降低成本。据有关资料统计,没有动用数据库技术进行筛选而发送邮寄宣传品,其反馈率只有2%~4%,而采用数据库技术进行筛选消费者,其邮寄宣传品的反馈率可以高达20%~30%。

(3)帮助企业与消费者建立长期、紧密联系。市场营销数据库的建立和应用,可以帮助企业准确分析出顾客是哪些人,采取什么措施有助于建立顾客的忠诚度。现在,越来越多的企业已经意识到没有什么东西比拥有忠诚消费者更重要的了,而且与新顾客相比,保留老顾客更便宜、更经济。数据库的运用有助于企业与消费者之间保持经常性的沟通和联系,增强企业抗外部干扰的能力。

(4)使企业之间的竞争更加隐秘,有利于避免公开的对抗。传统营销中习惯运用大众传媒开展大规模促销,容易引起竞争者的对抗,削弱促销的效果。而运用数据库开展营销活动,无须借助大众传媒,比较隐秘,一般不会引起竞争对手的注意,容易达到预期的促销效果。

(5)可以为营销和新产品开发提供准确的信息。市场营销数据库收集和积累了大量消费者信息,这些信息真实地反映了消费者的需求,是企业开展营销和新产品开发的最宝贵的资料。

企业建立市场营销数据库需要在计算中心以及远程终端设备、数据处理软件、信息程序、通信线路、数据收集人员和操作人员培训、分析程序设计等方面进行投资。对于不同的市场营销小组,如产品品牌管理、新产品开发、广告和促销、直接邮寄、电话市场营销、现场销售、订单履行及顾客服务等系统必须有友好、便利的界面。建立一个市场营销数据库要很长一段时间,且资金耗费很大,但一旦运行良好,销售公司将获得比成本高得多的市场营销产出。

三、直复营销的主要形式

直复营销媒介是直复营销者投放其发盘以获得目标市场成员回应的途径或载体。实际上,媒介就是直复营销者进行直复营销广告的载体或通道。与一般营销广告不同的是,直复营销广告是一种直接回应的广告。与一般营销广告相似,几乎各种媒介都可以为直复营销所用,只不过直复营销采用不同的使用和效果评价方式。

典型的直复营销媒介主要有以下几种:电话营销、直邮营销、直接反应电视、直接反应印刷媒介、直接反应广播和网络营销。这几种媒介中,除了网络营销是最近几年才发展起来的,前几种都是最为流行的基本直复营销媒介。

(一)电话营销(tele－marketing)

电话是许多消费品和产业用品直复营销不可或缺的工具。随着信息技术的发展,电话已经超越了其传统功能。如今,一些发达国家的企业已经在广泛地运用各种通信硬件和软件、数据库技术、拨入和拨出 WATS(无线接入终端)、呼叫中心和自动拨号等新兴技术。电话营销也发展成为对电信和信息处理技术的综合运用,在优化企业营销组合中扮演着重要的角色。

一个能够良好驾驭电话这种营销工具的企业,对电话营销都有一个系统的规划和操作性计划,而不是随机的、无计划的拨出或拨入。企业主动的电话拨出或对方的拨入都是有针对性的,通话的对方都是企业精心选择的目标市场成员,包括现实顾客和潜在顾客(准顾客)。企业运用电话营销,不仅可以实现与顾客的个性化互动,而且还能够更好地满足顾客的需要,提高企业经济效益。因此,在众多成功的企业中,电话营销都被作为一个专业性很强的职能来管理。

实践中,电话营销通常被作为某个营销沟通计划中的一部分,很少作为唯一的媒介单独运用。电话营销的主要优点在于,企业可以运用它来建立并维持顾客关系;企业不需要与顾客或准顾客见面,就可以实现与他们的个性化互动。

与发达国家相比,我国企业在这方面还存在很大差距。国内多数企业不重视电话营销的功能,究其原因,可以简单归纳为以下两点:一是企业的市场导向仍然不明确,二是国内的电信服务有待进一步发展。

(二)直邮营销(direct－mail marketing)

直邮营销是通过向目标市场成员直接寄发载有企业产品或服务发盘的邮件进行信息

沟通,目标市场成员通过寄回邮件或打订购电话进行购物。从广泛意义上说,直邮营销包括所有以邮寄发盘信息载体为手段寻求目标市场成员反应(订购或问讯)的活动。具体地说,直邮主要包括单独的商品、服务发盘信息的小册子和包含有众多商品的目录等形式。

直邮营销在发达国家也是企业经常运用的重要直复营销工具之一。以美国为例,大约有 15000 个企业是以直邮作为销售商品和服务的主要途径,如果包括那些利用直邮销售商品,但直邮不是其主要分销渠道的企业,就要远超这个数字了。

独立的商品或服务发盘邮件是一种广为企业所用的直复营销沟通工具。同时,这种类型的直复邮件也最容易造成收件人的反感。该种直邮的特点是商品单一,题材广泛,运用灵活;推广的目标从保险、工艺品到研讨会和计算机软件,种类繁多,不一而足。

目录不同于一般独立商品发盘邮件的特点是,其中包含的商品数目远不止一种,而且,这些商品大多归属于某一相同类别,也有一些目录的商品包括一些没有直接关系的一般商品。目录在消费品市场和组织市场中都被广泛使用。

(三)直接反应电视(direct - response television)

直接反应电视是指通过电视媒介发布直接反应发盘信息(即直接反应电视广告),以寻求目标市场成员做出回应的直复营销活动。

直接反应电视广告与普通电视广告是截然不同的。首先,普通电视广告的目标是通知和说服,并不寻求立即反应,而直接反应广告除了需要沟通和说服,最重要的是寻求目标受众的立即行动;其次,普通电视广告的目标受众是大众,而直接反应电视广告的目标受众一般是某个特殊群体,而且通常会附带电话号码,鼓励目标受众打电话订购或询问。

电话在直复营销中的用途主要有三种:①播发直接反应广告或作为其他直复营销媒介的支持性广告;②软推销广告,又称 Infomercials;③在家购物频道(Home Shopping Channel)。这三种直接反应电视运作的目的,都在于寻求目标受众的立即订购或为企业寻求销售线索。

(四)直接反应印刷媒介(direct - response print media)

直接反应印刷媒介通常指杂志、报纸和其他印刷品媒介。通过在这些媒介上做直接反应广告,鼓励目标市场成员通过打电话或者回函订购。这类广告通常又称为直接反应平面广告(direct - response space ads),这类广告一般至少包括一种反应机制,如订购单回执或订购电话等。

杂志是最古老的直接反应媒介之一,许多商品或服务的营销者都利用杂志做直接反应广告。报纸也是一种重要的直复营销媒介。在一些新媒介(如电视)没有出现之前,报纸一直是占主导地位的大众传媒。随着人类沟通新技术的出现,报纸面临着越来越激烈的竞争,尤其近几年随着网络和有线电视的发展,报纸正逐渐失去其主导传媒地位。目前,报纸出版商本身也在寻求新的传播渠道,纷纷将报纸搬上了因特网,发行所谓报纸的电子版。此外,在印刷媒介内部,由于杂志变得越来越具有精确的目标读者指向性和专业性,对报纸也构成了严重的挑战。

特制媒介印刷广告(specialty print media advertisements)是印刷媒介的另一种形式。这类印刷广告是预先制作好的,通常以报纸或杂志为传播载体,形式主要有内插活页、装订式明信片(bind - in)、插入式明信片(blow - in)和宾果卡(bingo card)。

内插活页一般由四色铜版纸制作，直复营销者利用内插活页来获取消费者的留意，邀请对方进一步问询、电话订购或者兑现购物券。

装订式明信片和插入式明信片则通常采用回应明信片的形式，这在一些发达国家的杂志中经常能够发现。这类明信片一般是作为同期杂志中该企业广告的支持性工具，卡片中都邀请将其寄回企业以索取更多信息、订购商品或者进行电话订购。同时，这种卡片也被独立运用作为订阅杂志的广告。装订式明信片随杂志一起装订，插入式明信片则是由机器自动插入杂志中夹带传递。两者的特点是：前者不够醒目，但牢固不易丢失；后者容易引起人们的注意，但容易丢失。

宾果卡是一种预先印刷在广告中的产品编号卡片，由杂志出版商负责随杂志发行。顾客如果需要询问或订购广告中的商品，只要在该宾果卡中正确的产品编号上圈示，并寄回给直复营销者就行。在国外，一些贸易性杂志和一般性杂志都提供该服务。但是实践证明，对宾果卡做出反应的多是寻求信息者，而不是真正的潜在购买者。

(五)直接反应广播(direct - response radio)

广播既可作为直接反应的主导媒介，也可作为其他媒介的配合。在这一点上，它与电视是相似的。广播与电视的不同之处在于，广播可以在人们做其他事情时(如开车、工作和行走等)收听，而且广播广告信息制作和发布可以非常迅速，这些是电视所不具备的特点。

人们传统上并不认为广播是一种适合做直接反应广告的媒介，其原因在于，人们在收听广播时通常都在做其他事情。这样，人们一般不方便停下手头的事情来记地址或打电话，即使停下手头活动找到纸和笔，广告可能已经播放完毕。受这些限制性因素的影响，许多直复营销者将广播作为一种支持性媒介，在某个直复营销活动中作为配合其他媒介的直接反应广告，以达到提高反应率或增强影响力等目的。

然而，随着广播行业的发展，广播电台的数量越来越多，专业性也越来越强。有些电台甚至就针对某个特别的或高度细分的小群体，这就为直复营销者寻求精确目标指向提供了机会。在美国，通过广播直接反应渠道销售的商品种类很多，例如床垫、鲜花、无线寻呼、移动电话等商品都成功地实现了通过直接反应广播广告进行销售。

四、直复营销决策

在准备采取直复营销活动时，直复营销人员必须确定目标、确定目标顾客、制定产品策略、测试直复营销的诸要素以及进行活动绩效衡量。

(1)确定目标。直复营销的主要目标在于刺激潜在消费者立即采取购买行动。它的成功与否，可以用顾客的反应率来衡量。通常，如果有2%的反应率，就可以认为直复营销的销售活动取得了成功。当然，这并不是说98%的努力都已浪费，因为直复营销对产品的知名度和消费者日后的购买意图会产生影响。而且并非所有的直复营销人员都要求顾客产生立即购买反应，因为直复营销的主要作用之一，是为企业的销售队伍提供寻找潜在顾客的线索。

(2)确定目标顾客。直复营销人员必须了解现实和潜在顾客的特征。通常最好的目标顾客是那些近来曾大量购买商品、购买频率高且支出额大的消费者。直复营销人员在选择潜在顾客时，可使用各种细分标准。他们可根据年龄、性别、收入、受教育程度等标准进行细分,也可根据消费者的生活方式或新婚夫妇购房等特别事件进行细分。

目标市场一旦确定,直复营销人员就需要获得目标市场上潜在的顾客名单。通常最佳名单是那些过去购买过企业商品的顾客记录。直复营销人员还可以从名单经纪人手中购买名单。一般认为较好的名单应包括顾客心理特征、个人直复营销资料信息以及简短的地址。

(3)制定产品策略。直复营销人员必须寻求一套有效的产品策略,以迎合目标市场的需要。一般而言,产品策略应包括五个要素:产品、报价、媒介、营销渠道和创新策略。这些要素都是可测试的,因此产品策略是否可行可通过测试来验证。

(4)测试直复营销的诸要素。直复营销的重要优势之一是可以在真实的市场条件下测试各个要素的效果。尽管直复营销的反应率通常很低,但对各要素都加以测试往往可以大大提高总反应率和获利能力。值得注意的是,因为无法统计通过直复营销活动而了解产品的潜在消费者人数,所以仅仅依据直复营销的反应率作为参考,常导致决策者低估该活动的长期效果。因此,现在一些企业开始以"认知率"来衡量直复营销活动的效果。

(5)进行活动绩效衡量。如果直复营销的活动费用已经事先确定,那么直复营销人员可根据估计的总成本事先计算出达到保本所需要的反应率。这个反应率必须扣除退货和呆账损失因素。退货将使原来的直复营销活动前功尽弃,因此直复营销人员必须认真分析退货原因,及时对不足之处予以改进。另外,顾客寿命价值的概念也可以用来衡量直复营销活动的绩效。顾客寿命价值的概念是从企业的角度提出的,一个顾客购买某企业的商品越多,购买金额越大,则对企业而言,其寿命价值也越大。因此,顾客寿命价值并不在于他某一次购买商品的数额,而是取决于他一生购买企业商品的总额,然后用这个数额扣除企业为争取和维持与该顾客的关系所支出的成本。在估算出顾客寿命价值以后,企业就可以将其营销努力集中于更富吸引力的消费者身上,与他们建立良好的关系,以便更好地达到企业的目标。

第三节 绿色营销

对于绿色营销,应从两个方面加以理解。从广义上来说,绿色营销是指企业营销活动中体现的社会价值观、伦理道德观,充分考虑社会效益,既自觉维护自然生态平衡,更自觉抵制各种有害营销。因此,广义的绿色营销,也称伦理营销;狭义的绿色营销,主要指企业在营销活动中,谋求消费者利益、企业利益与环境利益的协调,既要充分满足消费者的需求、实现企业利润目标,也要充分注意自然生态平衡。实施绿色营销的企业,对产品的创意、设计和生产,以及定价与促销的策划和实施,都要以保护生态环境为前提,力求减少和避免环境污染、保护和节约自然资源,维护人类社会的长远利益,实现经济与市场可持续发展。因此,狭义绿色营销也称生态营销或环境营销。

绿色营销的产生有其外在因素和内在动力。外在因素包括生态环境恶化所导致的压力、绿色运动兴起和绿色意识的觉醒、国际立法与协定的限制、可持续发展的要求等;而内在动力包括绿色需求的产生、市场竞争的要求、潜在利益的吸引等。

一、绿色营销与传统营销的区别

绿色营销是在传统营销的基础之上发展起来的，具有传统营销的一般特点，但它又是在特定观念指导之下进行的。绿色营销以照顾环保层面的可持续发展理论为指导思想，并且在营销过程从始至终各个环节皆贯彻和实施“绿色”的新型市场营销。它与传统市场营销和社会营销皆有许多不同之处，具体表现在以下几个方面：

(1)绿色营销以绿色消费为前提。根据马斯洛的需求层次理论，消费者的需求分为生理、安全、社会、尊重以及自我实现五个层次，而且消费需求具有从低级不断向高级发展的特征。这是不可逆转的客观规律。绿色营销是考虑到消费者安全需要的较高层次的消费观念。当人们温饱等基本生理要求得到满足后，便会产生提高生活综合质量的要求，产生对清洁环境与绿色产品的需要。

(2)绿色营销以绿色观念为指导。绿色营销以满足绿色需求为中心，为消费者提供能有效防止资源浪费、环境污染及损害健康的商品。绿色营销所追求的是人类的长远利益与可持续发展，重视协调企业经营与自然环境的关系，力求实现人类行为与自然环境的融合发展。

(3)绿色营销以绿色法制为法律保障。绿色营销是着眼于社会层面的新观念，所要实现的是人类社会的协调持续发展。在竞争性市场上，必须有完善的政治与经济管理体制，制定并实施环境保护与绿色营销的方针、政策，制约各方面的短期行为，维护全社会的长远利益。

(4)绿色营销以绿色科技为物质前提。技术进步是产业变革和进化的决定因素，新兴产业的形成必然要求技术进步。但技术进步如背离绿色观念，其结果可能会加快环境污染的进程。只有以绿色科技促进绿色产品的发展，促进节约能源和资源再生以及无公害产品的开发，才是绿色营销的物质保证。

二、实施绿色营销的步骤

完整的绿色营销过程是由许多步骤组成的，具体如下：

(1)树立绿色营销观念。不仅限于营销部门，整个企业都应以绿色营销观念为指导思想，从战略制定到具体实施过程都应始终贯彻一种绿色理念。

(2)收集绿色信息。在营销过程中，企业应积极收集相关的绿色市场信息，在深入研究和分析这些信息的基础上，判断其对本企业的可用性，为企业绿色营销的具体实施提供线索和行动依据。

(3)制定绿色计划。绿色营销计划应该说明在营销过程中的环保努力方向，并且以之作为日常决策的指导。

(4)开发绿色资源。在营销过程中对资源的开发利用方面也应该贯彻环保的理念并付诸实践。

(5)研发绿色产品，树立绿色品牌。绿色产品应具备如下特征：一是产品本身的安全性和卫生性，应有利于消费者的健康；二是该产品的使用过程不会污染环境；三是产品的降耗节能性；四是产品的易回收处理性或有复用功能；五是产品的质量应更佳，例如效率更高或寿命更长等。在推出绿色产品时,应注重其品牌的“绿色”。

(6)使用清洁技术生产绿色产品,进行绿色服务。清洁技术是指可减少或防止产生污染或不产生废弃物的技术。例如可重复使用的产品(充电电池)、可减少污染的产品(无氟冰箱)、减少对人体健康不利的产品(绿色电脑)等。

(7)产品包装绿色化。绿色包装正成为绿色营销中引人注目且行之有效的一环。由于产品包装占用大量物质材料,污染了自然环境,甚至损害人体健康,而许多不可回收的包装物更是既浪费资源又污染环境,所以推行绿色包装的重要性日益上升。而且作为外在表现的产品附加成分,包装的绿色化无疑能最直接地向消费者传递绿色信息,在公众心目中树立绿色产品形象。所以,绿色包装对于绿色营销的顺利实施无疑有重大意义。包装的绿色化主要表现为减少产品的包装物(如减少包装材料的厚度和层数)、使用可重复使用的包装材料,以及使用可降解材料制成的包装物等。

(8)争取获得绿色标志。在当今绿色社会里,绿色标志无异于企业立足于国内市场,打破关税壁垒,进入国际市场,赢得顾客,获得发展的“金钥匙”。

(9)制定绿色价格。绿色营销由于引进对环境有利的原材料,用有利于环保的设备代替老设备,研制绿色包装和处理回收物以及实施环保措施等会增加企业的成本和费用,可能引起绿色价格的上升,但也可能由于原材料和包装等的节约带来价格的下降。企业应该充分考虑当前与长期的成本趋势及消费者的价格敏感性和市场的绿色化程度制定合理的价格。

(10)开发绿色促销。包括绿色广告、绿色公关、绿色人员推销和营业推广。绿色广告旨在通过绿色媒体向消费者传递绿色信息,而且在广告活动的各个步骤都注意绿色理念的贯彻。绿色公关旨在通过公关活动来树立企业的绿色形象。绿色人员推销与营业推广旨在通过人员推销和绿色营业推广对其他绿色行为进行补充及深化,以便更有效地实施绿色营销策略。

(11)开辟绿色渠道。分销渠道虽然未成为绿色营销的重点,但也日益受到关注。因为它涉及绿色产品有效的铺货,而产品的可获得性会影响绿色价格,并影响企业的绿色形象。此外,它还涉及绿色产品的质量保证及铺货过程中的资源耗费等问题。

(12)引导绿色消费。一个完整的绿色营销过程应包括对消费者消费习惯与消费倾向的引导和教育。激发消费者的兴趣,培养和强化他们的绿色意识,引导他们消费绿色产品和服务,并使其在消费过程中注意环保。

(13)实施绿色营销的监管。在绿色营销过程中,企业应注意系统全面地对营销活动进行监管,密切注意实施结果和反馈,并及时强化、调整或制止某些行为。

总之,绿色营销的“绿色”应贯彻于营销过程至始至终的各个环节。在营销全过程中都必须系统全面地考虑环保问题,否则就不能称为完整的绿色营销。

三、制定绿色营销计划应考虑的因素

绿色营销计划在制定时要考虑到各种因素的制约,这些制约因素分为外在绿色营销因素和内在绿色营销因素。它们对营销活动的影响及其相互关系如图 12-1 所示。

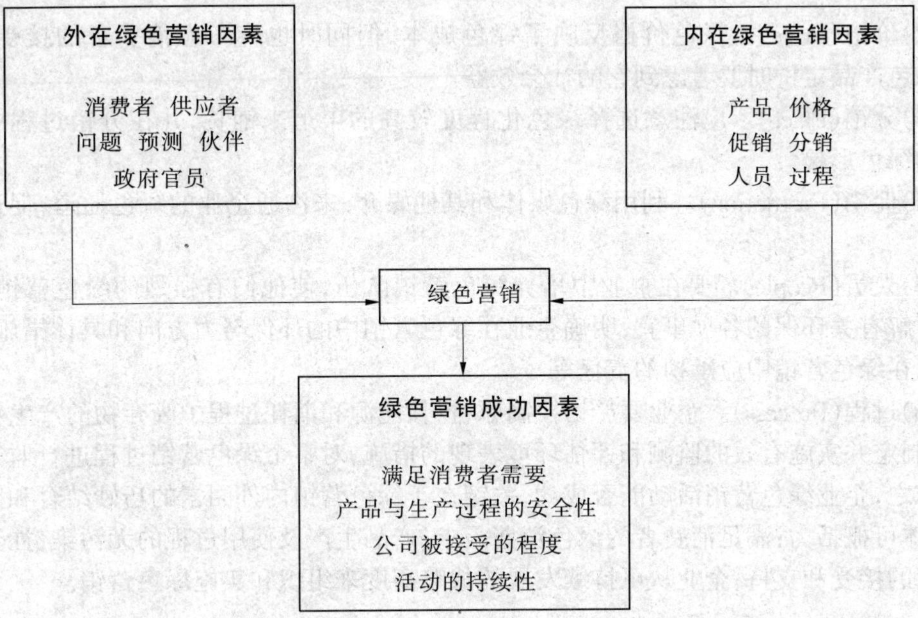

图 12-1　绿色营销的影响因素对营销活动的影响及其相互关系

(一)外在绿色营销因素

外在绿色营销因素指企业外部有关单位的影响,具体包括以下方面:

(1)消费者(Customers)。消费者的需求是企业营销活动的起点,因此在绿色营销活动中,起点应该是了解消费者的绿色化程度及对绿色产品和服务的需求程度。

(2)供应商(Providers)。供应商的绿色化程度、本企业对绿色原材料的需求状况及本企业与供应商联系的紧密程度直接关系到绿色营销的"输入"状态。输入是系统转化的前提。

(3)问题(Problems)。企业应经常掌握和了解绿色营销过程中存在的系列问题,例如竞争对手的动态,这对绿色营销是至关重要的。识别问题是解决问题的前提,问题的难易程度以及复杂程度决定了绿色营销不同的内容。

(4)预测(Prediction)。这要求企业收集各方信息,利用合理判断来预测未来环保发展方向及其对企业绿色营销行为的影响。

(5)伙伴(Partners)。企业应加强与对环境具有重要影响组织的关系,这对绿色营销的实施极其有利。绿色营销最重要的工作之一就是寻找战略伙伴。

(6)政府官员(Politicians)。政府官员可通过制定系列政策和法规对企业的绿色营销活动施加影响或进行调控,企业对此不能忽视。

(二)内在绿色营销因素

内在绿色营销因素主要指企业营销活动的整个过程。具体来说,一个企业的绿色营销活动过程的主要环节包括如下方面:

(1)产品(Product)。绿色产品是指在生产、使用和抛弃时皆具有安全性与无污染性的产品。产品所使用的原材料和包装物应有利于环保。这是一般营销理论中产品概念的扩展。

(2)价格(Price)。绿色价格反映了绿色成本,但同时也应考虑消费者的接受程度。在给绿色产品定价时要考虑到它的社会效益。

(3)分销(Place)。应注意选择绿色化程度较高的渠道来铺货,并在分销过程中维持统一的绿色形象。

(4)促销(Promotion)。利用绿色媒体和其他媒介,来沟通企业的绿色通道,促进绿色销售。

(5)人员(People)。要在企业中培养绿色营销队伍,使他们有强烈的绿色营销理念,深入了解有关环保的各项事宜,明确企业在绿色营销中的环保努力方向和具体措施,并清楚本人在绿色营销中应承担的责任等。

(6)过程(Process)。企业要严格控制原材料、能源和消耗过程中废弃物的产生和处理过程,制定并实施有效的监测和评估环境表现的措施,对整个绿色营销过程进行监管。

总之,企业绿色营销活动能否成功,关键在于绿色营销内外因素的巧妙结合和协同作用,具体可概括为:满足消费者的绿色消费需求;产品生产及使用过程的无污染;社会对绿色营销的接受和支持;企业从可持续发展的战略高度来组织和实施绿色营销。

第四节　客户关系管理

近几年,客户关系管理成为营销人员的重要职责之一。通过对客户关系科学有效的分析和管理,营销人员可从中了解客户整体销售状况及其发展动态作为决策基础,真正实现以客户为中心的经营理念,提高企业销售业绩。

一、客户关系管理的概念和兴起的原因

(一)客户关系管理的内涵

客户关系管理 CRM (Customer Relationship Management),是指通过培养企业的最终客户、分销商和合作伙伴对本企业及其产品更积极的偏好,留住他们并以此提升企业业绩的一种营销策略。客户关系管理的目的已经从以一定的成本取得新顾客转向想方设法留住现有顾客,从取得市场份额转向取得顾客份额,从发展一种短期的交易转向开发顾客的终身价值。总之,客户关系管理的目的是从顾客利益和企业利益两个方面实现顾客关系的终身价值。

客户关系管理首先是一种管理概念。其核心思想是将企业的客户(包括最终客户、分销商和合作伙伴)作为最重要的企业资源,通过完善的客户服务和深入的客户分析来满足客户的需要,保证实现客户的终身价值。

客户关系管理也是一种旨在改善企业与客户之间关系的新型管理机制。它实施于企业的市场营销、销售、服务与技术支持等与客户相关的领域。通过向企业的销售、市场和客户服务的专业人员提供全面、个性化的客户资料,并强化跟踪服务、信息服务能力,使他们能够协同建立和维护一系列与客户和生意伙伴之间卓有成效的一对一关系,从而使企业能够提供更加快捷周到的优质服务,提高顾客满意程度,吸引和保持更多客户,增加营

业额。另外,通过信息共享和优化商业流程来有效地降低企业经营成本。客户关系管理的实施,要求以客户为中心来构架企业,完善对客户需求快速反应的组织形式,规范以客户为核心的工作流程,建立客户驱动的商品、服务设计,进而培养客户的品牌忠诚度,扩大可盈利份额。

客户关系管理又是一种管理软件和技术。它将最佳的商业实践和数据挖掘、数据仓库、一对一营销、销售自动化以及其他信息技术紧密结合在一起,为企业的销售、客户服务和决策支持等领域提供一个业务自动化的解决方案,使企业有了一个基于电子商务的面向客户的系统,从而顺利实现由传统企业模式向以电子商务为基础的现代企业模式的转变。

(二)客户关系管理兴起的原因

从 1999 年开始,客户关系管理得到了诸多媒体的关注,国内外很多软件商(如中圣等)推出了以客户关系管理命名的软件系统,有一些企业开始实施以客户关系管理命名的信息系统。总的说来,客户关系管理的兴起主要有下述三个方面的原因:

(1)需求的拉动。随着市场竞争的加剧和信息技术的不断发展,越来越多的企业面临以下一些共同的问题:其一,企业的营销、销售、客户服务部门难以获得所需要的客户互动信息;其二,来自销售、客户服务、市场、制造、库存等部门的信息分散在企业内部,这些零散的信息使营销人员无法对客户进行全面了解,各部门难以在统一的信息基础上面对客户。这就需要将各部门面向客户的各项信息和活动进行集成,组建一个以客户为中心的企业,实现对面向客户活动的全面管理。这是客户关系管理应运而生的需求基础。

(2)技术的推动。计算机、通信技术、网络应用的飞速发展使上面的想法不再停留在梦想阶段。办公自动化程度、员工计算机应用能力、企业信息化水平、企业管理水平的提高都有利于客户关系管理的实现。

在客户关系管理中客户信息是基础。数据仓库、商业智能、知识发现等技术的发展,使信息收集、整理、加工和利用的质量大大提高。在这方面,可以看一个典型的案例。一个大型仓储式超市对顾客购买清单的分析表明,刮胡刀和尿布经常同时出现在顾客的购买清单上。原来,很多男士在为自己购买刮胡刀时,还要为自己的孩子购买尿布。而在这家超市的货架上,这两种商品相距很远,因此这家超市重新分布货架,使购买刮胡刀的男士很容易看到尿布。在可以预测的将来,随着我国企业通信成本的降低,互联网、电话以及呼叫中心将会得到迅速的发展。网络和电话的结合,使企业能够以统一的平台面对客户。

(3)管理理念的更新。当前,一些先进企业的经营管理重点正经历着从产品中心向客户中心的转移。有的企业提出了客户联盟的概念,也就是与客户建立共同获胜的关系,达到双赢的结果。在引入客户关系管理的理念和技术时,不可避免地要对企业原来的管理方式进行改变。变革、创新的思路将有利于员工接受变革,而业务流程重组则提供了具体的思路和方法。在互联网时代,仅凭传统的管理思想已经不够了。互联网带来的不仅是一种手段,它触发了企业的组织架构、工艺流程的重组以及整个社会管理思想的变革。

二、客户关系管理的内容

客户关系管理的基本内容主要包括客户信息管理、联系人管理、时间管理、潜在客户管理、销售管理、电话销售、客户服务、呼叫中心、电子商务等。企业客户关系管理主要围绕上述几个方面展开。现将具体内容简要介绍如下。

(1)客户信息管理:客户基本信息;与此客户相关的基本活动和活动历史;联系人的选择;订单的输入和跟踪;建议书和销售合同的生成;客户的分类;客户信用限度的分析与确定等。

(2)联系人管理:联系人概况的记录;存储和检索;跟踪与客户的联系,如时间、类型、简单的描述、人物等,并可以把相关的文件作为附件;客户内部机构设置概况等。

(3)时间管理:设计约见、活动计划;进行事件安排,如会议、电话、电子邮件、传真;备忘录;进行团队事件安排;查看团队中其他人的安排,以免发生冲突;把事件的安排通知相关人员;任务表;预告和提示;记事本;电子邮件等。

(4)潜在客户管理:业务线索的记录、升级和分配;销售机会的升级和分配;潜在客户的跟踪。

(5)销售管理:组织和浏览销售信息,如客户、业务描述、联系人、时间、销售阶段、业务额、可能结束的时间等;产生各种销售业务的阶段报告,并给出业务所处阶段、成功的可能性、历史销售状况评价等信息;对销售业务给出战术、策略上的支持;对地域(省市、邮编、地区、行业、相关客户、联系人等)进行维护;把销售人员归入某一地域并授权;地域的重新设置;根据利润、领域、优先等级、时间、状态等标准,用户可制定关于将要进行活动、业务、客户、联系人、约见时间等方面的报告;销售费用管理;销售佣金管理;应收账款管理。

(6)电话销售:电话本;电话列表,并把它们与客户、联系人和业务建立关联;把电话号码分配到销售员;记录电话细节,并安排回电;电话内容草稿;电话录音,电话统计和报告;自动拨号。

(7)客户服务:服务项目的安排、调度和重新分配;事件的升级;跟踪与某一业务相关的事件;事件报告;服务协议和合同;订单管理和跟踪;问题及其解决方法的数据库。

(8)呼叫中心:呼入呼出电话处理;互联网回呼;呼叫中心运行管理;电话转移;路由选择;报表统计分析;通过传真、电话、电子邮件、打印机等自动进行资料发送;呼入呼出调度管理;客户投诉管理。

(9)电子商务:个性化界面、服务;网站内容管理;店面;订单和业务处理;销售空间拓展;客户自助服务;网站运行情况的分析和报告。

三、客户关系管理的基本模式

企业对客户管理深入的层次不同存在不同的模式。下面将对几个主要模式分别进行阐述。

(一)客户信息的合并、共享和业务流

通过客户信息的合并和共享,经营活动的自动化和系统对经营的流程重组,来节省人力、时间等成本,提高工作效率和顾客对服务的满意度。它使销售和营销等手段程序化,减少了不必要的失误和消耗。这个层次上的客户关系管理可细分为客户信息的合并和共享、业务流程形成两个方面。这是客户关系管理的基本层面,是面向企业内部的,这部分与 ERP(企业资源计划)有一定的联系和交叉。

1. 客户信息的合并和共享

客户信息合并指建立包含诸如联系记录、购买记录、投诉记录、服务记录等企业所掌握的客户所有信息的顾客资料库。这是实现企业范围内对客户信息共享的基础，也是增长客户知识，使零散的客户知识系统化，并可被有效应用的先决条件。这使得当一个久未联系的客户突然来电时，再也不会出现忘记对方是谁的尴尬局面。顾客资料会显示这家企业所有联系人的信息，会提醒你别忘记给客户邮寄生日贺卡，计算机会提醒你这是一个极其重要的客户。该系统减少了顾客的抱怨，避免顾客每次都要对维护人员重新说一遍过去发生过的情况。因为，以前发生过的情况、解决方法，顾客资料库中都有完整的记录。尽管这次的问题可能是维护人员第一次遇到的，但是其他维护人员在别的用户处是如何解决这一问题的经验在资料库中也有记载，完全可以借鉴。这样使企业在业务人员变动的情况下，也能保证连续性。

对于跨地区和跨国公司来说，信息的合并还可以减少管理成本。如 Orical 公司通过全球财务数据的自动合并和整合管理，每年减少 500 万美元的管理成本。

案例 12-2　海尔公司的客户信息共享

海尔公司在网络时代以前一直通过用户联系卡来收集用户意见，这样做一方面不仅成本高，而且由于用户愿意反馈的信息毕竟不多，所以反馈回来的信息与真实情况存在较大的偏差；另一方面，有的用户可能购买了很多件海尔产品，如何分析用户对产品的意见也是一件比较麻烦的工作。而在网络时代，用户可以在购买第一件海尔产品时拥有一个长期的用户号，再次购买海尔产品或享受海尔服务时可免于重复登记，只要简单地说明自己的姓名和要求的服务就可以了(不是每个人在要求服务时都记得自己所买产品的具体型号的)，这样大家都更加方便。此外，海尔还可以根据用户已经拥有的海尔产品为用户提供更合适的建议，通过网络完成这些事情变得更容易而且成本较低。更重要的是，海尔四个独立核算的公司在共享数据以后能够共同考虑为客户开发什么样的产品和增加什么样的服务，如果用户能一站购全所需产品，就不会再考虑其他厂商的产品了。

2. 业务流

通过业务流的实现，客户关系管理解决方案应该具有很强的功能，为跨部门工作提供支持，使这些工作能够动态地、不间断地完成。这样企业的业务流程重组是客户关系管理项目实施的重要部分，同样的系统在不同的环境或不同的实施方式下会产生不同的结果。

一个实施成功的客户关系管理系统可以通过恰当的业务流程重组为企业带来很大的效益。据统计，在传统电话行销方式中业务员 40% 的时间用来拨号、23% 的时间用来整理资料、只有 37% 的时间用来与客户交流。采用客户关系管理销售自动化工具后，用来整理资料的时间大大减少，借助一些工具甚至可以将拨号时间缩减为零，从而可以将更多的时间用于与客户的交流。例如 CRM 系统 CT—Approach 的设计目标就是让业务员的拨号时间为零，即系统可自动拨通客户电话，然后转给空闲的业务员，并自动弹出该客户的历史资料和预先设计好的行销对话(或调查问卷)。该系统无疑将大大提高员工的工作效率。据称 Cisco 公司通过网上的 CRM 以及内部的 ERP 管理系统的实施，发货时间由 3 周减少到 3 天；在新增员工不到 1% 的情况下，利润增长了 500%。而 Orical 通过 CRM 的应用，理顺了业务流程，减少了 25% 的工作量，使员工工作效率明显提高。

(二)建立基于计算机电信集成(CTI)技术的呼叫中心、电子商务网站、自助服务网站

企业通过建立诸如基于CTI技术的呼叫中心、电子商务网站、自助服务网站这样的客户门户来实施客户关系管理。其中呼叫中心已经有30多年的发展历史,是电话时代主要的客户服务工具,因特网为呼叫中心带来了新的发展机会。而完全以因特网为基础的电子商务和自助服务网站,则为企业与客户的接触提供了全新的渠道。这些新渠道的开发为企业的经营活动带来新的机会。而通过这些手段的结合和贯通,可以提高客户自助服务的能力,提高客户满意度,建立客户经验。

(1)基于CTI技术的呼叫中心。现代企业竞争的优势已经逐渐由产品本身转向先进的服务手段,竞争方式也开始表现为对客户的全面争夺。越来越多的企业开始将呼叫中心视为竞争中必不可少的成功要素。现代企业对呼叫中心有高度严格的期望和要求:呼叫中心能够提供每周7天、每天24小时的全天候服务;能为客户提供包括传统的语音、IP电话、电子邮件、传真、文字交谈、视频等在内的多种通信方式选择;能提高业务代表和管理人员的工作效率;能维护客户忠诚度,让客户感受到价值;企业能通过呼叫中心收集市场情报、客户资料,扩大销售基础,带来经济效益。

(2)电子商务门户和自助网站。基于因特网的电子商务门户和自助网站比呼叫中心更进一步,通过提供顾客网上的自助购物和自助服务,为企业节约了大量的销售和支持费用。

对于具有大量客户的大型企业来说,服务费用的支出是相当惊人的。自助服务网站的建立,方便了顾客的随时查询,同时节省了大量的服务费用。Cisco公司通过将客户服务业务搬到互联网上,使通过互联网的在线支持服务占全部支持服务的70%,大大节约了售后服务成本,仅提供的电子下载每年节约8600万美元,在线配置和文档记录节约费用达1.07亿美元,公司每年节约总的客户服务费用达到3.6亿美元。另外,还使Cisco公司能够及时和妥善地回应、处理、分析每个通过Web、电话或其他方式来访的客户的要求;而80%的订购在线完成,用户满意度也因此提高了25%。

至于电子商务带来的其他好处,如减少库存、减少交易费用等的例子很多,在此不再更多地介绍。总之,通过建立电子商务门户和自助网站,能使企业收益良多,尤其对那些客户数目较大的企业,更具有重要的意义。

案例12-3 海尔集团的呼叫中心

海尔集团自从建立呼叫中心以后,极大提高了客户服务的自动化程度和工作效率。目前各地海尔呼叫中心数据库的平均数据规模约为80万条记录,业务咨询员查询某一数据的平均时间为5秒,最长等待时间为30秒。咨询员回访的效率是以前的300%。而ACD(自动呼叫分配系统)平均通话时间比以前缩短了20秒以上,降低了成本,提高了用户的满意程度,也强化了海尔的国际化企业形象。

(三)实现客户智能

对于客户智能的问题可以从以下两个层次上加以理解。

1.客户智能的第一层含义

第一层含义是指通过一定的技术手段对呼叫中心或在线门户提供实时支持,收集顾客数据,识别、区分顾客,针对不同顾客采取不同的策略,实现所谓的一对一营销或个性化服务,从而提高顾客的满意度、忠诚度、信任度和利润贡献度。

有关统计数字表明,68%的顾客与卖主关系的终止是因为对客户服务的不满,一个公司80%的收入来自于回头客。统计还表明吸引一个新顾客消费的费用是吸引老顾客的5倍,对现存顾客的投入会使顾客忠诚度大大增加。而客户关系管理的客户智能可以针对不同的顾客采取不同的服务策略,保持对企业最有价值的客户,通过尽可能满足每个客户的特殊需求,特别是重要客户的需求,建立长期稳定的客户关系,提高客户的满意度和利润贡献度,给企业带来忠实和稳定的客户群,从而提高企业的竞争力,创造良好的收益。

美国的一些网上超市可以被看做客户智能应用的典型。一位家庭主妇通过因特网在一家网上超市订购一周所需要的各种生活用品。到下一周时她从该超市调出上周的购物清单,稍加编辑后便订下了这一周的货物。经过一段时间的学习,超市的软件已经十分熟悉这一家的购物习惯。当家庭主妇再次发出订单时该软件也许会这样提醒该主妇:是不是忘了一包卫生纸?上周订了甘蓝,这周是不是该改订土豆?订了鸡腿要不要订咖喱粉等。如果该家庭主妇改换另一家网上超市的话,她需要一段时间去教会这家超市适应她的购物习惯,在此期间,她将无法享受前一家超市所能提供的各种便利。这样实际上一旦这家主妇选中一家超市,她再改换其他超市购物的可能性将会越来越小。从网上超市经营者的角度来看,刚刚来到超市购物的客户与那些已经持续购物数月乃至数年的客户相比,其价值显然是不同的;而那些具有相似购物历史,但购物总金额不同的客户,其价值也是不同的。

2.客户智能的第二层含义

第二层含义是指对大量客户数据进行收集和分析,从而把握顾客的需求,了解市场规律,使企业有可能开发出具有市场竞争力的新产品和服务。

美国的Capital One财务公司是1994年从Signet金融公司分离出来的一家小公司,其创始人是两个没有任何金融行业经验的伙伴。但在短短的几年,该公司已经位列美国10大信用卡发行商之一,拥有1670万个客户和174亿美元的总金额。该公司之所以在短短几年取得巨大成功,其秘诀就在于充分利用了先进的信息技术和管理系统来进行所谓的"知识竞争",即进行被称为"学习(learn)"和"测试(test)"的大规模收集、分析客户信息的工作,并根据测试的结果做出决策和采取有关行动。该公司的CRM不仅包括高度智能化的电话中心,它的一项更为重要的任务是帮助Capital One设计新的信用卡。它所带来的成果是惊人的,仅2000年,Capital One公司关于新产品、新广告策略、新兴市场和新兴商业模式等的测试就达到2.8万次,这使公司得以在正确的时间、以正确的价格、向正确的客户销售正确的产品。Capital One公司实施CRM的成功给出这样的启示:在互联网时代,CRM概念的运用,不仅可以帮助企业实现销售的自动化,而且通过对大量客户数据的分析、挖掘,可以形成高层次的商业智慧,指导企业正确的发展方向,开发出消费者喜好的新产品,为企业带来难以估量的价值。

思考题

1.什么是网络营销?其商务模式是怎样的?

2.直复营销的特征和形式是什么?

3.绿色营销的步骤具体怎样实施?
4.制定绿色营销计划应考虑哪些因素?
5.客户关系管理的内容是什么?

参 考 文 献

[1] 吴健安.市场营销学[M].北京:高等教育出版社,2000.
[2] 郭国庆.市场营销学[M].北京:中国人民大学出版社,1999.
[3] 晁钢令.市场营销学教程[M].上海:上海财经大学出版社,1999.
[4] 杨志熙,涂山青.市场营销学[M].武汉:华中师范大学出版社,1999.
[5] 林祖华.市场营销理论与实践[M].北京:中国审计出版社,2000.
[6] 薛求知,沈伟家.国际市场营销管理[M].上海:复旦大学出版社,1999.
[7] 金润圭.市场营销[M].北京:高等教育出版社,上海:上海社会科学出版社,2000.
[8] 陶铁胜.市场营销理论与实务[M].上海:上海三联书店,2000.
[9] 兰苓.市场营销学[M].北京:中央广播电视大学出版社,2000.
[10] 马道宗.科特勒营销圣经[M].北京:台海出版社,2002.
[11] 约克.哈佛商学院行销学全书[M].呼和浩特:内蒙古人民出版社,1997.
[12] 胡泳.张瑞敏如是说[M].杭州:浙江人民出版社,2003.
[13] 厉以宁,曹凤岐.中国企业管理教学案例[M].北京:北京大学出版社,1999.
[14] 刘光明.中外企业文化案例[M].北京:经济管理出版社,2000.
[15] 涂山青,程天荃.营销策划与营销实践[M].武汉:华中师范大学出版社,1999.
[16] 何建民.现代营销管理案例分析[M].上海:上海外语教育出版社,2001.
[17] 郭国庆,李先国.中国人民大学 MBA 案例(市场营销卷)[M].北京:中国人民大学出版社,1999.
[18] 吕一林.市场营销教学案例精选[M].上海:复旦大学出版社,1998.